드론
백과사전

일러두기

- 본문은 한글 표기를 원칙으로 하되, 원문 확인이 필요한 경우 한글과 영어를 병기했다.
- 고유명사는 한글식 표기로 통일하되, 일부 널리 통용되는 영어식 표기는 그대로 사용했다.
- 일부 전문 용어에 대해 역자 주 형식으로 보충 설명했으며, 권말에 용어 해설을 덧붙였다.
- 주제별 또는 분야별로 개별 또는 관련 항목을 찾아볼 수 있도록 권말에 색인을 마련했다.

DRONES

An Illustrated Guide to the Unmanned
Aircraft That Are Filling Our Skies

우리 곁으로 성큼 다가온 드론에 대한 종합 안내서

드론 백과사전

마틴 J. 도허티 저 | 이재익 옮김

Human & Books

저자 마틴 도허티(Martin J. Dougherty)는 무기 과학기술, 군대의 역사와 전투 기법 전문 편집자이다.《고대 세계의 전투(Battles of the Ancient World)》,《십자군 전투(Battles of the Crusade)》,《해전의 모든 것(Fighting Techniques of Naval Warfare)》(이하 휴먼앤북스 간),《총기백과사전(Small Arms : Visual Encyclopeda)》등을 (공동) 집필했다.

역자 이재익은 서울대학교 경영학과를 나와 제일투자금융, 한일시멘트 등에서 경영관리 및 기획 업무를 수행했다. 이후 몇몇 벤처기업의 경영자로 일했으며, 현재는 ㈔한국지역인문자원연구소의 사무국장으로 재직하면서, 각 지역의 인문 자원을 발굴하고 조사 연구, 출판하는 일을 하고 있다. 역서로『약탈과 실책』(공역)이 있다.

드론
백과사전 우리 곁으로 성큼 다가온 드론에 대한 종합 안내서

마틴 도허티 지음
이재익 옮김

초판 발행 | 2017. 10. 25.

발행처 | **Human & Books**
발행인 | 하응백
출판등록 | 2002년 6월 5일 제2002-113호
서울특별시 종로구 삼일대로 457 1009호(경운동, 수운회관)
기획 홍보부 | 02-6327-3535, 편집부 | 02-6327-3537, 팩시밀리 | 02-6327-5353
이메일 | hbooks@empas.com

값은 뒤표지에 있습니다.
ISBN 978-89-6078-455-0(03390)

목차

개관

몇 년 전만해도 드론에 대해 들어본 사람은 드물었다. 들었다 해도 대부분 공상과학소설이나 테크노 스릴러 소설을 통해서 드론의 대강만 알았을 뿐이지 실제 지식은 없었다. 이처럼 대부분 사람들이 전 혀 몰랐던 드론이 불과 몇 년 만에 언론의 집중적인 관심의 대상이 되었다. 우리는 세계의 분쟁 지역 에서 일어난 드론 공격과 드론 감시에 대한 이야기를 접하는 중이며, 상업적으로는 소포나 심지어 ㅍ 자를 배달하는 드론에 대해 듣고 있다.

일반인들은 거의 알지 못했지만 놀라울 만큼 많고 다양한 사용자들이 꽤 오랫동안 드론을 운용해왔다. 군사용 외에도 연구 목적이나 환경 감시를 위해 드론을 사용해 왔다. 지금은 개인 사용자가 오락용으로 상용 드론을 꽤 저렴한 가격에 살 수도 있다.

그렇지만 드론이 원격으로 작동하는 항공기라는 발상에는 전혀 새로운 것이 없다. '드론'이라는 단어가 대중적인 어휘로 등장하기 오래 전부터 사람들은 원격 조종 항공기와 헬리콥터를 날렸고, 무선 조종 자동차 경주를 하였다. 항상 성공을 거두지는 않았지만 여러 해 동안 원격 조종 무기가 사용되어 왔다. 하지만 그것들이 엄밀히 말해 드론인지 아닌지는 논쟁의 여지가 있다.

드론은 무엇인가?

드론은 자율적으로 운항할 수 있는 무인 항공기, 즉 사용자의 지속적인 제어가 필요 없는 무인 항공기다. 이것은 전통적인 무선 조종 항공기와 같은 것은 엄격한 의미에서 드론이 아님을 의미한다. 원격 무인 잠수정(Remotely Operated Vehicles, ROV)도 역시 드론이

RQ-4 글로벌 호크(GLOBAL HAWK)

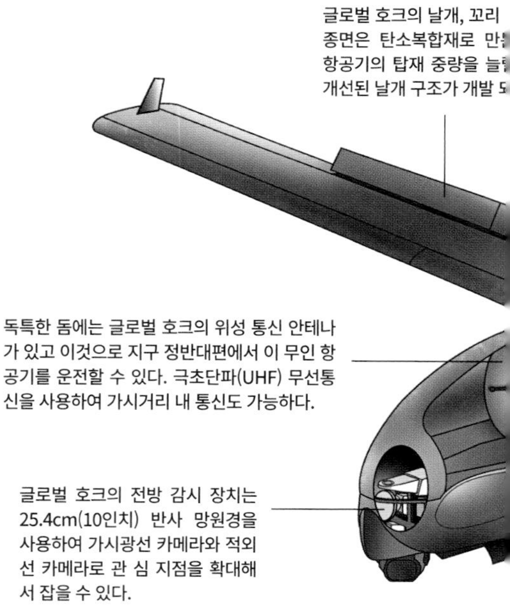
글로벌 호크의 날개, 꼬리
종면은 탄소복합재로 만
항공기의 탑재 중량을 늘
개선된 날개 구조가 개발 되
독특한 돔에는 글로벌 호크의 위성 통신 안테나가 있고 이것으로 지구 정반대편에서 이 무인 항공기를 운전할 수 있다. 극초단파(UHF) 무선통신을 사용하여 가시거리 내 통신도 가능하다.
글로벌 호크의 전방 감시 장치는 25.4cm(10인치) 반사 망원경을 사용하여 가시광선 카메라와 적외선 카메라로 관 심 지점을 확대해서 잡을 수 있다.

아닌데, 그것은 항공기가 아니기 때문만은 아니다. 사실은 많은 오락용 '드론'은 반자동이기 때문에 진정한 드론이 아니다. 하지만 대체로 같은 원리를 사용하여 같은 역할을 수행하는 비슷한 운송 수단들을 모두 포괄할 수 있도록 드론의 정의를 어느 정도 넓히는 것이 필요하다.

'드론'에 대해 예외 없이 적용할 수 있는 정의를 내리는 것은 매우 어렵다. 이론적으로 원격 조종 항공기는 원하는 방향으로 똑바로 수평을 유지하며 날게 할 때는 모두 드론처럼 조종할 수 있다. 이때는 운용자가 조

오른쪽 : 무인 항공기를 운전하는 것은 복잡한 일로, 빨대를 통해 하늘을 보면서 항공기를 비행하는 것과 비슷하다고 말해왔다. 운용자는 항공기 조종 외에도 여러 카메라들, 레이더 및 기타 장비를 제어하고 다른 사용자에게 자료를 전달하여야 하므로 대형 군용 무인 항공기의 운전은 여러 사람이 함께 작업한다.

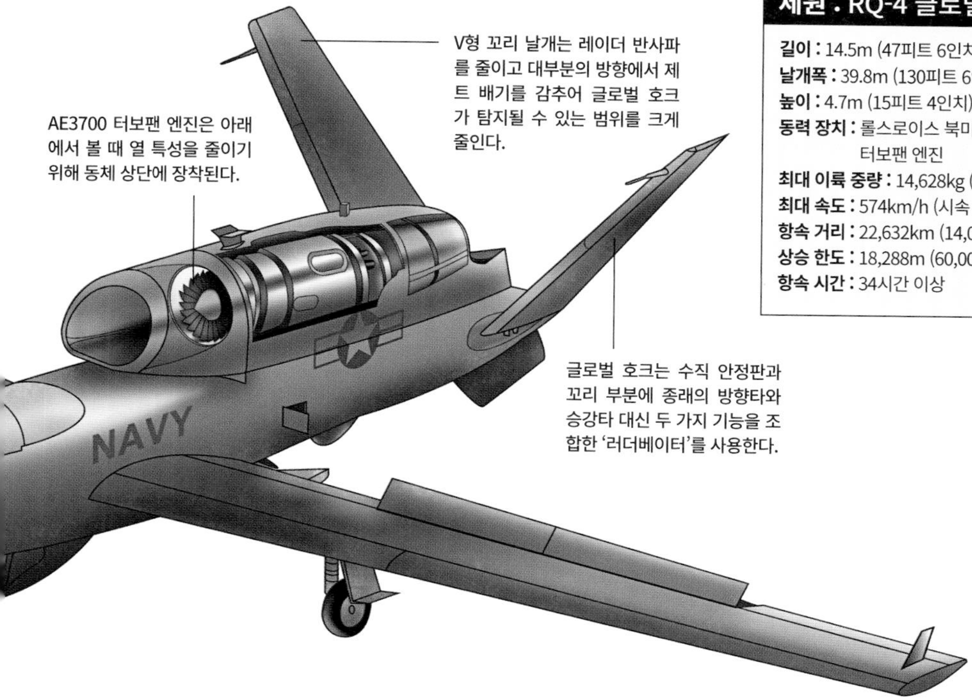

V형 꼬리 날개는 레이더 반사파를 줄이고 대부분의 방향에서 제트 배기를 감추어 글로벌 호크가 탐지될 수 있는 범위를 크게 줄인다.
AE3700 터보팬 엔진은 아래에서 볼 때 열 특성을 줄이기 위해 동체 상단에 장착된다.
NAVY
글로벌 호크는 수직 안정판과 꼬리 부분에 종래의 방향타와 승강타 대신 두 가지 기능을 조합한 '러더베이터'를 사용한다.

제원 : RQ-4 글로벌 호크

길이 : 14.5m (47피트 6인치)
날개폭 : 39.8m (130피트 6인치)
높이 : 4.7m (15피트 4인치)
동력 장치 : 롤스로이스 북미 F137-RR-100 터보팬 엔진
최대 이륙 중량 : 14,628kg (32,250파운드)
최대 속도 : 574km/h (시속 357마일)
항속 거리 : 22,632km (14,063마일)
상승 한도 : 18,288m (60,000피트)
항속 시간 : 34시간 이상

종 장치에서 손을 놓아도 항공기는 스스로 갈 수 있다.

그러나 이것은 실제로 드론의 운항이 아니다. 드론이 운항되기 위해서는 항공기가 스스로 결정을 내릴 수 있어야 한다. 항공기의 조종면을 이용하여 항로를 계속 유지하는 간단한 자동 조종 장치로는 드론이라 할 수 없다. 항공기가 목적지를 부여 받고 목적지까지 스스로 비행할 수 있으며 필요에 따라 항로를 변경할 수 있어야 드론의 일반적인 정의에 부합한다.

일부 드론 특히 군이 운용하는 드론은 주로 지상 통제소의 조종사가 운전한다. 이 드론들은 자율 비행을 할 수 있지만, 일반적으로 항상 제어 당한다. 프레데터(Predator)와 같은 군용 드론은 상당한 조종 기술이 필요하고 이 때문에 무엇이 드론이고 무엇이 드론이 아닌지 경계가 모호해진다. 사실 프레데터를 운용하는 사람들은 대개 '드론'이라는 용어를 사용하는 것을 싫어한다. 왜냐하면, 그들이 하는 일은 하나하나가 직접 탑승해서 항공기를 비행하는 것만큼이나 어렵기 때문이다.

미군의 프레데터 드론은 항상 지상의 운용자가 제어하여 비행하기 때문에 위에서 말한 엄격한 정의에 따르면 드론이 아니다. 프레데터는 무인 항공기(Unmanned Air Vehicle, UAV)이고, 운용자들은 언제나 이 용어를 더 좋아한다. 마찬가지로 깊은 바다의 송유관 검사 같은 수중 작업에 사용되는 원격으로 조종하는 잠수정은 지속해서 제어할 수도 있으므로 원격 무

드론의 운용 방법

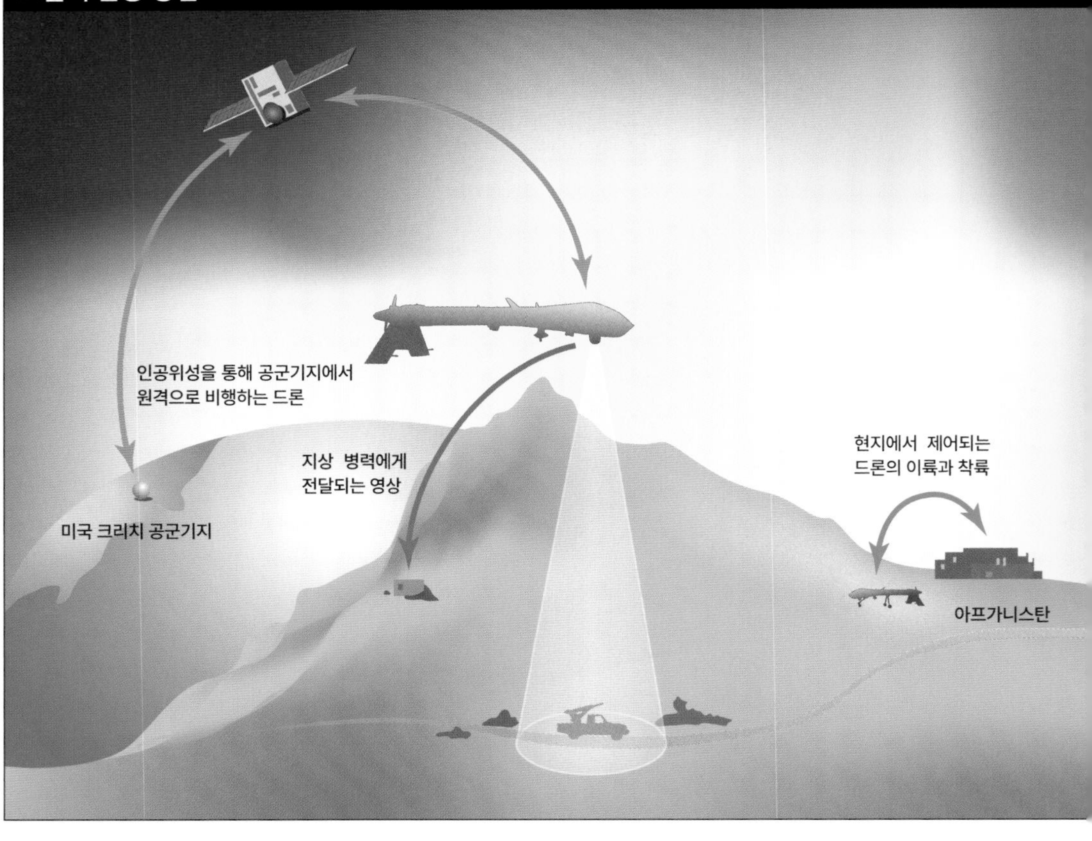

위 : 대부분의 소형 무인 항공기는 여러 해 동안 무선 조종 애호가들이 날렸던 모형 항공기와 비슷하다. 크기가 커지면 선택할 수 있는 기종이 많다. 가운데 뒤쪽의 RQ-2 파이오니아는 기본적 으로 종래의 소형 항공기이며, 오른쪽 뒤의 RQ-15 냅튠은 물 위에 착륙하도록 설계된 비행정이다.

자동 착륙 절차

1 선형 착륙 시작 지점에 접근한다.
2 지상에서 75m(246 피트)까지 하강한다.
3 반복해서 빙빙 돌면서 바람을 측정하고 착륙 접근에 가장 적합한 방향을 계산한다.
4 계산된 방향으로 비행한다.
5 급속하게 하강을 시작한다.
6 최종 접근을 위해 수평 비행을 한다.

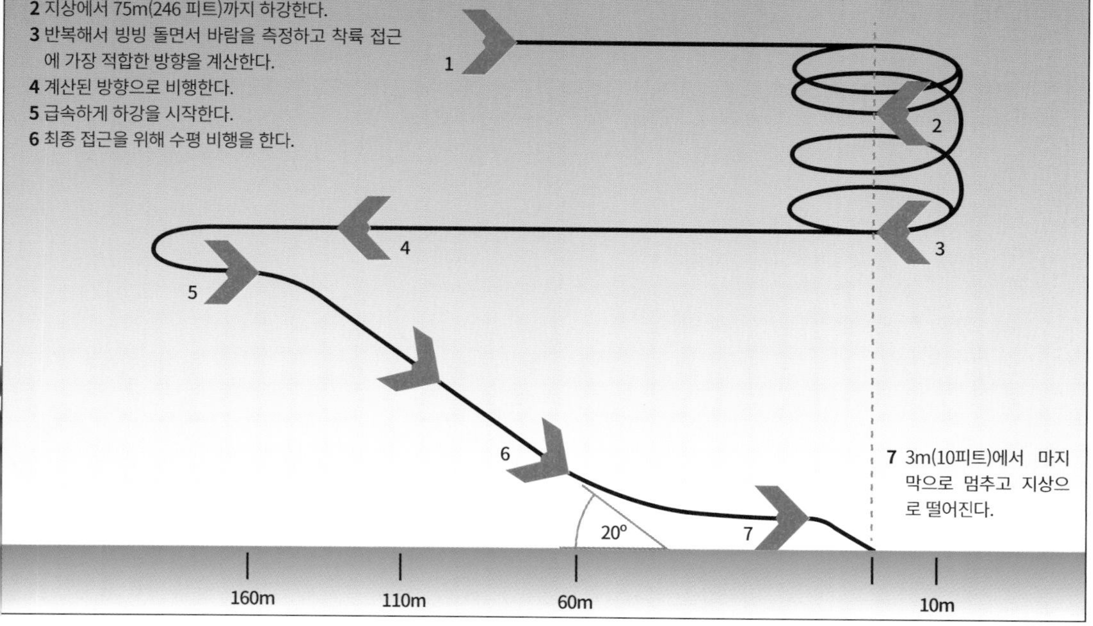

7 3m(10피트)에서 마지막으로 멈추고 지상으로 떨어진다.

인 잠수정(Remote Operated Vehicle, ROV) 또는 무인 잠수정(Unmanned Underwater Vehicle, UUV)으로 간주하는 것이 가장 좋다.

반대로 미사일과 어뢰는 여러 면에서 드론의 정의를 충족한다. 이들은 스스로를 유도하고 비행경로 또는 이동 방향에 대한 결정을 내리며 자율적으로 운항할 수 있다. 일부는 수동으로 유도하거나 레이저 지시기와 같은 수동 제어 표적 지시 장치를 향해 곧장 나아간다. 그러나 비슷한 역할을 하는 드론이 있더라도 미사일과 어뢰는 일반적으로 드론으로 여기지 않는다.

이처럼 운항중인 어떤 항공기를 외관상으로만 드론인지 아닌지를 결정하는 것은 어려운 일이다. 드론처럼 보이는 어떤 항공기는 1인칭 시점 (First Person View, FPV) 장치를 사용하여 계속 수동으로 조종할 수도 있다. 기본적으로 이 장치는 항공기 전면에 장착되어 운용자에게 조종사의 시야를 제공할 수 있도록 한 카메라다. 작은 항공기 유형의 드론처럼 보이는 것은 전통적인 모형 항공기일 수도 있고 GPS 유도를 사용하여 자체 제어하면서 비행하는 항공기일 수도 있다.

이와 같이 드론 운항 분야는 다소 복잡하고 다른 일부 영역과 충돌하기도 한다. 드론을 잘 이해하기 위해서는 '드론'이라는 용어에 대해 다소 느슨한 정의를 내려도 좋다. 이 책에서는 조종사가 탑승하지 않고, 일정한 자율 기능이 가능하며, 미사일 또는 유도 포탄과 같이 명백하게 다른 범주에 속하지 않는 운송 수단을 모두 드론으로 간주한다.

역사상의 시도들

역사상으로 조종사가 없는 무인 항공기를 만들려는 시도는 매우 많이 있었고 이는 주로 군사적 목적에서 비롯되었다. 그중에는 미사일에 '생물 제어'를 사용하자는 아주 터무니없는 아이디어도 있었다. 생물 제어는 특정 유형의 표적을 인식하고 그것을 부리로 쪼게끔 훈련 받은 비둘기로 구체화되었다. 하지만 비둘기를 이용한 무인 항공기는 성공을 거두지 못했다.

1950년대 초 미사일 내부에 들어갈 수 있을 만큼 작은 전자 장치가 개발되고 나서야 생물 제어를 확실히 포기하게 되었고, 그 후 생물 제어는 다시 나타나지 않

V1의 비행 경로

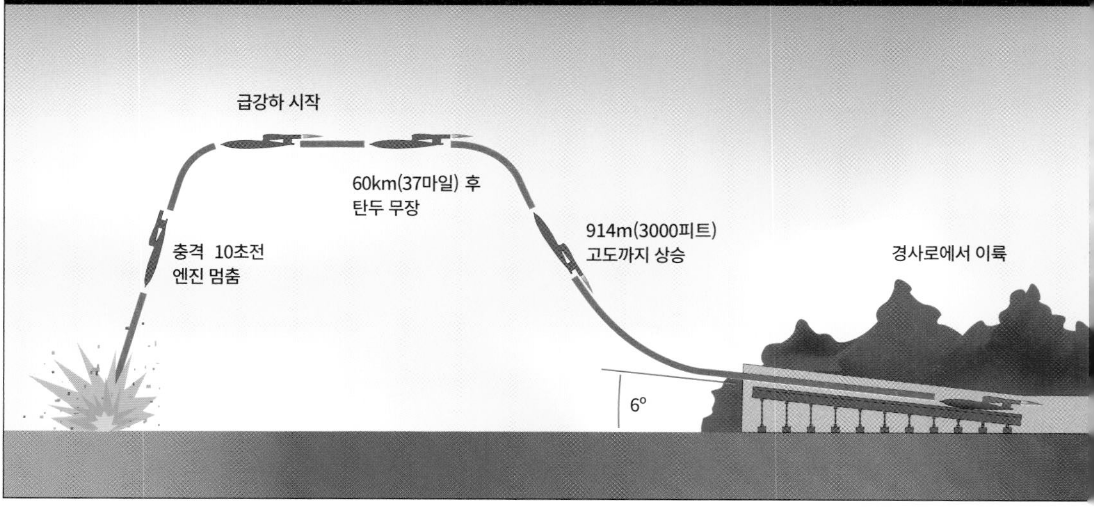

았다.

자율 항공기에 근접한 또 다른 시도가 제2차 세계 대전 때 있었는데 이는 생물 제어보다는 간단하다. 바로 V1이라고 불린 '비행 폭탄'으로, 본질적으로 펄스제트 엔진으로 동력을 공급하는 무인 항공기였다. 이것은 구조가 단순하고 제작비도 저렴했지만 무엇보다 탄두를 탑재할 수 있었다는 점이 중요하다. V1에는 고도를 유지하는 일종의 자동 조종 장치와 급강하 장치를 작동시키는 매우 간단한 관성 장치가 있었다. V1의 앞쪽에 달린 소형 프로펠러가 공기 마찰로 회전하는데, 이 프로펠러가 사전에 설정된 회전수에 도달하면 이론적으로 폭탄은 필요한 거리를 이동한 것이 되고, 그러면 표적을 향해 급강하하기 시작하였다.

급강하 지점을 결정하기 위한 과정이 세심하게 계산되기는 했지만 실제로는 맞바람이나 뒤바람 같은 외부 환경 또는 장치의 부정확성으로 인해 계산이 틀어지기 일쑤여서, V1은 종종 정해진 항로를 이탈했다. 게다가 V1은 항법장치가 없이 단순히 표적 방향으로 발사되어 직선 항로로만 비행한 탓에 전투기나 대포의 요격에 매우 취약하였다.

이 비행 폭탄은 제대로 된 자동 항법 장치 없이 너무 빨리 날아가서 항공기의 후류(後流) 때문에 항로를 이탈하는 일이 다반사였다. 더군다나 두 비행체가 나란히 날아갈 경우 서로 접근하여 날개를 건드리는 바람에 실패하는 일도 빈번하게 일어났다. 탄두는 그래도 어딘가에 떨어졌지만 대체로 표적을 벗어났고 따라서 인구 밀집 지역을 타격하지 못했다.

미스텔

V1 비행 폭탄은 엄밀한 의미에서 드론이 아니고 미사일도 아니었다. 그렇지만 그것은 현대판 군용 드론과 미사일의 선구자로 간주할 수 있고, 그 개념이 실행 가능함을 증명하는데 도움을 주었다. 같은 목표를 가진 또 다른 시도로 독일의 '베토벤 장치(Beethoven Device)'가 있었는데, 이것은 큰 항공기 위에 좌석이 하나인 전투기가 얹혀 있는 복합 항공기였다. 큰 항공기는 '미스텔(Mistel)'이라고 알려져 있는데, 폭발물을 채워서 위에 있는 소형 전투기에서 원격 조종하여 비행했다.

위 : V1은 더 정확히 말하면 현대 순항 미사일의 원시적인 전신이었다. 그 효과는 원격 조종 장치나 자동 항법 장치의 부재로 인해 제한적이었다. 이러한 장치를 구현하는 기술은 당시까지는 채 발명되지 않았는데 이는 희생자가 될 수도 있었던 사람들의 입장에서는 행운이었다.

미스텔 용도로는 다양한 항공기 중에서도 주로 융커스 88(Ju-88)과 같은 경폭격기가 사용되었다. 평소라면 한물간 기종으로 취급되어 은퇴했어야 마땅할 항공기들이 유용하게 활용된 경우라 볼 수 있다. 이론상으로는 복합 항공기가 표적 가까이 날아간 다음 전투기는 탈출하고 미스텔은 대형 탄두를 싣고 표적에 투하되는 것이 목적이었다. 실제로 이러한 장치가 200개 이상 제작되었지만 유용한 결과는 거의 없었다.

미스텔 가운데 마지막으로 개발된 것은 전쟁이 끝나갈 무렵 등장한 제트 전투기와 결합된 것이었다. 이는 첨단 전투기를 상당히 낭비적으로 배치하는 것에 불과했다. 미스텔을 통해 투하할 수 있는 폭탄은 그리 많지 않았고, 이마저도 단 한번만 가능했기 때문이었다. 또한 복합 항공기는 요격에 매우 취약했다.

이 역시 진정한 의미의 드론은 아니었지만 베토벤 장치는 당시의 기술로 유도 미사일과 일회용 공격 드론 사이의 무언가를 만들어 내려는 의미 있는 시도였다

위 : 미스텔 개념은 수동 제어를 사용해서 유도 무기를 만들려는 시도였다. 조종사는 폭탄을 채운 큰 폭격기로 부터 자신의 소형 항공기를 분리하고 원격 제어를 통해 폭격기가 표적을 향해 최종 접근하도록 유도했다. 하지만 이러한 방식의 공격은 성공률이 매우 낮았다.

왼쪽 : 1950년대 중반이 되자 모형 항공기를 무선 조종하는 일이 매우 흔해져서 이런 대회도 개최될 수 있었다. 원격 조종 개발은 조종사가 없는 초보적인 비행 폭탄에서 현대의 무인 항공기로 발전하는데 빠진 요소 하나를 채웠다.

결국 실패하기는 했지만 적어도 이론상으로는 전투 임무를 수행할 수 있는 무인 항공기의 개념을 실례를 들어 보여주었다.

역시 제2차 세계 대전 당시 기획된 것으로 무선 조종 활공 폭탄과 음향 유도 어뢰가 있는데, 이것들은 적어도 드론 무기의 특성 중 일부를 갖추고 있었다. 이런 것들은 제2차 세계 대전에 그다지 큰 영향을 주지 못했지만, 그래도 유효했고 탐구할 가치가 충분한 기술들이었다. 이는 현대의 어뢰 및 다양한 종류의 유도 미사일 개발을 이끌었고, 어뢰와 미사일 기술은 드론 개발을 위한 새로운 길을 열었다. 제2차 세계 대전 직후 미사일 유도에 관한 연구가 없었다면 오늘날 같은 드론이 등장하기란 불가능했을 것이다.

원격 조종 항공기에 대한 발상은 전쟁 후에도 계속 이어졌는데 꼭 군대에서만은 아니었다. 활공 폭탄과 원시적인 미사일에 사용된 무선 유도 시스템은 민간 애호가들이 취미 삼아 모형 항공기와 헬리콥터를 날릴 정도까지 개발되었다. 무선 조종 취미는 배와 경주용 자동차로 확장되었는데, 오늘날 이 기기들은 충분히 저렴해져 어린이용 무선 조종 장난감이 보편화될 정도에

아래 : 미사일 유도는 현재 무인 항공기에서 많이 사용되는 장치 개발을 촉진하였다. AIM-9 사이드와인더(Sidewinder) 미사일은 1958년 처음으로 작전에 사용되었지만 항상 기대에 부응하지는 못했다. 1974년 포인트 무구(Point Mugu)에서 실시된 이 시험은 당시 진행 중이던 AIM-9H 모델을 탄생시킨 개발의 일부였는데, 이 모델은 최초로 반도체 소자를 쓴 전자 장치였다.

이비(EBEE)

이비(Ebee) 드론은 항공사진을 이용하여 지도를 제작할 수 있도록 설계되었다. 이것은 손으로 던져서 이륙할 수 있다.

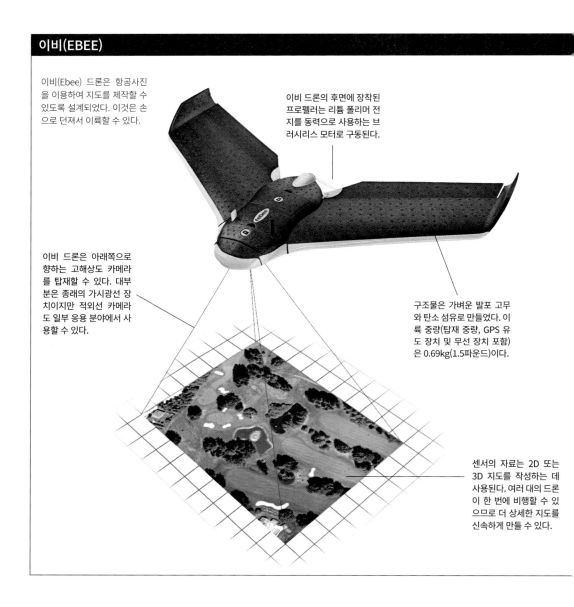

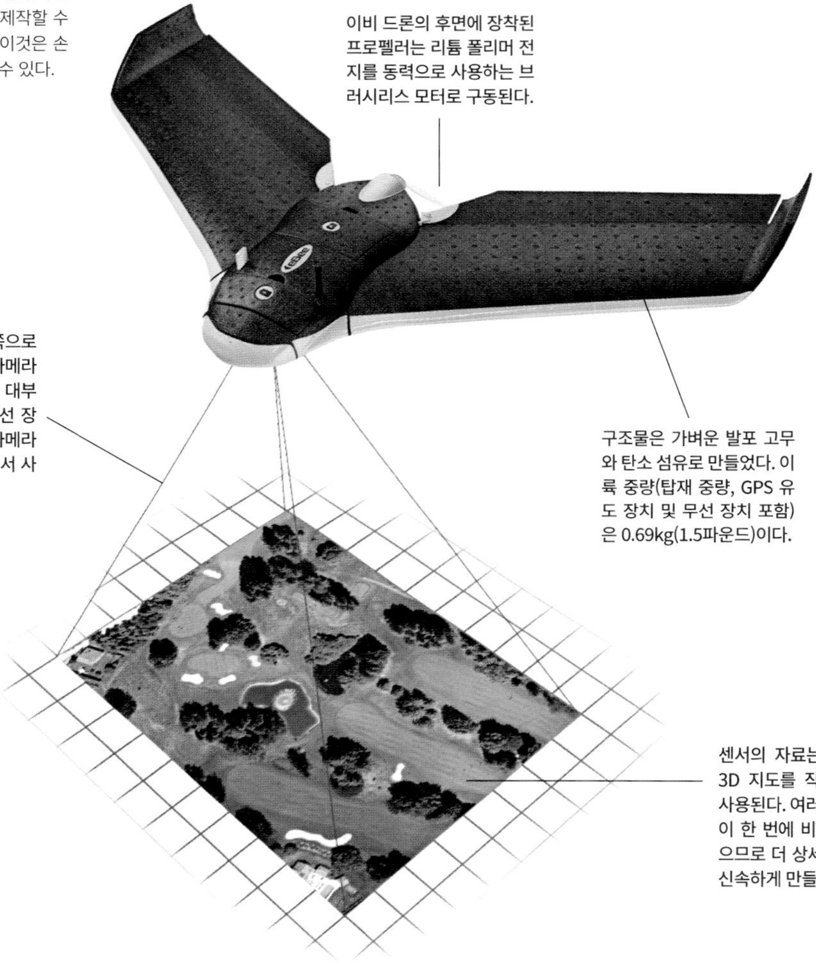

이비 드론의 후면에 장착된 프로펠러는 리튬 폴리머 전지를 동력으로 사용하는 브러시리스 모터로 구동된다.

이비 드론은 아래쪽으로 향하는 고해상도 카메라를 탑재할 수 있다. 대부분은 종래의 가시광선 장치이지만 적외선 카메라도 일부 응용 분야에서 사용할 수 있다.

구조물은 가벼운 발포 고무와 탄소 섬유로 만들었다. 이륙 중량(탑재 중량, GPS 유도 장치 및 무선 장치 포함)은 0.69kg(1.5파운드)이다.

센서의 자료는 2D 또는 3D 지도를 작성하는 데 사용된다. 여러 대의 드론이 한 번에 비행할 수 있으므로 더 상세한 지도를 신속하게 만들 수 있다.

이르렀다.

이러한 시도들이 그 자체로 완전한 무인 항공기를 만드는 데까지 나아간 것은 아니다. 하지만 이러한 도전은 목표를 향한 각 단계의 초석이 되었고, 마침내 작고 강력한 소형 전자 장치가 등장, 필요한 경우 의사 결정을 내릴 수 있는 매우 강력한 프로세서가 모형 항공기에 탑재되기에 이르렀다. 이로써 진정한 의미의 드론이 만들어질 수 있었다. 예를 들어 드론은 '비행경로의 시작 및 끝 지점과 몇 군데 중간 경유 지점'에서 무엇을 해야 하는지 지시받고, 그 지시를 정확히 수행하는 방법에 대해 자체 결정을 내릴 수 있다.

재료 기술의 발전은 항공기 산업 전체뿐만 아니라 실

행 가능한 드론 제작에도 매우 중요했다. 어떤 항공기를 만들 때도 경량화와 내구성은 중요한데, 줄어든 무게만큼 탑재 중량이 늘어나기 때문이다. 이 점은 크기가 작은 드론에서 특히 중요한데, 단 몇 그램 차이만으로도 유용한 탑재장비를 싣고 이륙할 수 있을지 여부가 결정되기 때문이다.

소형 드론의 경우 사람과 화물, 그리고 이륙하는데 충분한 추진력을 얻기 위해 필요한 무거운 엔진을 실을 필요가 없어 훨씬 더 나은 재료를 선택할 수 있다. 비행이나 착륙 중에 작은 드론이 받는 압력은 대형 항공기가 겪는 것과는 완전히 다르므로, 드론 생산에 사용되는 재료들을 가지고 완전한 항공기를 제작하는 것은 불가능하다. 하지만 드론도 덩치가 커지면 일반 항공기와 마찬가지 방식으로 제작해야 할 것이다.

위성항법장치(GPS) 도입은 드론 역사상 또 하나의 결정적인 진전이었다. GPS 신호는 수신할 수 있는 모든 장치에서 사용할 수 있으므로 수신기 이상의 장비를 실을 필요가 없게 되었다. 그 결과 항공기에 수많은 계측기를 탑재하거나 운용자가 정보를 갱신할 필요가 없이 정확한 운항이 가능하게 되었고, 이는 현대의 드론을 자율적으로 작동할 수 있게 한 핵심 요인이 되었다.

통신 기술 또한 충분히 발전하여 드론을 다른 목적으로 운용할 수 있도록 제어시스템을 확장시켰다. 오직 오락용 비행을 목적으로 제어 시스템이 개발되어야 했다면 드론은 매우 부유한 사람들만의 취미 품목이 되었겠지만, 오늘날의 통신 장비는 단순히 한 가지 용도만을 위해 만들어지지 않는다. 실제로 상호 연동성과 호환성은 태블릿, 노트북 컴퓨터, 스마트폰 등과 같은 제품을 판매하는데 강력한 매력 포인트로 작용한다.

범용성이 있으면서 프로그래밍이 가능한 통신 장비와 컴퓨터 장비를 이용할 수 있게 되면서 드론 제조업체는 기존 기술을 사용할 수 있게 되었다. 군 예산을 가진 사람들은 오락 부문에 비해 덜 중요하긴 했지만 마찬가지로 상용제품의 부품을 사용하여 개발 비용과 최종 제품의 가격 모두를 낮출 수 있었다. 이러한 개발로 오락용이나 개인 민간용 사용자도 드론 운용이 가능하게 되었다.

이와 같이 오늘날의 드론-군용이나 상업용, 또는 오락용 및 기타 모든 유형의 드론-은 무에서 갑자기 만들어진 것이 아니라는 것을 알 수 있다. 오늘날의 드론은 당시 가능한 기술을 이것저것 사용해서 초보적으로 실험하고 임시방편으로 이용했던 시기를 지나, 필요한 기술을 이용할 수 있게 되면서 정교한 시스템으로 개발된 최종 결과물이다. 이 기술 중 많은 부분은 드론 운용을 위해 특별히 만들어진 것이 아니라 다른 분야로부터 채택하거나 변경하여 적용되었다.

이제 드론 기술은 성숙한 분야가 되었으므로 미래의 시스템 개발은 적어도 몇몇 특정한 분야에 특화될 것 같다. 새롭고 더 나은 드론 기술 개발을 통해 돈을 벌 수 있다는 것이 입증되기 전에는 미래 기술 개발은 가능하지 않았지만, 앞으로는 다를 것이다.

드론이 다양한 응용 분야에서 점점 더 보편화되어 가면서 새로운 질문이 제기되고 있다. 무인 항공기에 무기를 탑재하는 것이 윤리적인가? 또는 누구에게나 자기가 원하는 곳에서 카메라를 탑재한 드론을 날리는 것을 허용할 것인가? 국가 안보에는 어떤 영향을 미치는가? 사생활에 대해서는? 드론으로 촬영한 영상은 법원에서 증거로 받아들여질 수 있는가? 도시 지역에서 잠재적인 위험성을 지닌 비행 기계의 운항을 규제하기 위해 어떤 법규를 제정해야 하는가?

어떤 새로운 기술도 그랬던 것처럼 사회는 거기에 적응할 시간이 필요하다. 법과 사회적 관습은 그 당시 가능하거나 예측 가능한 것에 기초해서 앞으로 일어날 수도 있는 일을 추측하려고 하는 것이 아니라 지금 일어나고 있는 일에 맞추어야 한다. 물론 신흥 기술이 사용되는 분야를 예측하는 것이 항상 가능한 것은 아니며, 모든 기술이 기대에 부합하지도 않는다.

현재 분명한 것은 드론은 새로운 가능성을 열어주었고, 또한 개인 사용자들이 작은 예산으로도 드론을 이용할 수 있다는 점이다. 지금은 조종사와 농약 살포 항공기를 빌리는 것보다 드론을 이용하여 훨씬 저렴한 비용으로 작물에 농약을 뿌릴 수 있다. 농부나 자연 보호 운동가는 특정 지역에 모형 항공기를 날려서 식물이나 야생 동물의 최신 영상을 수신할 수 있다. 법 집행 기관은 헬리콥터 비용의 일부만으로도 카메라를 공중에 둘 수 있고 군은 유인 항공기를 유지하는 데 드는 비용과 잠재적인 어려움 없이 한 지역에 대한 장거리 감시를 수행할 수 있다.

이 모든 적용 분야와 또 다른 많은 적용 분야는 다양한 기술에 의존한다. 일부 기술은 최근 몇 년 동안 등장하였고, 일부 기술은 수십 년 동안 개발해 온 것이다. 더 싸고 가벼운 시스템을 만들어 내는 추세가 계속되어 오고 있으므로 가까운 미래에는 더욱 저렴하게 구할 수 있는 더 유능한 드론을 만들어 낼 것이다.

드론 기술

대부분의 드론은 항공기 또는 항공기 유형의 장치이다. 이는 다시 크게 회전 날개 항공기와 고정 날개 항공기의 두 가지 범주로 나뉜다. 고정 날개 항공기는 반드시 동력을 공급할 필요는 없다. 적절하게 만들어진 글라이더 드론은 매우 오랜 시간 동안 하늘 높이 떠 있을 수 있기 때문이다. 하지만 대부분의 드론은 엔진을 사용한다.

대다수의 고정 날개 드론은 동력을 공급하기 위해 프로펠러를 사용한다. 프로펠러는 내연기관으로 구동할 수 있지만 더 큰 드론에서만 실용적이다. 내연기관을 사용하는 드론은 소음이 크기 쉽고 추락 사고가 발생할 경우 재앙이 될 수 있다. 그렇기 때문에 정부가 일반인에게는 이런 위험한 내연기관 드론을 운용하게 하기 보다는 전기 모터를 이용하는 전동 드론을 법적으로 허가해줄 가능성이 더욱 높다.

그래서 고정 날개 드론은 대부분 전기 모터에 의해 구동되는 프로펠러를 하나 이상 사용한다. 프로펠러는 드론을 공중으로 당기는 '견인(tractor)' 유형도 있지만, 대개 '추진(pusher)' 유형을 사용한다. 추진 프로펠러는 자연스럽게 드론의 뒷부분 또는 날개 뒤쪽에 두어 기수를 카메라나 장비 칸 용도로 비워 둘 수 있는 장점이 있다.

다른 모든 항공기와 마찬가지로 착륙은 드론에도 위험하다. 잘못 착륙하거나 또 충돌할 경우는 프로펠러가 손상을 입거나 자신의 다른 물체에 손상을 입힐 수 있다. 그러나 이에 대한 실질적인 대안은 없다. 이미 언급했듯이 가연성 액체 연료를 사용하는 내연기관 드론의 경우는 더욱 위험하다. 드론이 추락을 방지하거나 완화할 수 있는 첨단 장치를 갖추고 있고 운용자가 군용 드론 시스템에서처럼 폭넓게 훈련받을 수 있는 경우를 제외하면, 민간 사용자의 경우 일반적으로 내연기관보다 전기 구동이 훨씬 안전하다.

배터리는 드론 부품 중 비교적 무거운 부품이지만 출력과 용량 모두 계속 향상되고 있다. 배터리를 충전하거나 충전된 배터리로 교체할 수 있는 능력은 드론의 중요한 이점이다. 드론은 승무원의 지구력에 제한받지 않기 때문에 더욱 그렇다. 수동으로 조종하는 항공기는 승무원의 피로 때문에 반드시 기지로 돌아가야만 하지만, 드론은 자율적으로 또는 지상 운용자들이 교대로 제어하면서 거의 끝없이 운항할 수 있다.

마찬가지로 유인 항공기는 매 비행 전에 항상 광범위한 안전 점검과 때로는 중요한 유지 보수가 필요하지만

위 : 스페인에서 설계한 아틀란테(Atlante) 무인 항공기는 민간 공역(空域)에서 사용할 수 있도록 제작되었다. 많은 드론은 자동 충돌 방지 장치가 없거나 다른 항공 우주 법규의 요구 사항을 충족하지 못해서 민간 공역 운항이 금지되어 있다. 그래서 아틀란테는 순수 군용 무인 항공기보다 더 광범위한 잠재 응용 분야를 가지고 있다.

위 : 야라라(Yarara) 무인 항공기는 아르헨티나에서 내수와 수출 시장을 위해 개발되었다. 야라라는 미국의 최첨단 무인 항공기와 비교하면 그리 대단하지 않지만 저비용 항공 정찰과 항공 감시 작업이라는 드론의 가장 중요한 특징을 갖추었다. 이 항공기는 가장 원시적인 활주로에서 가동할 수 있다.

일반적으로 드론은 착륙해서 배터리만 교환한 다음 다시 보내면 된다.

드론(또는 어떤 항공기)이 도달할 수 있는 높이, 허용할 수 있는 조건 및 비행할 수 있는 속도와 같은 성능은 동력원의 출력에 의해 규정된다. 일반적으로 높은 출력 수준으로 전력을 공급하면 배터리가 빨리 소모되는 반면, 낮은 수준의 출력은 배터리를 훨씬 더 오랜 시간 동안 유지하게 해준다. 무게 대비 출력의 비율은 고속, 고성능 드론에게는 중요하지만 대부분의 경우 문제가 되는 것은 항속 시간이다.

드론은 대체로 가볍다. 매우 큰 군용 드론도 유인 항공기보다는 작고 가볍다. 유인 항공기에서 제어 전자 장치는 조종사 및 다른 승무원들과 이들이 필요로 하는 모든 지원 시스템을 합한 것보다 훨씬 작은 공간을 차지한다. 조종사는 움직일 공간, 적어도 비행기를 조종하고 비행기에 드나들 수 있는 공간을 필요로 한다. 게다가 의자와 기압을 일정하게 유지한 조종실, 그리고 자신과 계기판 사이의 충분한 공간도 필요로 한다. 드론은 이러한 공간들을 필요로 하지 않으므로 공간과 무게를 모두 줄일 수 있다.

ㅓ: 옥탄(Octane)과 같은 회전 날개 드론은 공기 중에 머무르기 위해서는 전력 소모가 많지만 고도로 안정적이고 정밀 조작이 가능한 센서 용 비행체다 단거리, 저고도 작업에 가장 적합하고 종래의 고정 날개 드론은 간단하게 할 수 없었던 매우 복잡한 환경에서 비행할 수 있다.

크기가 작고 무게가 가벼우면 장점이 아주 많다. 특히 작은 동력으로 오랫동안 비행할 수 있다. 그러나 경량 항공기는 바람에 더 예민하고 중량 항공기보다 공기의 온도, 습도 등의 영향 또한 크다. 게다가 탑재 중량과 능력은 서로 상충되는 관계를 가지고 있다.

대다수 드론은 매우 작고 가볍기 때문에 다른 카메라를 바꾸어 무게가 수십 그램만 바뀌어도 성능에 심각한 영향을 받으며 그에 따라 항속 시간이 상당히 줄어들 수도 있다.

고정 날개 드론은 일반 항공기처럼 날아간다. 충분히 빨리 움직이고 있다고 가정하면 드론은 날개 위로 흐르는 공기 흐름을 통해 양력을 얻는다. 경량의 드론은 그렇게 많은 양력을 필요로 하지 않으며 이는 일반적으로 장점으로 작용한다. 그러나 갑작스럽게 뒤바람이 부는 경우에는 매우 가벼운 항공기는 실제 문제가 될 수 있다. 드론에게서 양력을 빼앗아 추락의 원인이 될 수 있기 때문이다.

항공기의 안정성은 대개 꼬리 날개와 수직 안정판에 의해 형성된다. 그런데 드론도 항공기의 현대적 설계 개념을 사용하여, 수직 안정판의 표준 방향타와 날개와 꼬리 날개의 승강타 대신에 꼬리 날개와 안정판, 이 두 가지 기능을 모두 수행할 수 있는 V형 꼬리 날개를 사용할 수 있다. 현대 자동제어 시스템이 작고 아주 적은 양의 전력만 필요로 한다고 해도 모든 움직이는 조종면에는 제어 시스템이 필요하며 이에 따라 더 무게워지고 더 복잡해진다.

고정 날개 드론의 가장 큰 장점은 하늘에 떠 있을 때는 동력이 거의 필요 없다는 것이다. 대기의 속도가 드론이 속도를 잃고 추락하게 되는 한계치보다 빠르면 양력이 드론을 떠받친다. 따라서 회전 날개 드론보다 훨씬 작은 동력을 필요로 하므로 같은 출력으로 항속 시간이 훨씬 더 길고 더 빠른 속도를 낼 수 있다.

어떤 회전 날개 드론은 소형 모형 헬리콥터처럼 만들어서 주 회전 날개 하나가 양력을 만든다. 이 경우 회전 날개에 의해 생긴 회전력을 제거하는 몇 가지 수단이 필요한데, 그렇지 않으면 드론 자체가 회전하여 제어하기 어렵게 된다. 헬리콥터형 드론에서는 일반적으로 꼬리 회전 날개를 이용하여 매우 정교하게 방향 제어를 할 수 있다. 하지만 대부분의 회전 날개 드론은 다중 회전 날개를 사용한다.

다중 회전 날개 드론

다중 회전 날개 드론(예를 들어 회전 날개가 4개 있는 쿼드콥터)은 표준 헬리콥터 기종에 비해 안정성에서 이점이 있지만, 각 회전 날개를 위한 모터와 모터를 작동하기 위한 제어 시스템을 탑재해야 한다는 단점이 있다. 회전 날개 드론은 본질적으로 프로펠러에서 만드는 추력을 이용하여 자신을 하늘로 끌고 다니는 비행 방법을 사용한다. 이것은 드론 전체 무게를 회전 날개가 지탱하여야만 하므로 회전 날개의 출력이 드론 자신의 무게와 탑재 중량을 초과해야만 한다는 것을 의미한다.

이렇듯 회전 날개 드론은 고출력이 필요하기 때문에 고정 날개 드론보다 훨씬 빨리 배터리를 소모시키고 같은 출력으로 더 느린 속도를 낼 수밖에 없다. 대신 이는 고도의 정밀성으로 보상된다. 회전 날개 드론은 제자리 비행을 할 수 있지만 고정 날개 드론은 불가능하다. 그래서 회전 날개 드론은 안정적인 카메라용이나 좁은 공간 작업용 비행체에 적합하다. 예를 들어 회전 날개 드론은 실내에 적합하지만 고정 날개 드론은 부적합하다.

프로펠러로 구동하는 드론은 회전 날개 드론이든 고정 날개 드론이든 관계없이 프로펠러에 동력을 공급하는 모터가 필요하다. 모터는 전기로 구동하거나 내연기관을 사용할 수 있다. 제트 엔진은 아주 큰 드론에서나 사용할 수 있지만, 큰 탑재 중량을 싣고 빠른 속도를 낼 수 있는 충분한 추력을 공급할 수 있다. 현재는 고성능 군용 드론에서만 채택할 수 있는 방안이지만, 기술이 충분히 발전하면 대형 화물 운송 드론이 상업 시장에 진입할 수도 있다(2017년 중반 현재 1톤급 화물 비송용 드론 개발이 진행중이다:역자 주).

승객들이 조종사가 없는 항공기를 받아들일 것인지 여부는 의문의 여지가 있지만 조종사가 없는 항공기에 대한 계획은 있다. 이미 상업용 항공기는 자동화 장치를 최대한 활용하여 항공기의 전자 장치로 일상적인 비

위 : 다른 새로운 기술과 마찬가지로 무인 항공기도 잠재 능력을 실현하려면 다른 장치와 함께 통합 작전을 펼쳐야 한다. 이 헌터 조인트(Hunter Joint) 전술 무인 항공기 운용자는 전투에서 수색과 구조 활동에 참여하고 있다. 추락한 승무원 수색에 드론을 배치하면 유인 항공기를 과도한 위험에 노출시키지 않고 작전 범위를 넓힐 수 있다.

행 작업을 처리한다. 그러나 자동화 장치의 지원을 받는 조종에서 진정한 드론 운전으로의 도약은 매우 중요한 것이다.

센서 및 통신 기술

대부분의 무인 항공기는 적어도 한 가지 형태의 센서, 즉 정보를 얻는 수단을 가지고 있으며, 명령 또는 항법 자료를 수신할 수 있는 통신 장치를 탑재하고 있다. 통신은 무선으로 전송되고 드론의 설계에 따라 단방향 또는 양방향일 수 있다.

예를 들어 어떤 드론이 특정 지역을 촬영하는 것과 같은 작업을 수행하도록 프로그래밍이 되었고 추가적인 입력 없이 이 작업을 수행할 수 있다면, 양방향 통신은 필요 없다. 운용자가 지상에서 드론을 보면서 제어해야 하는 경우도 마찬가지다. 이 경우에는 간단한 수신기만 있으면 된다. 드론이 자료를 수집하면 그 자료를 회수해야만 하지만 이것은 보통 물리적으로 드론을 회수한 다음 내부 저장장치에서 내려받게 될 것이다.

원격 수집 장치에서 자료를 얻는 것 역시 몇 년 전보다 훨씬 간단하다. 인공위성 정찰 초기에는 기존의 필름으로 사진을 찍고 나서 그 필름이 인공위성에서 튀어나와 지구로 떨어졌다. 필름 통이 낙하산을 타고 내려올 때 특별한 장비를 갖춘 항공기가 공중에서 잡았다. 이제는 디지털 사진과 쉬운 자료 전송의 출현으로 이런 복잡하고 값비싼 작업은 필요가 없어졌다. 하지만 아직 많은 드론은 전송 장비 없이 회수해서 내려받아야 하는 내장 자료 저장 장치를 사용하고 있다.

위성 위치 확인 시스템(GPS)

드론은 위성 위치 확인 시스템(Global Positioning System, GPS)을 사용하여 길을 찾을 수 있다. GPS 위성이 신호를 전송하고, 누구나 그 신호를 수신기로 수신하면 자신의 위치가 어디인지를 매우 정확하게 산출해낼 수 있다. 하지만 GPS 유도에는 한계가 있다. 신호는 어쨌든 손실될 수 있고, 드론에 주변 지역의 지도가 입력되어 있지 않으면 GPS 신호만으로는 주변에 무엇이 있는지를 파악할 수 없다. 또 이런 지도는 고도와 지상에서의 상대적인 위치까지 통합한 3D 표현으로 되어 있어야 사고를 피할 수 있다. 그래도 여전히 항공기나 새와 같이 움직이는 물체와의 충돌은 방지할 수 없다.

이러한 한계에도 GPS 유도는 저렴하고 효과적이며, 지도 작성이나 환경 감시를 위해 공중에서 특정 지역을 촬영하도록 설정되어 있는 드론처럼 간단한 드론에서는 더 이상 필요하지 않다. 사용자가 경유 지점들을 설정하고 그에 맞추어 드론을 보내면 내부 전자 장치가 GPS로부터 계속 신호를 갱신하며 바람과 기타 환경 요인들의 영향을 감안해서 드론을 안내한다.

GPS 유도를 사용하지 않거나, 눈으로 볼 수 있는 거리보다 먼 곳의 드론을 직접 제어해야 할 경우는 드론이 자료를 수신할 뿐 아니라 송신할 필요도 있다. 1인칭 시점(FPV) 드론은 카메라의 영상을 사용자에게 전송하고 사용자는 다시 제어 신호를 보낸다. 1인칭 시점은 조종사가 느낄 수 있는 관성 효과와 자신의 균형 감각과 같은 항공기 비행과 관련된 자극은 없지만, 실제 비행과 매우 비슷한 경험을 할 수 있고, 조종사가 괜찮은 기술 수준을 가지고 있다면 무인 항공기를 효과적으로 통제할 수 있는 방법이다.

위 : 1인칭 시점(First-Person-View, FPV) 드론 시스템은 무인 항공기 앞부분에 있는 카메라에서 운용자의 화면으로 실시간 방송을 보낸다. 이것은 노트북 컴퓨터나 태블릿 화면일 수도 있지만 어떤 시스템에서는 실제 조종사처럼 더욱 몰입하고 직관적으로 느낄 수 있도록 고글을 사용한다.

위 : 크고 정교한 무인 항공기를 운전하는 것은 매우 복잡한 작업이다. 이 화면은 RQ-7 섀도(Shadow) 드론에서 보내오는 자료를 보여준다. 운용자는 항공기가 명령에 응답하는 것을 느낄 수 없기 때문에 동시에 정보 과부하의 위험과 방향 감각 상실 가능성과 씨름해야 한다.

민간 운용자들에게도 제어 신호가 방해받거나 신호끼리 서로 간섭할 위험이 항상 존재한다. 무선 조종 애호가들은 조종기의 안테나에 종종 작은 깃발로 표시되는 간섭을 피하고자 다른 주파수를 사용하는 시스템을 오랜 기간 동안 사용했다. 현대의 제어 시스템은 매우 정교하여 단순히 조종면을 직접 작동시키는 신호를 받는 것에 의존하지 않는다.

오늘날의 자료 전송 장비는 매우 정교하여 다른 장치나 다른 드론을 제어하기 위한 신호를 걸러내지만 우연한 간섭으로 신호가 교란될 가능성을 배제하지는 못한다. 군용 사용자들은 물론 이보다 더 높은 수준의 견고성을 필요로 하기 때문에 그 지역의 어떤 강력한 전파에 쉽게 간섭받을 수 있는 드론은 거의 사용하지 않는다.

소설에는 원격 제어로 자동차를 폭발시키는 것과 같이 놀라운 일들을 해내는 해커들로 가득 차 있다. 그리고 군용 드론이 해킹되어 적이나 어떤 의도를 가진 사람의 통제 아래 놓인다는 생각에 대해 많은 사람이 그것이 현실에서 가능하다고 믿는다. 하지만 군용 시스템은 외부 해킹에 대해 매우 강하다. 어떤 조건에서도 12살짜리 어린이가 태블릿 컴퓨터를 가지고 미사일 무장을 한 드론에 대한 통제권을 가지지는 못할 것이다.

이것은 군용 드론 운영자들이 위협을 인식하고 심각하게 인식하고 있기 때문이다. 원격으로 제어할 수 있

위 : RQ-7 섀도(Shadow) 무인 항공기 운용을 위해서는 수송 및 발사를 위한 차량, 통제소 및 비행을 위해 드론을 유지 관리하고 준비할 팀이 필요하다. 표준 배치는 준비된 무인항공기 3대와 예비로 분해된 상태의 항공기 1대로 구성되고, 22명의 인원이 필요하다.

는 장치의 경우, 적어도 이론상으로는 다른 사람이 제어 신호를 보내는 방법을 알아내어 그 장치를 통제하는 것이 가능하다. 그러나 실제로는 기본적인 민간 드론조차도 그러한 시도에 잘 견딘다. 많은 예산을 투입할 수 있는 군용 드론 개발자는 당연히 외부 공격에 대해 회복력이 강하게 소프트웨어를 만들고, 범죄를 위한 목적으로 쉽게 재설정할 수 없도록 만든다.

대부분의 민간 및 상업용 드론 제조업체는 일반적으로 판매에 유리한 드론의 능력을 광고한다. 그러나 군용 드론과 일부 특수 드론 시스템의 제조업체는 능력을 보여주면서도 잠재적인 적들이 유용한 정보에 접근하지 못하도록 (광고와 보안 사이에서) 아슬아슬한 줄타

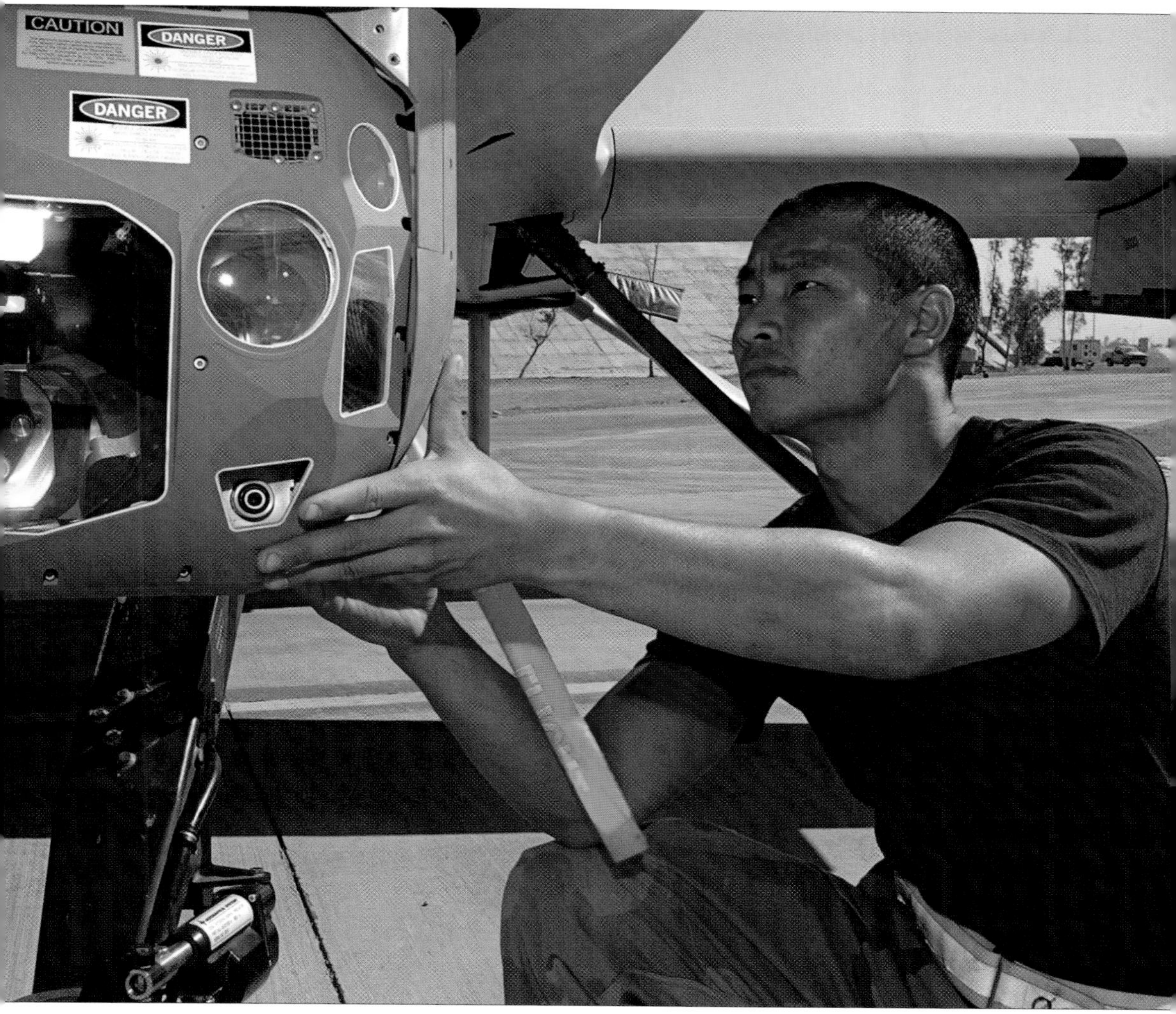

위 : MQ-1 프레데터 무인 항공기는 비행 작전을 위한 전방 감시 카메라를 가지고 있지만, 임무를 위해 탑재한 광학 기기는 항공기와는 독립적으로 제어할 수 있는 터릿에 자리 잡고 있다. '드론 공격'을 둘러싼 대다수 언론 보도들은 프레데터의 가장 중요한 시스템은 센서 패키지라고 말한다.

기를 해야 한다.

무기의 능력은 대개 제조업체가 광고하지 않더라도 추정하기 쉽지만 전자 장비는 매우 알기 어렵다. 항공기의 엔진 덮개 아래나 동체 아래 공간에 무엇이 있는지 알아내기란 어려운 일이다. 설령 장치를 식별할 수 있다고 하더라도 정확한 능력까지 알아낼 수는 없다.

운용자와의 통신과 제어에 필요한 전자 장치 이외에 드론에 탑재되는 전자 장비에는 두 종류가 있다. 그 중 전자전 시스템은 군용 드론과 일부 보안용 드론에서만 사용된다. 전자전 시스템은 전자기 스펙트럼을 사용하여 우위를 점하거나 적이 우위를 점하는 것을 막도록 설계되었다. 반면에 정찰 시스템은 정보를 얻는 데 사

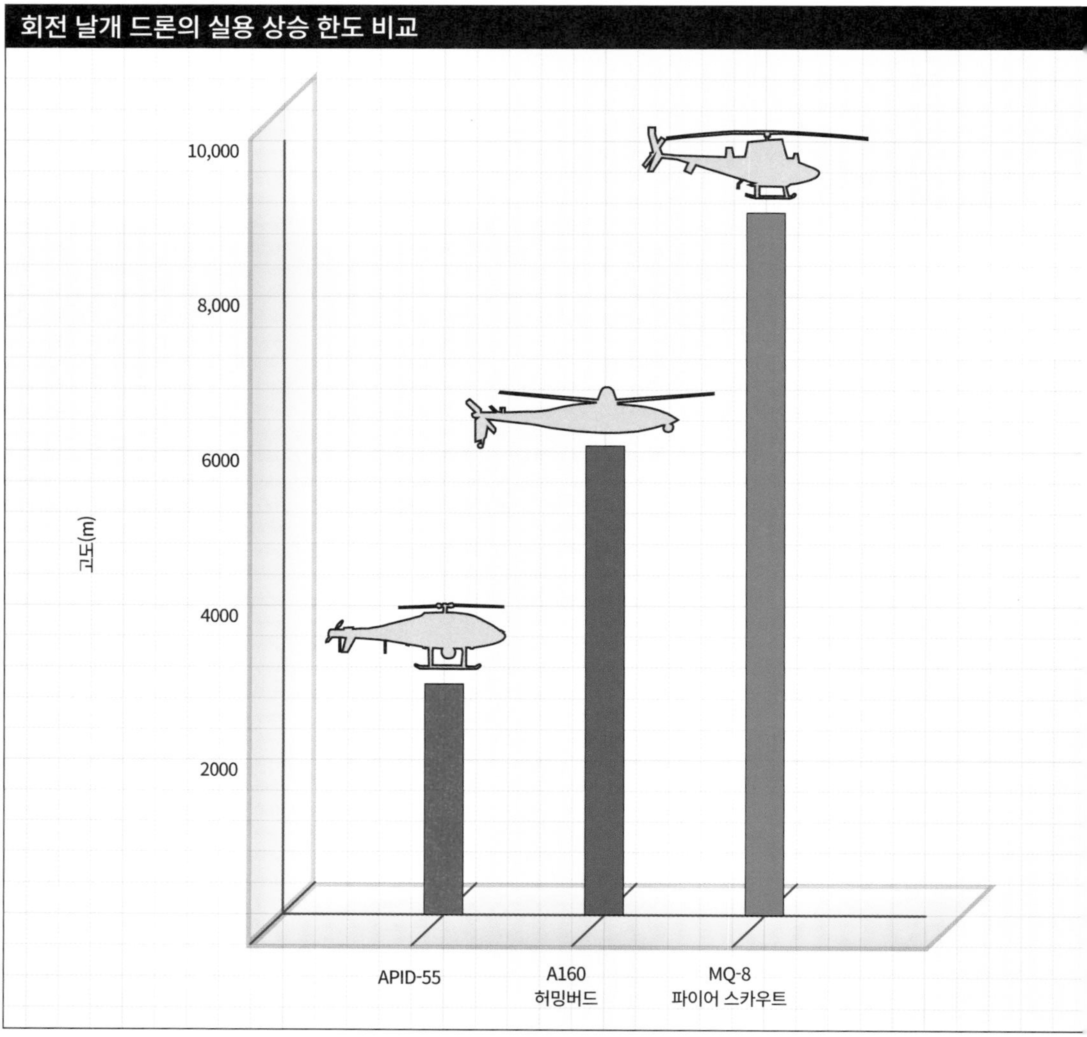

용되고 광범위한 응용 분야에서 유용할 수 있다.

센서 시스템

드론에 탑재하여 사용되는 가장 보편적인 센서는 다양한 형태의 카메라다. 오늘날의 디지털카메라는 매우 좁은 공간에도 설치할 수 있을 만큼 작으면서도 고화질 영상을 담아낸다. 중요한 점은 이러한 카메라가 많은 영상을 저장할 수 있어서 불과 몇 년 전만 해도 불가능했던 다양한 분야를 실현할 수 있게 되었다는 것이다. 그렇지만 다양한 응용 분야에 따라 다양한 종류의 카메라가 필요하다.

끊임없는 실시간 동영상은 1인칭 드론 운전 또는 실시간 표적 관측에 필요하다. 이것은 바로 그 순간 표적이 무엇을 하고 있는지에 따라 결정을 달리 내려야 하는 군사 분야에서 특히 중요하다. 민간인이 갑자기 테러범으로 변신할 수 있고, 공격이 막 시작되려고 하는 바로 그 시점에 민간인이 목표 지역 안으로 들어갈 수도 있다. 이 때 실시간 동영상을 통해 최종 순간에 사람이 다시 의사 결정을 하여 미사일을 표적에서 벗어나게 하거나, 선제공격을 가하거나, 임박한 공습을 중단할 수 있다.

비군사용으로는 실시간 동영상이 감시나 영화 제작에 사용될 수도 있지만, 긴급한 상황이 벌어진 경우에 더욱 중요하다. 예를 들어 차량의 다중 충돌이나 화재 또는 지진과 같은 재난이 발생했을 때 실시간 관찰은 사상자의 위치를 찾아 수습하거나 대응 요원을 현장에서 철수시키는 일처럼 시간이 관건인 작업에서 매우 유용할 수 있다.

그러나 동영상이 필수적이지 않은 응용 분야도 많이 있다. 일반적으로 단일 영상이 동영상 자료보다 해상도가 더 높다. 따라서 많은 드론은 동영상 장치와 함께 정지 화상 카메라를 탑재하고 있다. 이러한 정지 화상 카

휴대용 통제소

라트비안 펭귄(Latvian Penguin) 무인 항공기는 자율 비행이 가능하며 휴대용 지상 통제소에서 제어할 수도 있다.

군용 드론을 이용한 작전은 장비가 손상될 수도 있는 거친 환경에서 일어난다. 휴대용 상자는 장비를 보호하고 필요한 부품이 분실되지 않도록 한다. 상자에는 노트북 컴퓨터 2대 외에 제어 시스템에 사용하는 조이스틱, 마우스, 배터리 팩 및 안테나가 들어 있다.

팽귄 드론은 작은 노트북 컴퓨터로 운전하는데 이 화면에는 드론이 볼 수 있는 것과 지도 등의 운항 자료가 표시된다.

탑재장비 제어는 큰 터치스크린 화면을 통해 이루어진다. 대부분의 항공기 운항은 자율적으로 이루어지기 때문에, 한 사람이 두 장치를 동시에 사용하여 무인 항공기를 완전히 통제할 수 있다.

위 : 헬리콥터에 장착된 짐벌에 탑재된 전방 관측 적외선 장비(FLIR). 일부 군용 회전 날개 드론은 기본적으로 무인 헬리콥터이므로 같은 항공기의 조종사가 있는 버전용으로 설계된 장치를 탑재할 수 있다. 탑재 중량이 작은 소형 드론의 경우 수정이 필요하다.

메라는 극도의 고해상도 카메라 또는 장거리 카메라와 같이 전문적인 유형이거나 극도로 적은 양의 빛에서 작동하도록 설계된 카메라다.

열화상 카메라와 적외선 카메라는 많은 응용 분야에서 유용하지만 일반적으로 표준 시각 카메라와 함께 사용한다. 적외선 카메라는 열 방출을 감지하기 때문에 맨눈으로 발견하기 어려운 물체를 구별할 수 있다. 물론 이것이 절대 틀리지 않는 것은 아니다. 주변의 온도로 냉각된 차량은 적외선으로는 보이지 않는다. 그냥 맨눈으로 보면 분명하게 구별할 수 있지만 적외선 카메라만으로는 전혀 보이지 않을 수도 있는 것이다.

적외선은 드론이 시각 카메라로는 보기 어려운 안개나 비를 뚫고 볼 수 있게 하여 항법 목적으로 사용될 수도 있고, 또한 군용 정찰에서부터 송유관 결함 검사까지 다양하게 응용할 수 있다. 다른 종류도 마찬가지지만 일부 적외선 카메라는 항공기의 옆방향으로 향하게 장착되어 기본적으로 드론에서 옆 방향으로 살핀다. 카메라의 시야는 드론이 움직이는 것에 따라 미끄러지듯 움직이고, 관심 지점을 돌면서 표적을 겨냥할 수 있다.

그렇지 않으면 열화상 카메라를 앞으로 똑바로 향하게 장착하여 전방 관측 적외선 장비(Forward-Looking Infrar-ed, FLIR)로 만들 수도 있다. 전방 관측 적외선 장비는 장애물을 피하는 데는 매우 유용하다.

다른 열화상 카메라는 짐벌(수평 유지 장치:역자주)이나 터릿(회전 장치:역자주)에 장착되어 있어서 드론의 움직임과 관계없이 운용자가 원하는 곳을 가로질러 가리킬 수 있다. 이런 장점에도 불구하고 무게와 전원 부담이 있어 소형 드론에는 그다지 유용하지 않다. 하나의 짐벌이나 터릿에는 한 대 이상의 카메라를 탑재할 수 있으므로 적외선 카메라나 레이저 거리 측정기뿐 아니라 시각 영상 카메라도 장착할 수 있다.

레이저는 드론의 많은 응용 분야에서 사용된다. 군은 여러 해 동안 거리를 측정하는 데 레이저를 써왔다. 드론은 표적으로부터 반사된 레이저 광선을 센서로 수집하여 자신으로부터 표적까지의 거리를 매우 정확하게 계산한다. 드론의 위치가 확보되는 조건에서 GPS와 기타 장비가 운용자에게 이 정보를 제공할 경우 매우 유용할 것이다.

레이저 거리 측정은 평상시에도 응용 분야가 많은데 특히 고도 측정에 사용된다. 레이저 거리 측정기는 드론에서 아래로 겨누어 드론이 지면에서 정확히 얼마나 높이 있는지를 알려 준다. 또는 비행중 일정 거리 앞 지점의 고도를 알려주는데 아마 이 정보가 더 유용할 것이다.

레이저 고도계는 기압 고도계보다 더 정확하다. 왜

냐하면, 기온이나 날씨의 영향으로 인한 기압의 변화에 영향을 받지 않기 때문이다. 그러나 모든 드론이 고도계를 필요로 하는 것은 아니다. GPS 위치 확인과 제어 시스템에 입력된 좋은 지도가 있으면 고도계와 마찬가지로 효과적으로, 하지만 완전히 다른 방법으로 지상의 위험을 피할 수 있다.

원점 귀환 계획

GPS와 입력된 지도를 사용하고 있는 무인 항공기는, 마치 눈가리개를 한 사람이 직접 관찰하는 대신 평면도를 보고 소리로 외치는 다른 사람의 안내에 따라 방을 탐사하는 경우와 같다. 도면에 모든 위험 요소가 정확하게 표시되어 모든 게 잘 된다면 아무런 문제가 없을 것이다. 그러나 이 도면은 커피 탁자가 옮겨졌다거나 반려견이 어슬렁거리며 방을 지나가리라는 사실까지 알려주지는 않을 것이다.

운용자는 지도가 제작된 이후에 어떤 것이 바뀌었는지 알 수 없으며, 드론은 GPS 신호에 연결되지 않으면 자신이 어디 있는지 주위에 무엇이 있는지를 알 방법이 없다. 그래서 일부 드론 시스템은 작전 중에 '원점 귀환'

위 : 맨티스(Mantis) 무인 항공기는 무인 전투기 시스템을 위한 기술 시연용 항공기이자 시험대다. 이것은 장거리 무인 전투기인 MQ-9 리퍼(Reaper)와 동일한 틈새시장을 메우기 위해 설계되었다. 맨티스는 두 개의 터보프롭 엔진으로 구동되고 항속 시간이 24시간이 넘도록 설계되었다.

위 : MQ-4C 트리톤(Triton) 무인 항공기는 글로벌 호크(Global Hawk)를 기반으로 하여, 장거리 정보 수집 및 해상 감시 용도로 설계되었다. 이 항공기의 잠재적인 임무 중에는 부대 보호와 호위함 호송이 있는데, 수상 함정이 미처 탐지하지 못한 위협을 경고하기 위한 원격 센서용 비행체 역할을 한다.

항법 계획을 실행할 수 있다. 만약 연락이 끊어지면 이 계획이 실행되어 드론은 마지막으로 수집한 자료를 기초로 '눈을 감고' 원점으로 날아간다.

레이저 고도계와 같은 계측기를 사용하면 드론이 자율 비행을 할 때 더 많은 선택권을 가질 수 있다. 드론이 스스로 수집한 자료를 사용하기 위해서는 기내에 더 많은 처리 능력을 탑재하고 있어야 한다. 그렇게 하면 미리 상세하게 설정되어 있지 않아도 드론이 적극적으로 위험을 피하거나 적합한 경로를 선택할 수 있다.

레이저 거리 측정기를 사용하면 다른 수단으로 접근하기 어려운 지형지물에 대해서도 매우 정확한 지도를 만들 수 있다. 드론은 산악 지도를 밀리미터 단위까지 그리는 데 사용된다. 이는 기존 항공사진이나 지상 측정 같은 방법으로는 불가능했거나 경제성이 크게 떨어지는 일이었다.

어떤 군용 드론은 대포와 미사일을 아주 먼 거리에서 발사하는 경우처럼 매우 정확한 '원격' 공격에 활용된다. 한 가지 방법은 드론의 위치와 레이저 측정기로 수집한 데이터를 이용하여 표적의 정확한 지점을 확인한 다음 이에 기초하여 GPS 유도 무기를 프로그래밍하는 것이다. 그러나 이 방법은 움직이는 표적에 대해 사용하기는 어렵다.

레이저 지시기 시스템

몇몇 드론은 레이저 지시기를 탑재할 수 있다. 레이저 지시기 시스템은 수십 년 동안 사용됐지만 항공기에 탑재하거나 보병이 운반하기 어려운 대형 장치였다. 충분히 작으면서 강력한 활용도를 갖춘 지시기를 드론에 설치하는 일은 기술적으로 어렵지만 그로 인해 생기는 이점은 상당하다. 레이저 유도 무기는 표적에서 반사된 한 점의 레이저 빛을 향해서, 그것도 높은 정밀도로 접근한다. 이 무기는 다른 광선을 따라가지 않으므로 어떤 방향에서든 표적에 접근할 수 있다.

드론에 레이저 지시기가 장착되면서 적에게 탐지되지 않은 작은 드론이 레이저 지시기를 사용해서 멀리 떨어진 곳에서 발사되는 포탄, 폭탄 또는 미사일을 위해 표적을 가리킬 수 있게 되었다. 표적 지점을 다른 표적으로 이동하거나 움직이는 표적을 따라갈 수 있다. 갑자기 공격하면 안 되는 어떤 이유가 생긴다면 무기를 표적에서 멀리 떨어진 곳으로 보내 벗어나게 할 수도 있다. 이로써 항공기에서 투하하는 페이브웨이(Paveway) 폭탄, 헬파이어(Hellfire) 미사일 같이 극도로 정밀한 무기를 작거나 움직이는 표적을 대상으로 정확하게 사용할 수 있고, 표적물 충돌 직전 작전 수행자가 의사결정을 바꾸어 임무를 변경하거나 공격을 중단할 수 있는데 이는 전통적인 폭탄, 포탄이나 미사일을 발사할 때는 전혀 불가능한 것이었다.

이러한 방식으로 지시기를 사용하면 운영자는 미사일 일제 발사 또는 집중 포격을 통해서 달성 가능한 최대치의 효과를 얻을 수 있다. 첫 번째 미사일이 거점 시설을 공격하면 즉시 다음 중요성을 지닌 표적으로 조준점을 옮길 수 있다. 어떤 이유에서 무기가 표적을 파괴하지 않으면 맞힐 때까지 추가로 무기를 사용할 수 있고, 표적을 맞힌 뒤 나머지 무기는 다른 표적으로 목표

위 : 워치키퍼(Watchkeeper) 무인 항공기는 영국 육군에서 포병 부대를 위한 감시 및 정찰 임무와 표적 획득 임무를 수행하고 있다. 아프가니스탄에 제한적으로 배치되었는데, 워치키퍼의 센서는 먼지 폭풍 속에서 움직이는 적을 탐지하는 능력이 매우 유용했다.

위 : 유럽의 항공회사인 이즈(EADS)가 제작하는 탈라리온(Talarion) 무인 항공기는 육상 작전용, 해상 작전용 또는 바다와 육지가 복잡하게 얽힌 연안 지역 작전용으로 이용된다. 프랑스와 독일, 스페인은 모두 이 드론을 적당량 주문했다. 쌍발 엔진 설계로 손상이나 장치 고장 시 향상된 원점 귀환 기능을 제공한다.

를 전환할 수 있다. 이 기능이 없었다면 각 표적에 여러 발을 발사해야 하거나 표적을 파괴하지 못하는 일이 불가피할 것이다. 두 번째 공격할 때는 표적이 그 지역을 떠나고 없을 수도 있다.

통상 이러한 방식으로 지시기를 사용하려면 보병 또는 차량에 탑승한 관측병이 표적에 가까이 접근하거나 헬리콥터나 항공기를 이용해야 했다. 이 때 적에게 탐지되어 공격을 받을 수 있고, 은신한 보병 관측자 역시 적과 가까워 위험할 수 있다. 하지만 드론은 상대적으로 저렴하고, 적이 저지하기 어렵다.

드론을 발견한 적군은 지시기가 실렸는지 아닌지를 알 수 없으며, 만일 안다고 해도 이미 공중에 있는 무기가 자기들 쪽으로 향하고 있는지 아닌지를 알 수 없다. 드론은 이런 방식으로 매우 효과적인 억지력이 될 수도 있는데, 잠재적인 적이 드론을 인지했을 경우 자신의 위치를 노출시켜 아군을 함부로 공격할 수 없기 때문이다. 이런 드론의 억지력으로 얼마나 많은 생명이 구조되었는지 밝힐 수야 없지만, 호송대를 호위하는 드론이 분명히 존재한다는 것은 공격을 막는 결정적인 요인일 수 있다. 이 경우 적이 섣불리 자신을 노출한다면, 드론의 레이저 지시기 지원을 통해 근처에 있는 우군이나 중립지대 주민의 안전을 해치지 않으면서 신속 정확하게 적에게 대응할 수 있다.

기타 전자 시스템

드론에 탑재되는 다른 시스템에는 기상 관측 등을 위한 전문 센서, 그리고 지상 통제소와 통신하는 것과는 다른 목적으로 사용되는 무선 장비가 있다. 드론은 전파를 수신해서 그것을 다시 보내는 무선 중계 송신소 역할을 할 수 있다. 원거리에서 작전 수행 중인 군대가 기지와 원활하게 통신을 지속하려 할 때, 재난 지역의 구조 대응요원들이 지원팀과 접촉을 지속하고자 할 때, 그밖에 많은 분야에서 이들 장비가 활용된다.

전문 드론은 통신 위성과 같은 역할을 할 수도 있다. 고공비행 드론을 이용하면 지평선 너머로 신호를 튕겨 보내는 것이 가능하다. 이것은 고도 36,000km 정지 궤도에 위성을 발사하는 것보다 저렴할 뿐만 아니라 장거리 신호 이동에 따라 생기는 지연 현상을 없앨 수 있으며, 같은 방법으로 전파 간섭도 줄일 수 있다.

물론 수신하는 모든 신호를 발신자의 동의를 받아 재전송하는 것은 아니다. 드론은 적의 영토를 넘어 날아가 무선 신호를 감시하면서 무선 도청 임무를 수행할 수 있다. 만일 신호를 해석할 수 없다 해도 운용자는 적어도 발신자의 정체, 전송 빈도와 전송 주파수에 대한 대체적인 그림을 그려낼 수 있으며, 이로써 정보 분석가는 적에 대한 전략 정보를 알아낼 수 있다. 또한 드론은 암호가 아니라 '보통 문자로' 만든 신호에서 정보를 얻을 수 있는 경우가 종종 있다. 이러한 종류의 신호 탐지 작업은 오랫동안 항공기나 은폐된 지상에서 수행된 청음초(聽音哨)의 임무였지만 이제는 더욱 안전하고 저렴한 비용으로 수행할 수 있다. 마찬가지로 드론을 촉박하게 바로 보낼 수 있기 때문에 신호 탐지 범위가 매우 빠르고 대체로 은밀하게 설정할 수 있다는 점도 중요하다.

레이더와 같은 다른 전파 방사도 감지할 수 있다. 또한 탐지된 레이더 방사의 유형과 강도에서도 많은 정보를 얻을 수 있다. 예를 들어 단거리 방공 레이더는 선박이 사용하는 항법용 레이더 장치와 매우 다른 특성을 가지고 있다. 레이더 탐지는 이전에는 알지 못했던 적군이나 대공포의 정확한 위치를 찾아내어 아군 항공기 또는 지상군을 주변으로 보내거나 유리한 조건으로 공격을 개시하는 데 사용될 수 있다.

레이더와 무선 통신을 교란할 수도 있다. 다만 이것은 많은 전력이 필요하므로 소형 드론은 불가능하다.

전자전 임무는 전통적으로 특수 장비를 갖춘 항공기 또는 일부 기본 능력을 제공하는 독립된 장치 포드(항공기의 동체 아래 장착하여 무기, 연료, 장비 등을 싣는 유선형 장치:역자 주)를 탑재한 항공기의 영역이었다. 지금은 공습에 앞서 드론을 보내서 전자전 능력을 제공하거나, 공격중인 지역에 드론을 투입해 레이더를 교란함으로써 적 방어망을 속이는데 이용할 수도 있다. 드론이 침입하면 경계경보가 발동되어 적의 관심을 다른 데로 돌리고 적의 자원을 소모하게 만들 수 있다. 또 한편으로는 계속되는 허위 경보로 적을 안심시켜 현 상태에 안주하도록 만들 수도 있다. 이러한 임무는 다른 항공기로도 수행할 수 있지만 값싼 드론이라면 같은 투자로 더 널리 사용할 수 있다. 지상에 기반을 둔 전자전 부대는 드론을 사용하여 작전 영역을 넓히거나 자신의 위치를 숨길 수 있다. 부대의 주 위치에 있는 안테나가 아니라 드론을 이용하여 강력한 신호를 전송할 수 있기 때문이다.

마찬가지로 드론을 레이더용으로 사용할 수 있다. 드론 제조사가 맞닥뜨리고 있는 한 가지 중요한 문제는 레이더 장치를 소형 드론에 집어넣어 그곳으로 전력을 공급하는 일이다. 레이더 전자파를 생성하는 데는 상당한 양의 전력이 필요하므로, 이를 위해서는 드론에 충분한 규모의 전력 생산이 가능한 엔진을 장착해야만 한다. 소형 드론에 배터리로 작동하는 레이더 장치를 장착해서는 불가능한 일이다.

합성 개구 레이더(SAR)

합성 개구 레이더(Synthetic Aperture Radar, SAR)는 항공기뿐만 아니라 일부 드론에도 탑재된다. 이 장치는 항공기에서 옆쪽으로 향하는 고정 방사기(放射器)를 사용하고, 항공기의 움직임을 이용한다. 항공기 또는 무인 항공기가 이동하면서 계속 레이더파를 밖으로 보낸다. 이 레이더파가 물체와 부딪히면 반사되어 레이더 장치의 한 부분인 탐지기로 되돌아온다. 하나의 레이더파가 반사되는 것만으로는 상황을 파악할 그림이 제한적일 수밖에 없지만, 시간이 누적되면서 연속적으로 생성되는 레이더파가 만들어내는 영상은 탐지 영역의 상세한 모형을 제공한다.

SAR 영상 처리는 상당히 느리게 움직이는 물체를 탐지하고 보여주는 데 유용하지만 전투 목적에는 제한적으로 사용된다. SAR 장비를 갖춘 드론은 지도를 작성하거나 모선(母船) 주위에 있는 선박들의 그림을 그리거나 수색 및 구조를 할 목적으로 사용할 수 있다. 하지만 빠르게 움직이며 날아드는 항공기를 추적하거나 방공포나 미사일 격추를 위한 해결책이 되지는 않는다.

이런 레이더를 군사 용어로 '능동형'이라 부른다. 능동형 레이더는 자료 수신에 그치지 않고 신호를 보내고 되돌아오는 신호를 탐지한다. 반면 카메라나 열화상 카메라는 센서 장치에서 만들어내지 않은 열이나 빛을 감지한다는 점에서 '수동형'이다. 카메라는 정교한 전자 장치를 이용하여 저조도 영상의 화질을 향상시키거나 열복사를 가시 화면으로 변환할 수 있지만, 이때 카메라는 주어진 신호만 사용한다. 수동형 센서 시스템은 상대적으로 은밀하고 에너지가 덜 소모되지만 능동형 시스템은 전력을 많이 소비하고 다른 센서 시스템에 의해 감지될 수 있다. 능동형 레이더는 지도 작성과 항법부터 표적 지시 무기까지 여러 응용 분야에 사용되지만, 원거리에서 포착될 수 있다는 단점이 있다. 그 효과는 야간에 시골길을 운전하는 것과 같다. 전조등이 없으면 운전자는 볼 수가 없어서 위험을 감지할 수가 없고 도로에 멈춰 서 있을 수도 없다. 그러나 전조등 불빛은 운전자에게 유용하지만 먼 거리에서 발견될 수 있다.

민간 드론이 지도 작성 또는 항법 목적으로 레이더

를 탑재하는 경우 이것은 문제가 되지 않는다. 군용 드론은 무선통신이나 레이더 신호를 방출할 때 감지될 위험을 각오해야 한다. 그럼에도 레이더가 장착된 드론을 공중에 띄워 얻을 수 있는 능력은 유용하다. 드론은 조난자를 찾기 위해 탐색 범위를 넓히거나, 피격당한 해군 기동부대를 위해 레이더 탐색 범위를 넓히는 데 사용될 수 있다. 드론이 대 레이더 무기에 의해 공격받는다 해도 이는 인명 손실이나 비용 측면에서 훨씬 낫기 때문에 결국 아군 함정을 보호하는 일이 된다.

아래 : 합성 개구 레이더(SAR) 장치는 매우 다양한 항공기에 설치할 수 있다. SAR 장치는 군용 이외에도 지형지도 작성, 해양학, 기상학에 사용되며, 구조 또는 재난 구호 활동을 지원하는 데 사용된다. SAR 장치는 심지어 달에서 물을 찾는 데에도 사용되었다.

합성 개구 레이더(SAR)

합성 개구 레이더(SAR)는 시간의 흐름에 따라 목표 영역에 대한 매우 상세한 그림을 만들기 위해 빔 스캐닝을 사용하지 않고 안테나를 물리적으로 이동한다. 기본적으로 SAR 장치는 여러 위치에서 찍은 영상을 결합함으로써 훨씬 더 큰 안테나처럼 작동한다.

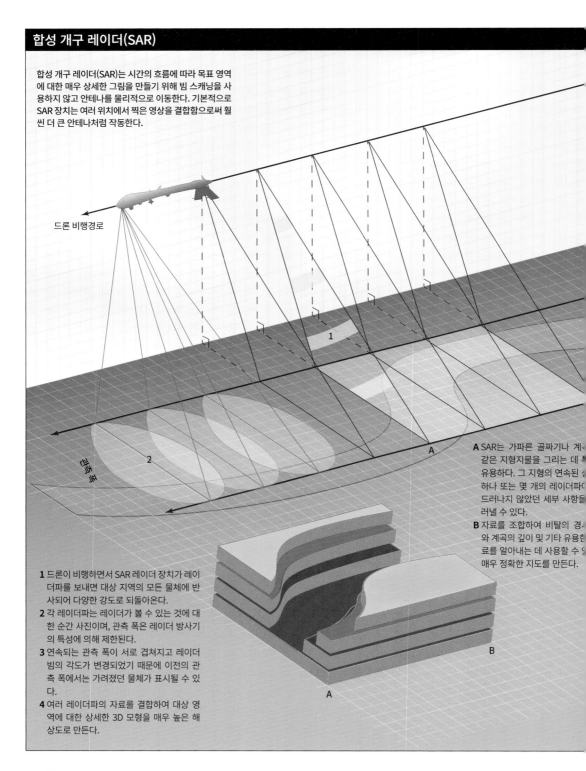

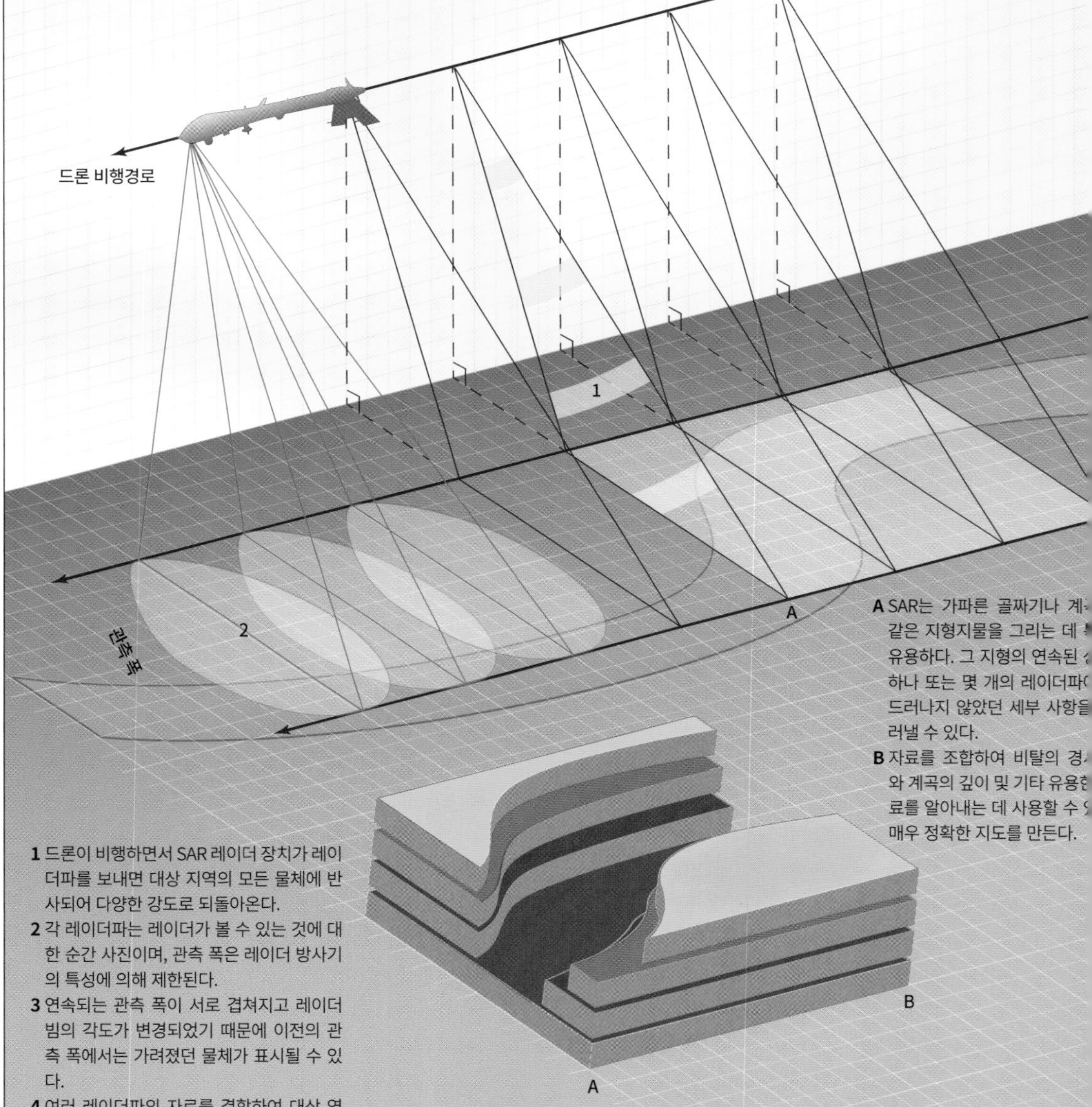

A SAR는 가파른 골짜기나 계
같은 지형지물을 그리는 데
유용하다. 그 지형의 연속된
하나 또는 몇 개의 레이더파
드러나지 않았던 세부 사항
러낼 수 있다.

B 자료를 조합하여 비탈의 경
와 계곡의 깊이 및 기타 유용
료를 알아내는 데 사용할 수
매우 정확한 지도를 만든다.

1 드론이 비행하면서 SAR 레이더 장치가 레이더파를 보내면 대상 지역의 모든 물체에 반사되어 다양한 강도로 되돌아온다.

2 각 레이더파는 레이더가 볼 수 있는 것에 대한 순간 사진이며, 관측 폭은 레이더 방사기의 특성에 의해 제한된다.

3 연속되는 관측 폭이 서로 겹쳐지고 레이더 빔의 각도가 변경되었기 때문에 이전의 관측 폭에서는 가려졌던 물체가 표시될 수 있다.

4 여러 레이더파의 자료를 결합하여 대상 영역에 대한 상세한 3D 모형을 매우 높은 해상도로 만든다.

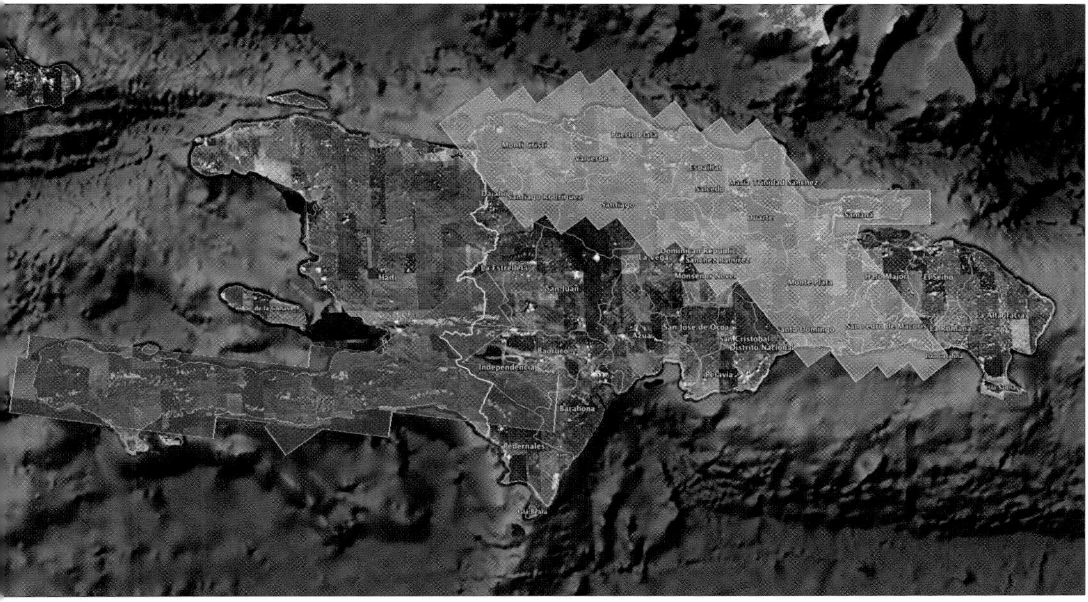

위 : 이 복합 레이더 영상은 나사(NASA)의 무인 항공기로 높은 고도에서 아이티(Haiti)를 관측한 것이다. 대상 영역에 맞추어 구역별로 자료를 수집한 다음 결합해서 더 크거나 더 상세한 영상을 생성한다. SAR 장치는 전후방으로 반복 이동하며 비행하기 때문에 넓은 영역에 대한 영상 처리에는 시간이 걸린다.

방공망 제압 (SEAD)

드론은 위치 노출을 피하면서 레이더 방사를 탐지하는 데 사용될 수 있다. 앞서 밝힌 것처럼 수동형 레이더는 전파를 방출하지 않고 신호를 수신할 수 있다. 이는 어두운 도로에서 자동차 전조등을 감시하는 사람이 눈에 띄지 않으면서 밝은 조명을 잘 보는 것과 비슷한 이치다. 수동형 레이더는 이 원리를 이용해 은밀히 정보를 수집하고 적의 레이더 장비에 선제공격을 가하는데 활용될 수 있다.

이 기술은 방공망 제압(Suppression of Enemy Air Defence, SEAD) 작전의 일부로 사용된다. 미사일을 장착한 비행체(전통적으로는 항공기이지만 드론도 가능하다)가 은밀하게 적의 영공으로 들어가서 적 방공 레이더 방사 지도를 작성한다. 주공격이 탐지 범위 안에 들어오면 적의 레이더는 진입중인 항공기를 추적하고자 스위치를 켠다. 하지만 이 시점이면 이미 대 레이더 미사일로 무장한 비행체가 자신의 머리 꼭대기에 와 있음을 거의 알지 못하는 것이다. 이것이 새로운 능력은 아니지만 드론에 소형화된 시스템을 장착하여 새롭게 응용하는 일이 가능하다. 소형 스텔스 드론은 정보 수집용 비행체로 유용하고, 이 기술을 사용하여 드론을 적 점령 지역에 사전 배치하였다가 적군이 레이더를 켜서 자신의 존재를 드러내는 시점에 공격을 개시할 수 있다.

다양한 정보 수집 시스템을 탑재한 드론은 매우 유용하다. 특히 사람들을 위험에 노출시키지 않고 비교적 낮은 비용으로 정보 수집을 할 수 있는 점에서 그렇다. 드론은 생명을 걸만한 가치는 없는 정보를 찾는 데 따르는 위험부담을 덜 수 있고, 되돌아올 수 없는 임무를 수행시키고자 보낼 수도 있다. 항공기나 헬리콥터에 비

방공망 제압 (SEAD)

항공기 추적 및 방공 시스템은 각각 적용 분야에 따라 다른 특성을 가진 레이더가 필요하기 때문에 레이더 방사로 식별할 수 있다. 드론은 이를 위해서 스스로 어떤 신호도 방출하지 않아도 된다. 수동형 레이더 수신기로 '청취'하기만 하면 된다. 적의 방공망 체계를 탐지하여 정확한 위치를 찾아내기만 하면 그곳을 공격하여 작동할 수 없게 만들 수 있다.

그레이 이글 (Grey Eagle)

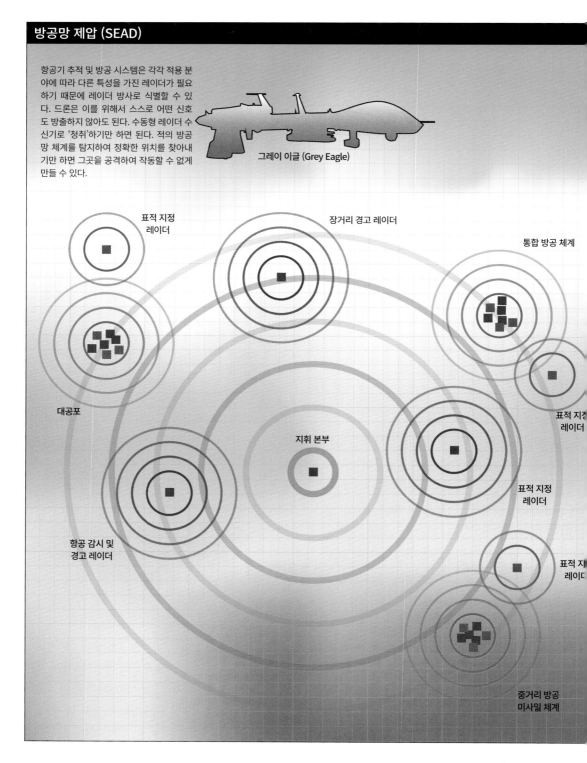

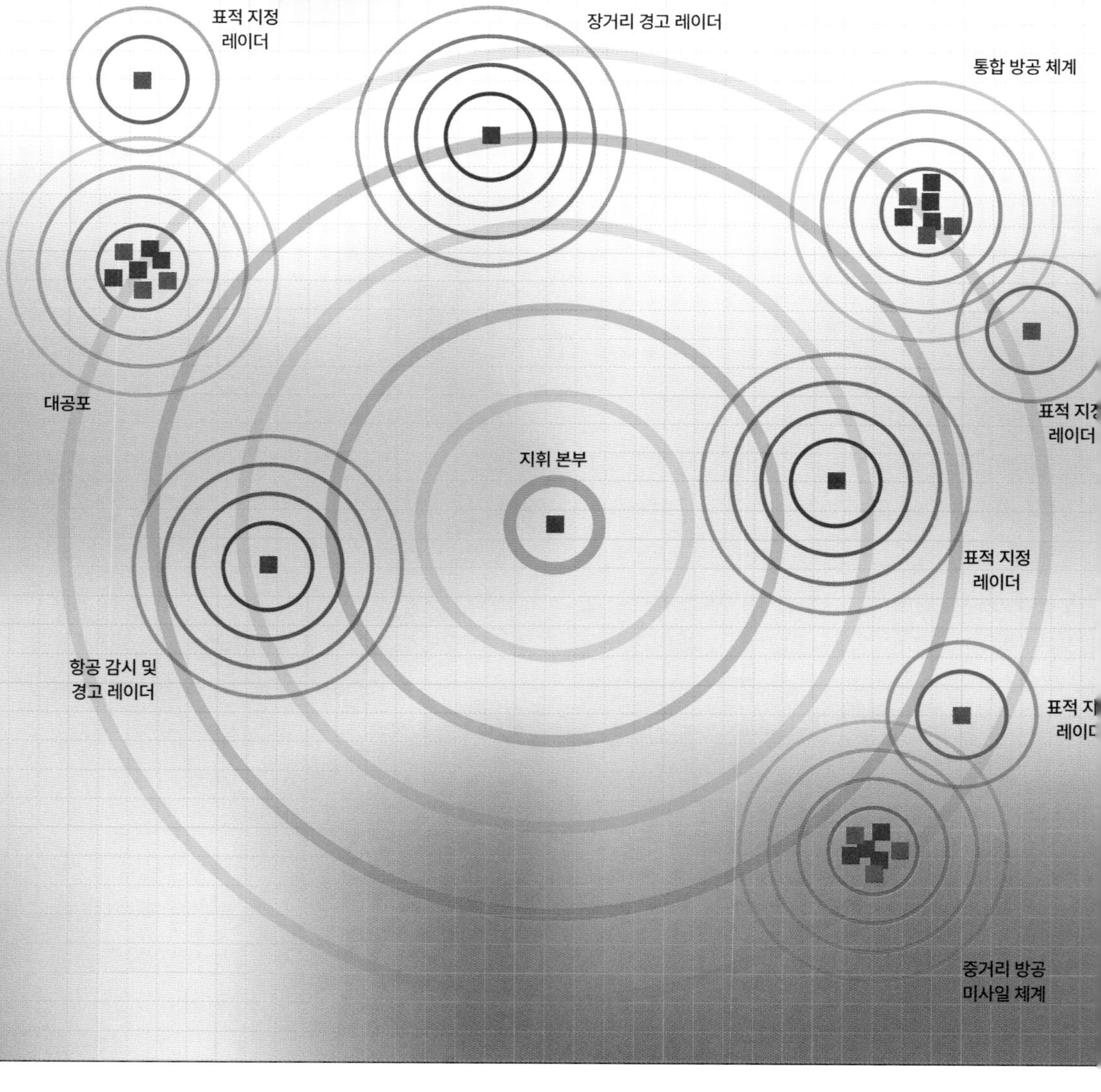

해 비용이 절감된다는 것은 같은 예산으로 가능한 일의 범위가 커졌으며 이전에는 감당할 수 없었던 상당수의 일들이 가능해졌음을 의미한다.

'드론 혁명'이라 부를 만한 일시적인 사건은 없었다. 대신 카메라와 레이더 같은 장비가 더 저렴해지고 가벼워지고, 동력 시스템의 출력과 지속 시간이 늘어남에 따라 드론의 능력은 점진적으로 확대되어 왔고 이는 앞으로도 계속될 것이다. 이미 몇 가지 인상적인 능력이 이용 가능해졌고 관련 기술이 입증되었으므로 이 추세는 단순히 이어지는 정도가 아니라 가속화될 여지가 확실시된다.

457
LL
168457

왼쪽 : 글로벌 호크(Global Hawk) 무인 정찰기는 오래된 U-2 정찰기와 비슷한 성능을 목표로 삼았다. 하지만 그것은 상당한 도전으로 드러났다. 나중에 나온 변형 기종은 유인 항공기인 U-2 보다 체공 시간이 훨씬 더 길어졌지만 초기의 글로벌 호크 기종은 U-2의 성능을 따라갈 수가 없었다.

군용 드론

Military DRONES

군용 드론

현대전은 전통적인 전장이 아니라 4차원 전투 공간에서 일어나는 것으로 묘사되어 왔다. 처음 접할 때는 아주 이상하게 들리는 개념이지만, '전투 공간'이라는 개념은 전통적인 규범을 무용지물로 만들어 버리는 변화하는 환경에서 비롯되었다. 지상 또는 해상의 전투는 항공 자산이 탑재하고 있는 전자 장치와 무기의 영향을 받기 때문에 지휘관은 지형과 날씨 이외에 공역과 전자기파 스펙트럼에 대해서 생각하여야만 한다.

위 : 이 독일의 관측 풍선은 제1차 세계 대전 중 전장 관찰을 위한 인공 고지를 효과적으로 만들었다. 풍선은 원시적이고 본래 특성상 정지하고 있어 공격에 매우 취약했음에도 유용했다. 하지만 동력 항공기가 풍선의 역할을 대신할 뿐 아니라 풍선을 효과적으로 파괴할 수 있는 수단이 되자 풍선은 더 이상 쓸모가 없어졌다.

항공기 개발 이전에는 전선과 비교적 안전한 후방 지역을 설정하는 것이 상대적으로 간단했다. 적군은 후방으로 잠입하거나, 멀리 측면으로 우회하여 후방으로 들어갔다. 그렇지 않으면 전선 뒤쪽의 표적에 접근할 수 있는 유일한 방법은 지도에 표시된 지점을 겨냥해서 포탄을 발사하고 요행을 바라는 것이었다.

신뢰할 만한 엔진이 달린 지상 교통수단이 출현하면서 상황은 크게 바뀌었다. 전선을 돌파하여 후방 지역의 혼란을 야기하기 위해 계획적인 종심 침투 공격이 가능하게 되었다. 또한 자동차의 기동성으로 공격의 축을 급속하게 변화시켜 전장 상황을 매우 유동적으로 만들었다. 하지만 지상군은 여전히 지원이 필요하고, 식량과 연료를 공급받아야 했다. 이처럼 보급선에 의존해야 되기 때문에 매우 빠르게 이동하는 기동 대형은 여전히 물류 기지의 체계에 묶여 있었다. 보급이 차단되면 바로 연료와 탄약이 소진되어 적에게 공격당하기 때문이었다.

전투와 지원 임무를 위해 항공기를 사용하면서 다양

한 가능성이 열렸다. 항공기 역시 여전히 기지에 묶여 있긴 하지만 항공기는 전선보다 훨씬 뒤쪽 지역이나 전투 지역과 매우 멀리 떨어진 지역까지 비행해 가서 목표물을 공격하고 기지로 돌아올 수 있었다. '언덕 반대편'에 무엇이 있는지 뿐만 아니라 적의 영토 깊숙한 곳에서 무슨 일이 일어나고 있는 지를 상세하게 정찰할 수 있게 되었다.

3차원 전장

제2차 세계 대전이 벌어지자 상황은 이전보다 훨씬 더 유동화되어 단순한 선형 전장 모형은 더 이상 충분하지 않았다. 공습과 낙하산 투하의 조합 또는 빠른 지상군의 전진으로 안전해 보였던 지역을 점령할 수 있었다. 항공기는 후방 지역의 사령부 및 통신기지, 보급 창고, 전투 지역을 왕래하는 부대와 그 전체 활동을 지원하는 기반시설을 공격할 수 있었다. 전투 지역은 더 깊고 또 더 넓어졌으며, 어느 지역이 안전한지 어떤 지역을 놓고 싸우게 될지 확신하기란 점점 더 어려워졌다.

이로써 커다란 3차원 전투 지역이 만들어졌고 그 공간 내에서 하늘을 통제하거나, 적어도 적에게 영공을 허용하지 않는 것이 무엇보다도 중요하게 되었다. 이 3개의 차원에 네 번째 요소로 전자기파 스펙트럼이 추가되었다. 전자기파의 효과에는 무선통신과 레이더, 적외선 탐지, 열화상 처리, 기존의 저조도 카메라는 물론이고 무선 신호 방해 또는 레이더 기지 공격과 같이 적군의 전자기파 스펙트럼 사용을 막는 다양한 방법까지 포함된다.

항공기에서 관측자가 보는 정찰을 무선으로 보내는

차원 전장

적을 현재 위치에서 몰아내려면 지상군이 전진하여 적군과 직접 교전하여야 한다. 지면 높이에서는 목표물을 식별할 수 있는 거리가 제한된다.
항공 자산은 전장의 전체 모습을 알려주고 지상군에 정보를 제공하며, 지원 요청을 받을 수 있다.
공군력이 단독으로 결정적인 결과를 얻는 경우는 드물지만 공중 지원은 지형이나 도중에 있는 적군에 관계없이 필요한 곳으로 신속하게 이동할 수 있다. 하늘에는 '전선'이 없다.

위 : 거리계가 있는 쌍안경은 내장된 레이저를 사용하여 사용자가 보고 있는 것이 무엇이든 그곳까지의 거리를 정확하게 측정한다. 이런 종류의 전자 장치는 평범한 것이 되었고 전투 정보망에 잘 통합되어 있다. 비슷한 장치를 공개 시장에서 구할 수 있어 누구나 이런 능력을 사용할 수 있다.

아래 : 1991년 걸프 전쟁에서 많은 이라크 탱크가 항공기의 열화상 장비에 감지된 후 유도 폭탄으로 파괴되었다. 이제는 어둠이 많은 것을 감춰주지 않는다. 특히 무인 항공기는 정교한 센서를 사용하여 한 번에 전투 지역을 장시간 동안 볼 수 있다.

정도로도 지상의 요원에게는 엄청난 영향을 미친다. 꽤 최근까지도 이러한 능력은 주로 필요한 자원을 갖춘 조직된 군대만 가지고 있었다. 그러나 변화하는 기술로 인해 상황이 바뀌었다.

오늘날에는 군사 장비가 전혀 없어도 상당한 정도의 능력을 갖출 수 있다. 레이저 거리 측정기가 내장되어 있는 쌍안경을 손쉽게 구할 수 있어 관측자가 자신의 위치에서 표적까지의 거리를 정확하게 알아낼 수 있다. 또 자신의 위치는 값싼 휴대 전화의 GPS 수신기로도 정확히 찾을 수 있다. 게다가 기폭 장치를 작동시키거나 표적의 위치와 움직임을 아군에게 알리는 데 휴대 전화를 사용할 수도 있다.

탱크 플링킹

군용 장비를 이용하면 가능한 일이 크게 늘어난다. 1991년 걸프 전쟁 때 야간에 주차된 이라크 탱크가 불가사의하게 폭발하는 사건들이 발생했고 이는 이라크군에 혼란을 야기시켰다. 탱크 승무원들은 따뜻하게 자기 위해 탱크 안과 탱크 아래에서 잠을 자는 버릇이 있었는데, 사건이 발생하고 얼마 안가서 밤에 잠잘 때는 탱크에서 최대한 멀리 떨어지게 되었다.

무슨 일이 일어나고 있었는가 하면, 어둠 때문에 맨눈으로는 확인할 수 없었지만 탱크가 주변과는 온도가 달라서 적외선 장치나 열화상 장치에서 쉽게 눈에 띄었던 것이다. 정찰기는 어두워지고 나서도 오랫동안 식고 있는 탱크를 볼 수 있었고, 곧 '탱크 플링킹(tank plinking)'이 실행되었다. 탱크 플링킹은 레이저 유도 폭탄과 같은 중무기를 사용하여 탱크를 파괴하는 것을 가리키는 용어이다.

탱크 승무원은 그들의 탱크를 볼 수 있는 범위 안에 정찰기가 있는지를 알 수가 없었고, 알 수 있었다고 하도 레이저 지시기가 탱크를 가리키고 있는지 아닌지를 알 수는 없었다. 폭탄은 멀리 떨어진 항공기가 급상승하면서 투하하였을 수도 있다. 이 폭탄은 유도되지 않은 폭탄이어서 매우 부정확하고, 그래서 탱크 한 대만을 타격하였을 가능성이 거의 없었을 수도 있다. 그러나 레이저 지시기나 GPS 유도를 통해서 폭탄이 조용히 미끄러지듯 날아가 표적을 바로 타격하거나 장갑차를 파괴하기에 충분히 가까운 지상에 떨어졌을 수도 있다.

이라크 탱크의 승무원들은 왜 탱크가 폭발했는지 알지 못했지만, 이런 일이 일어났다는 말이 주변에 매우 빠르게 전달되어 군대 사기에 심각하게 타격을 입혔다. 설사 그것이 왜 일어났는지 알았더라도 언제 어디서 날아오는지 모르는 소리 없는 공격의 표적이 될 수 있다고 생각하면, 그 심리적 효과는 비슷했을 것이다.

적외선 탐지는 수동형이다. 즉, 탐지기에서 아무것도 방출되지 않으므로 표적을 관측하고 있다는 것이 알려지지 않는다. 야음을 타서 조용히 움직이고 있다고 생각하는 군대가 알아채지 못한 사이에 열화상 카메라로 감지되고 추적될 수도 있다. 마찬가지로 레이더와 무선

크 플링킹

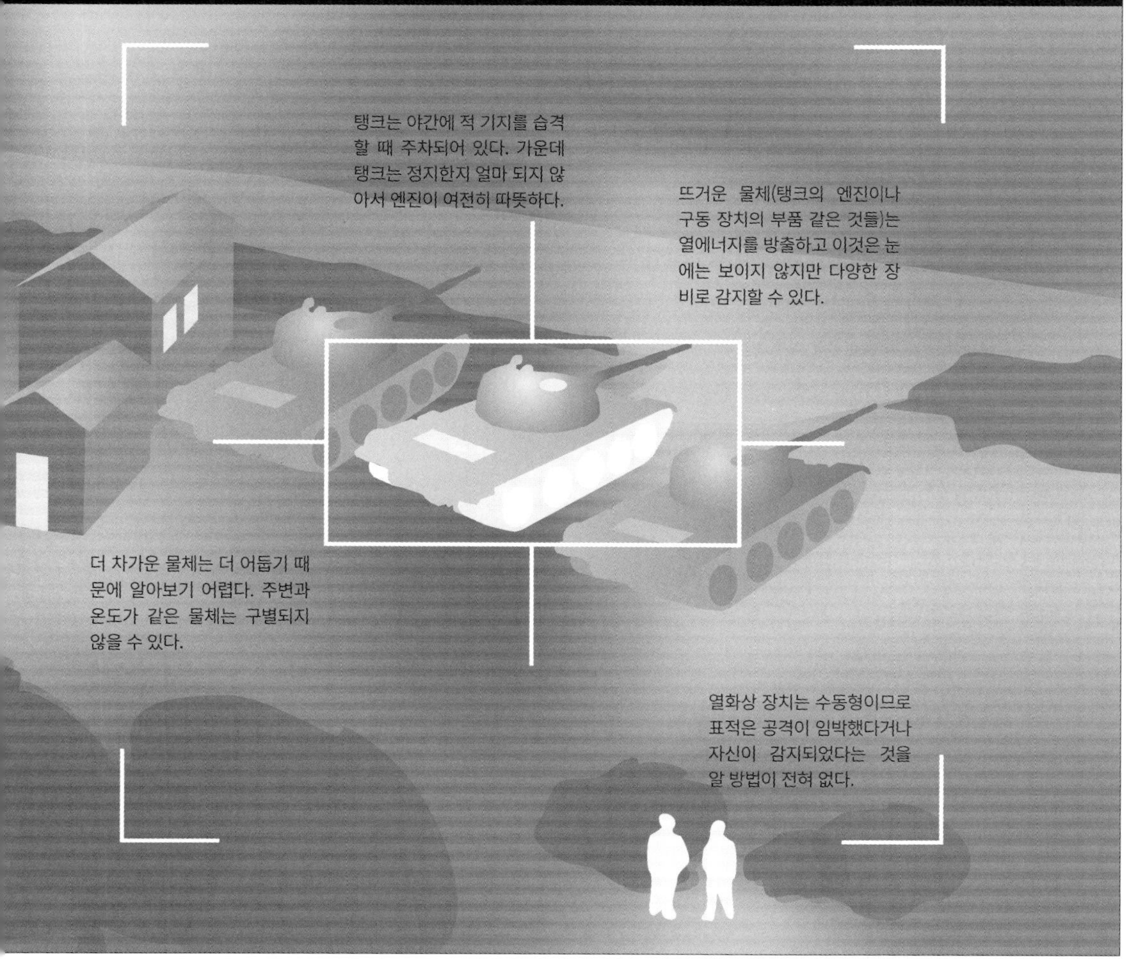
탱크는 야간에 적 기지를 습격할 때 주차되어 있다. 가운데 탱크는 정지한지 얼마 되지 않아서 엔진이 여전히 따뜻하다.
뜨거운 물체(탱크의 엔진이나 구동 장치의 부품 같은 것들)는 열에너지를 방출하고 이것은 눈에는 보이지 않지만 다양한 장비로 감지할 수 있다.
더 차가운 물체는 더 어둡기 때문에 알아보기 어렵다. 주변과 온도가 같은 물체는 구별되지 않을 수 있다.
열화상 장치는 수동형이므로 표적은 공격이 임박했다거나 자신이 감지되었다는 것을 알 방법이 전혀 없다.

위 : 거의 모든 부대나 자산이 훌륭한 통신 기술을 통해 정보를 다른 사람에게 제공하거나 지원을 요청할 수 있다. 요청한 정보나 지원은 거의 즉각적으로 매우 정확하게 제공할 수 있다. 이런 종류의 긴밀한 협조는 전장에서 각 부대의 능력을 크게 향상시킨다.

통신 장치가 전자기파를 방사하여 예상치 못한 탐지기에 자신의 위치를 알려 줄 수도 있다.

그러므로 현대 지상군의 지휘관은 자신이 볼 수 있는 것이나 자기 순찰대의 소총 사거리 안에 있는 것 이상의 것을 염두에 두어야 한다. 전자기파 스펙트럼을 사용하면 지상의 작은 부대도 순식간에 엄청난 화력을 집중해 쏟아부을 수 있다. 보병 부대는 적과 가까이 있다는 경고를 제때에 받아서 접촉을 피하거나 매복할 수 있고, 포병대부터 항공 부대에 이르는 지원을 요청할 수 있다.

정확한 위치를 알리고 무기를 그곳으로 정확하게 유도할 능력이 있으면 아주 근접한 표적에 대해서도 상당한 중화기로 지상 병력을 지원할 수 있다. 전통적으로 포병은 사거리 측정을 위해 포탄을 발사한 다음 지상 관측자가 수정하거나 그렇지 않으면 지도에 격자를 그려 집중 포격을 퍼부어야 했다. 그러나 오늘날은 지시기로 포탄을 표적으로 유도하거나 높은 신뢰도의 GPS를 사용하여 지상의 한 지점으로 유도할 수 있다. 그러므로 적군들은 미처 경고를 받기도 전에 폭탄, 로켓, 미사일 또는 포탄의 세례를 받을 수도 있다. 때때로 적군은 아군 보병 부대의 공격 지원 요청을 눈치조차 채지 못할 것이다.

현대의 전투 공간

이런 일이 가능하려면 반드시 현대 전투의 네 번째 차원인 전자기파 스펙트럼이 있어야 한다. 무선 통신과 레이더를 사용하기 시작한 초기 이래로 전자기파 스펙트럼 사용을 막으려 한 시도는 계속 있어왔다. 가장 간단한 방법은 같은 주파수에 더 강력한 신호를 밀어 넣어 전파를 방해하는 것이다. 이 방법은 단순히 힘으로 억제하는 방법이지만 현대 무선 통신 장비와 레이더 장비가 점점 더 전파 방해에 강해지고 있음에도 이 방법은 통할 수 있고 실제로 잘 통한다. 방해전파 역시 자신의 존재를 매우 강력하게 광고하고 있고, 많은 미사일이 방해전파 변수를 제거하기 위해 '전파 방해 시 원점으로' 모드를 가지고 있는 것만 보아도 알 수 있다.

현대 전투 공간은 복잡하고 어수선한 환경이며, 이런 상황은 누가 전투원이고 누가 아닌지조차 정확히 알 수 없을 모호함으로 인해 더욱 가중된다. 현대 사회에서는 분명하게 정의된 전투 지역에서 제복을 입은 두 군대가 직접 싸우는 일은 거의 발생하지 않는다. 일반적으로 분쟁은 반군이 저지르는 낮은 수준의 도발, 급조 폭발물(Improvised Explosive Device, IED) 매설, 활발하게 교전 중이 아닐 때 민간인들 사이에 숨어 있는 병력의 게릴라전 형태로 일어난다.

이러한 환경에서 정보는 그 어느 때보다도 중요하다. 적대 집단을 지속해서 추적할 수 있다면 지상군은 그 집단의 정체성을 확신할 수 있다. 적 기지를 발견하고 식별할 수 있으면 곧이어 전투 부대 또는 물류 부대를 이동시킬 수 있다. 지상군은 다양한 출처에서 수집된

위 : 열화상은 훈련이나 연습이 없이는 해석하기 어려울 수 있다. 때로는 가시광선 아래에서 쉽게 식별할 수 있는 모양이 열 분포 형태로 볼 때는 상당히 다를 수 있다. 열화상 장치 유형에 따라 더운 물체는 차가운 물체보다 밝거나 어둡게 표시될 수 있다.

ㅣ : 급조 폭발물(IED)은 지상군에 심각한 위협이 된다. 무인 항공기는 IED가 매설되었을 수도 있는 교전 구역을 발견하거나 그것을 설치 ㅏ고 있는 반군을 관찰함으로써 IED의 위협을 완화하는 데 도움을 줄 수 있다. 또한, 그 구역 내의 적을 경고해주어서 IED 처리 요원을 보 ㅗ할 수 있다.

위 : 휴대용 열화상 카메라는 구조 작업 및 피해 평가를 비롯한 다양한 응용 분야에서 사용된다. 열화상 카메라는 맨눈으로 볼 수 없는 것을 볼 수 있고, 종종 시각적으로 엄폐되어 있거나 위장한 것을 꿰뚫어 볼 수도 있다. 또한, 차량이 최근에 시동 걸렸거나 주행했는지 아닌지와 같은 유용한 정보를 제공할 수 있다.

정보를 유용한 전체 정보로 조합하고 분석하여 진행 상황을 더욱 빠르고 정확하게 평가할 수 있다.

여기에서 매우 유용한 한 가지 요소는 아군이 얻으리라고 적이 미처 생각하지 못한 정보를 얻는 것이다. 반군 집단은 만일 그들이 관찰되고 있다고 생각한다면 평범한 사람들이 일상생활을 하는 것처럼 행동할 것이다. 그러나 자신이 관찰되고 있는지 모른다면 반군임을 알 수 있는 무기나 행동을 드러내기 쉽다. 공공연한 감시가 때때로 억지력으로 사용될 수 있지만 표적을 찾는 데는 은밀한 정보 수집이 더 효과적이다.

대개 열화상 카메라나 저조도 카메라, 또는 특정한 방출이 있을 때 표시하는 감지기를 통해 반군의 활동을 그들 모르게 감시할 수 있다. 이것은 많은 의미를 지니고 있다. 멀리 떨어진 지역에 있는 수상한 집단이 단지 이동하고 있는 부족민 무리일 수도 있고, 심지어 염소 떼일 수도 있다. 그들을 조사하기 위해 지상군을 파견하였을 때 그 집단이 중립적이거나 혹은 우호적인 사람들이라면 악감정을 유발하여 어려운 정치 상황을 더 악

ㅏ시킬 수 있다. 또한 인력을 소모하고 이동 중 부대를 ㅓ복이나 사고 위험에 노출시킬 수도 있다.

은밀하게 관찰하는 동안 수상한 집단의 실체를 밝힐 ㅡ도 있다. 그래서 결국은 염소를 돌보는 사람들일 뿐 ㅣ라고 결론지을 수도 있다. 그러나 은밀하게 관찰하기 ㅣ해서는 관찰자가 해당 지역까지 이동해야 한다. 지상 ㅣ은 멀리 떨어진 곳으로 가는 데 오랜 시간이 걸린다. ㅑ공기나 헬리콥터는 감지될 수 있다. 자신이 관찰되 ㅣ 있다는 것을 알아채게 되면 수상한 사람들은 다른 ㅅ으로 이동하거나 활동을 감출 것이다. 이 경우 여러 ㅏ지 탐지 시스템을 사용하는 은밀한 관찰이 이상적인 ㅕ론이다. 수상한 집단은 자신들이 외관상 목동을 닮았 ㅏ고 믿게 하는 데는 성공할 수 있다. 하지만 그들의 방 ㅎ 레이더 장치에서 방사되는 전자기파나 그들 사이에 ㅓ 잡히는 규칙적인 무선 교신 신호는 상당히 다른 사 ㅣ을 말해줄 수 있다.

ㅣ간인 사상자 방지

ㅕ대 전쟁에서 또 다른 중요한 측면은 여론 조작에 대 ㅓ하는 일과 사건의 실제 장면을 얻는 데 따른 난관이 ㅏ. 갈등을 겪는 지역 내 양측이 비극이나 잔학 행위에 ㅐ해서 서로를 비난하는 것이 드문 일은 아니고, 사건 ㅡ 연출하는 것도 흔히 사용되는 수법이다. 공습이나 ㅗ격으로 무고하게 사망한 사람들의 영상은 투표권이 ㅣ는 서구 국가 대중의 여론에 영향을 미치는 강력한 ㅏ법이다. 하지만 카메라가 꺼진 후 '희생자들'이 잘 연 ㅡ된 현장에서 일어나 서로를 축하하는 경우도 있다.

연출이든 실제든 간에 비극은 해외의 여론에 영향을 ㅣ치는 한 가지 방법이다. 투표권이 있는 대중의 공감 ㅣ나 공습 중단 요구는 민주 국가의 전략에 영향을 미 ㅣ 수 있으며, 대부분의 현대 지휘관들은 이를 이해하 ㅗ 있다. 만신창이가 된 군용 차량을 담은 극적인 장면은 갈등이 해소되고 있다는 인상을 줄 수 있으며, 이를 통해 다시 군대 철수 요구를 이끌어 낼 수 있다. 적을 이기느냐 적의 철수를 얻어내느냐 또는 외국의 압력을 통해 적을 협상 테이블로 끌어내느냐 하는 것은 반군 집단의 당면 문제가 아니다. 전쟁에서 이기기 위해서 사용되는 도구가 무엇이든 중요한 점은 결과다.

이 복잡한 4차원 전장에서 작전을 수행하는 요원들은 표적을 확실히 확인하고 총격 상황에서조차 폭력의 사용을 억누르고, 적이 민간인 사이에서 사격하고 있는 경우라 하더라도 민간인 사상자가 나지 않기를 요구받는다. 이것이 많은 무기를 사용할 수 없는 상황을 만든다.

유도되지 않은 박격포탄과 일반 포탄은 '외과적 공격'과 '정밀 유도 무기'란 말에 익숙해진 대중을 만족시킬 수 있을 만큼 정확하지 않고, 유도 무기조차도 문제가 될 수 있는 것이 많다. 레이더 또는 열을 이용해서 표적을 향해 가는 미사일은 높은 정확도로 표적을 맞히지만, 민간인이 폭발 반경 내에 들어오거나 표적이 갑자기 적이 아니라고 확인되는 경우에도 민간인 사상자를 발생시키지 않으리라 보장할 수는 없다.

유도 무기 제조사가 제시하는 해답은 운용자에게 정보를 제공해 주는 카메라를 탑재하여 광학적으로 유도되는 미사일을 사용하자는 것이다. 그러면 마지막 순간에도 무기를 표적에서 벗어나게 할 것인지, 또는 재시도할 것인지 선택할 수 있다. 이것으로 확실히 정밀도가 향상되지만 더 중요한 것은 공격을 즉각 철회할 수 있다는 사실이다.

무기 제조업체들은 한동안 이 개념을 인정해왔지만 그 생각이 보편적으로 받아들여지지 않았기 때문에 논쟁을 불러 일으켰다. 이것은 또 드론 운전에도 적용된다. 무장한 무인 항공기의 합법성이나 도덕성에 대해서는 의문이 있었다. 직접적인 전투 행위에 드론을 사

레이저 유도 미사일의 작동 방식

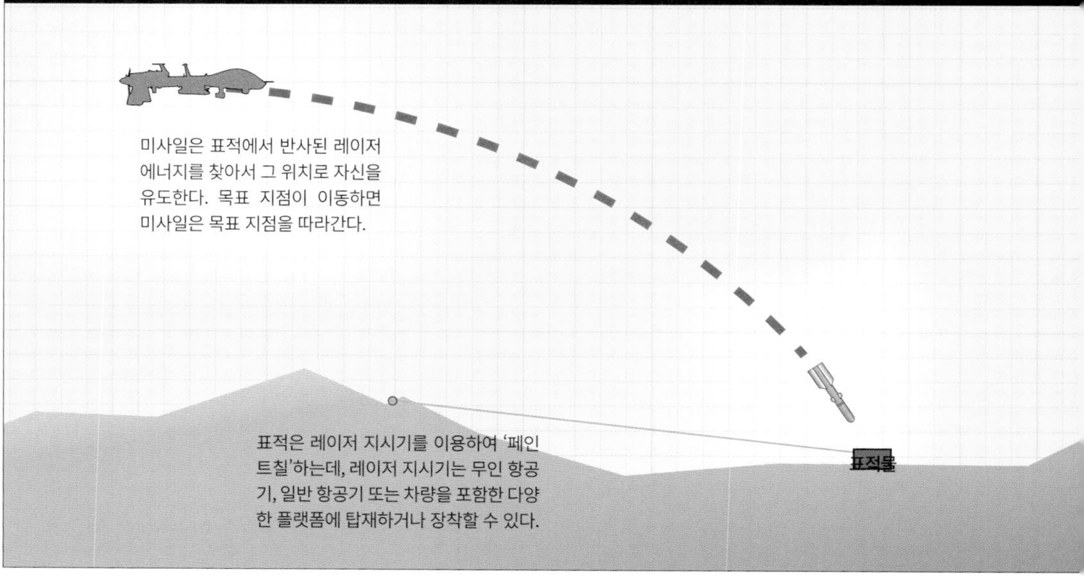

미사일은 표적에서 반사된 레이저 에너지를 찾아서 그 위치로 자신을 유도한다. 목표 지점이 이동하면 미사일은 목표 지점을 따라간다.
표적은 레이저 지시기를 이용하여 '페인트칠'하는데, 레이저 지시기는 무인 항공기, 일반 항공기 또는 차량을 포함한 다양한 플랫폼에 탑재하거나 장착할 수 있다.
표적물

위 : 무인 항공기 정찰은 이 사진에서 파괴되고 있는 것과 같은 무기 은신처를 찾는 데 도움이 되고 정밀 유도 무기를 사용한 '원격' 공격이 가능하도록 표적 자료를 제공한다. 이렇게 하면 반군이 무기를 치우고 다른 곳에 숨길 수 있는 시간을 주지 않으면서 많은 위험들로부터 요원들을 보호할 수 있다.

위 : 미사일을 발사하는 결정이 가까운 곳에 있는 사람에 의해 이루어진다면(이 경우는 F-16의 조종사다), 실제로는 무기가 스스로 표적으로 유도할지라도 전쟁에서 인정되는 부분이다. 하지만 무인 항공기를 사용하여 같은 공격을 하는 것은 논란의 여지가 있다.

용하는 것이 윤리적인지 아닌지를 둘러싼 논쟁은 계속되는 중이며, 이 주제에 관해 여러 가지 다른 의견들이 있다.

드론 무기

일부 드론 무기 반대자들은 드론을 뒤틀린 프로그램에 따라 어떤 것을 공격할 수 있는 일종의 로봇 살인 기계로 묘사하려고 한다. 완전한 자율성을 가진 '전쟁 로봇'을 만드는 것은 현명하지 못한 것처럼 보인다. 하지만 다행히도 이런 설정은 현실 상황과는 거리가 멀다.

얼마 전부터 자동화된 무기가 사용되었다. 미사일이나 어뢰는 유도 시스템을 따라서 표적을 자동으로 조준하고 발사할 수 있다. 이 시점에서 미사일이나 어뢰는 사람의 통제에서 벗어나, 자신에게 주어진 파괴 임무를 수행할 것이다. 이미 언급했듯이 일부 제조사들은 필요하다면 공격을 중단할 수 있도록 사람이 최종 의사결정을 하는 운전을 강력하게 지지하지만, 일반적으로 그렇지는 않다. 일부 방공 무기도 역시 자동화되어 있어서 올바른 피아식별 (Identification Friend-Foe, IFF) 응답을 주지 않고 사전에 설정된 매개 변수를 충족하는 표적을 향해 날아갈 것이다.

그러나 이것들은 죽음을 부르는 광란의 기계가 아니

라 얼마 전부터 전쟁의 한 부분으로 인정되어왔다. 사람은 미사일을 발사하거나 방공 체계를 가동하기로 결정한 뒤에 필요하면 오프라인 조종이나 발사 중지 따위를 결정할 수 있다. 미사일이나 폭탄과 같은 무기를 탑재하는 모든 드론들 역시 표적 선정 과정을 입력한 사람이 운전한다. 드론 중 아주 일부는 무기 그 자체이며, 미사일과 유사한 방식으로 작동되고 도덕적으로도 다른 종류의 유도 미사일과 거의 다르지 않다.

무기를 발사하기로 한 드론 운용자나 같은 일을 하는 항공기나 연안의 함정 승무원 사이에는 윤리적으로 실제 차이가 없어 보인다. 포병 지휘관도 같은 결정을 내리고 똑같이 타격 위치에서 멀리 떨어져 있다. 드론 무기에 대한 도덕적 반대 중 하나는 멀리 있는 운용자는 자신이 하려는 일의 의미를 실제로 파악할 수 없고

파키스탄의 연간 추정 사상자 수 (2015년 1월 16일 현재, 출처 : 조사 보도국)

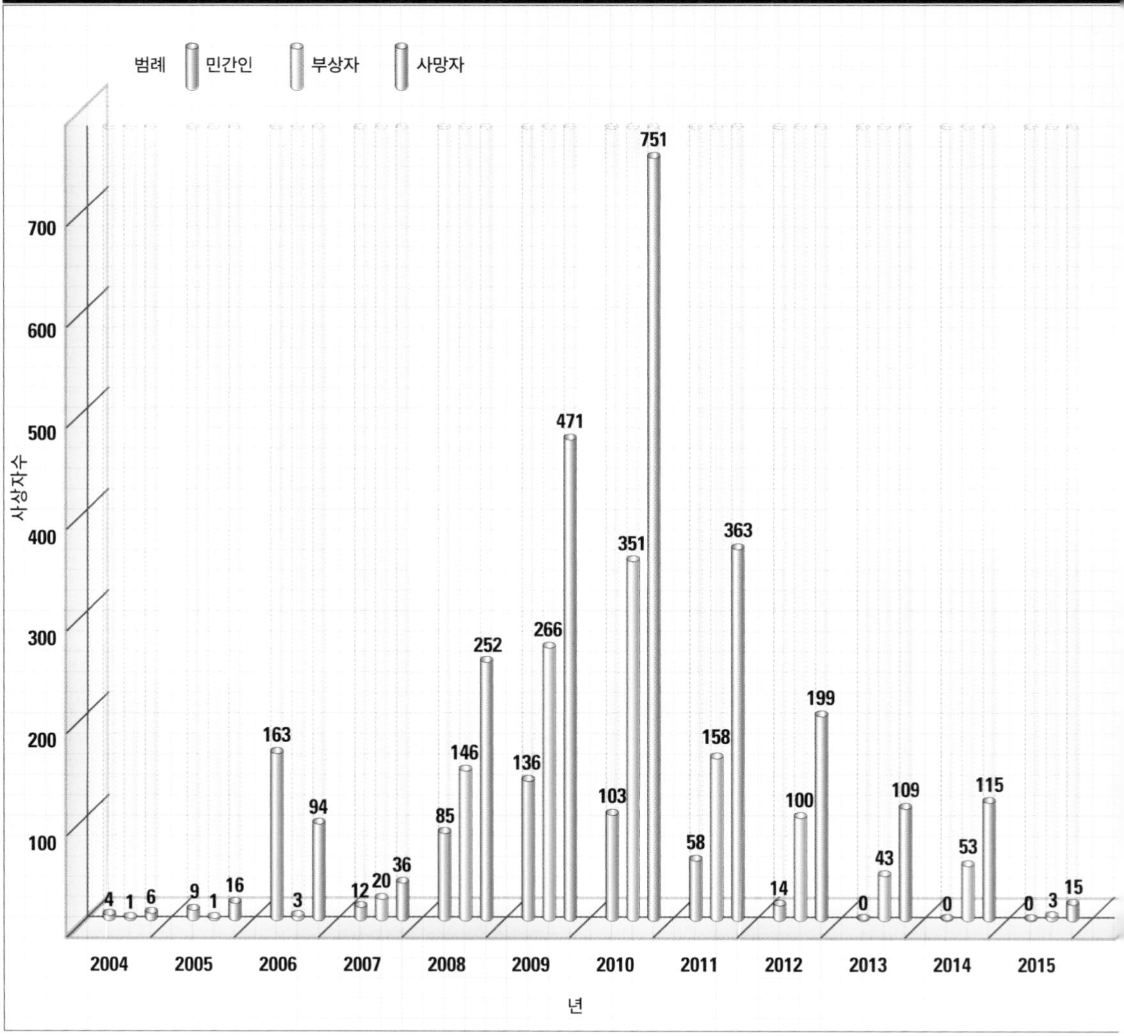

ㅣ: 정밀 유도 무기는 강화 설비를 갖춘 표적이 민간인과 근접해 있더라도 그것을 공격하는 데 사용할 수 있다. 2003년에 이런 방식으로 사
ㅏ 후세인의 몇몇 중요한 건물이 공격을 받았다. 대중은 이 정도의 정확도에 너무 익숙해져서 오히려 그렇게 되지 않을 때 의문을 품는다.

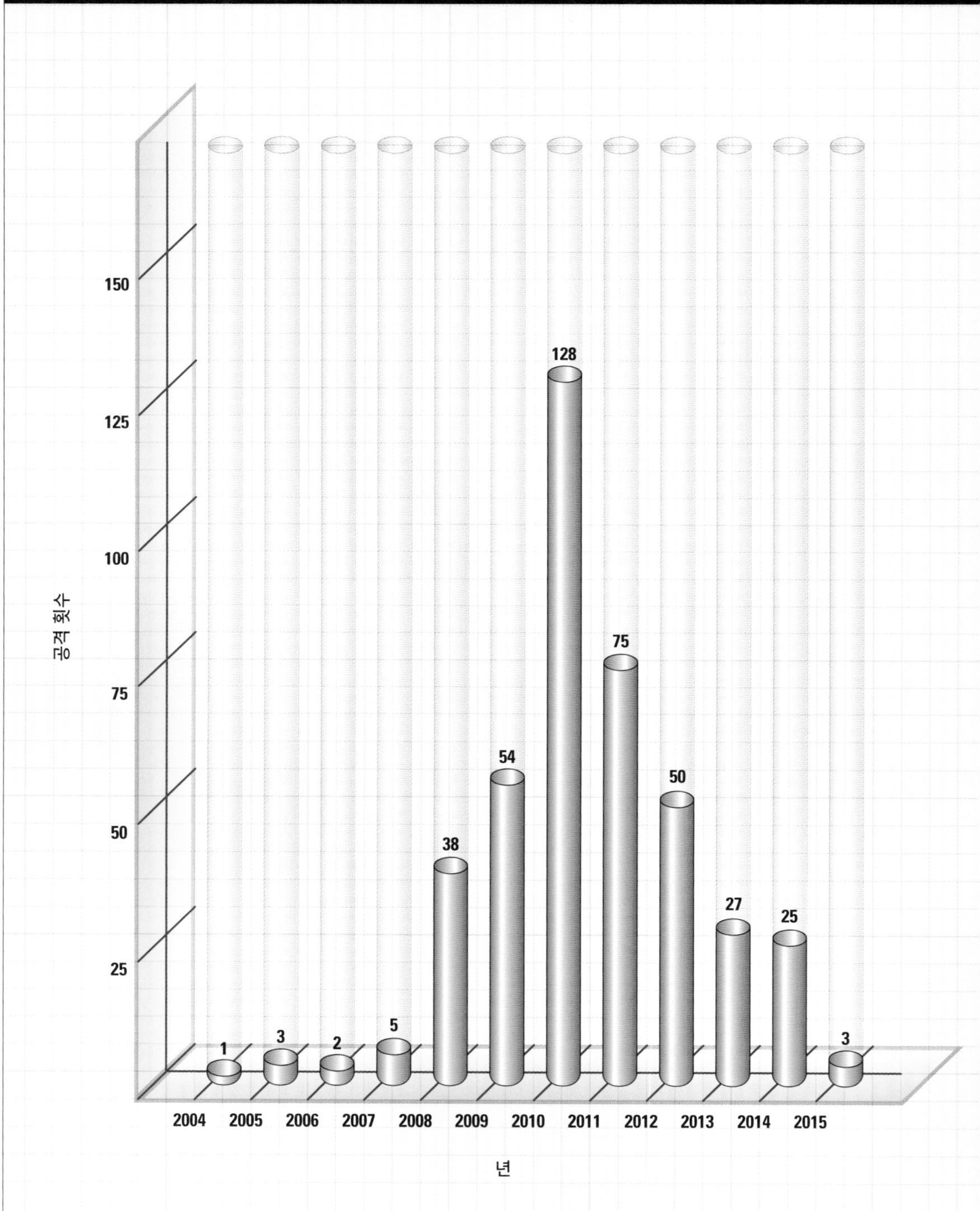
파키스탄에서 연간 CIA의 드론 공격 (2015년 1월 16일 현재, 출처 : 조사 보도국)
150
125
100
75
50
25
공격 횟수
1
3
2
5
38
54
128
75
50
27
25
3
2004
2005
2006
2007
2008
2009
2010
2011
2012
2013
2014
2015
년

위 : MQ-1 프레데터 무인 항공기는 그 무시무시한 이름에도 불구하고 최초, 최고의 정찰기로 개발되었다. 무기를 장착할 수 있는 능력은 나중에 추가되었으며 중요한 개발 작업이 필요했다. 미군은 프레데터가 수행하는 정찰 작전에 대해서는 상당히 개방적이지만 전투 작전은 기밀 정보로 간주한다.

이것은 왠지 '마치 비디오 게임과 같은 것'이어서 살해 결정이 너무 가볍게 내려질 수 있다고 하는 생각이다.

이 생각은 포병이나 해군 포수, 타격 항공기 승무원이 알고 있는 것과 마찬가지로 드론 운용자 역시 자신이 하는 일이 무엇이고 그 의미가 무엇인지를 매우 잘 알고 있다는 근거로 반박되었다. 일반적으로 멀리 떨어진 곳에서 폭력을 행하는 것이 쉬운 것은 사실이다. 그러나 그것이 주요한 반대 이유라면 "누군가가 돌 던지기라는 생각을 떠올린 순간 우리는 도덕적으로 모호한 길을 내려가기 시작한 것이다."라고 한 어떤 군 사상가의 말을 상기할 필요가 있다.

우리는 인간의 역사를 통해 폭력이 점점 더 먼 거리에서 행해졌다는 것을 인정할 수 있다. 이런 이유에서 도덕적으로 바람직하지 않을 정도로 결과로부터 멀리 떨어지게 되는 시점이 언제인지 정확하게 지적하기란 어렵다. 자신이 무엇을 하였는지를 볼 수 있을 때만 폭력이 인정될 수 있는가? 그렇다면 역설적으로 드론 운용자는 군대가 행동을 하도록 명령하는 지휘관이나 다른 사람이 싸우는 전쟁을 선언하는 정치인보다 도덕적으로 강한 기반 위에 있을 수 있다. 드론운용자가 그들보다는 결과에 더 가까이 있기 때문이다.

아마도 더 유용한 질문은 이것이리라: 드론 무기 시스템에 얼마나 자율성을 주어야 도덕적이라 할 수 있을까? 한 사람은 드론 또는 항공기가 주어진 표적에 폭탄을 투하하거나 미사일을 발사하는 결정을 내린다. 다른 한 사람은 특정한 적군 병사에게 그의 소총을 발사하기로 한다. 두 경우 모두 공격자가 선택한 특정한 표적을 직접 공격하는 결정이 포함되어 있고, 두 경우 모두 이미 선정한 바로 그 표적이 공격받을 것이 매우 확실하다.

반면 사전 설정된 매개 변수와 일치하는 대상은 무엇이든 공격하도록 설정된 드론을 보내는 것은 도덕적으로 논란이 될 수 있다. 무엇을 공격하고 무엇을 피할 것인지 결정하는 일은 이제 기계에 달려 있다. 인간의 선택은 프로그램을 실행하고 표적의 매개 변수를 설정하는 것으로 끝난다. 이것은 누군가를 죽이기로 하는 순간에는 '최종 결정을 하는 사람'이 없다는 것을 의미한다. 최종 결정을 기계에 맡기는 건 지나친 일이라고 주장하는 사람들이 많다. 파괴하기에 적합한 것을 찾으라고 명령하여 기계를 보내면 때로 효율적일 수 있지만 이는 항상 도덕적인 문제를 수반한다. 이 문제제기를 수용하여 엄격한 목표 선정 매개 변수를 사용할 수도 있겠지만, 그럴 경우 실질적인 공격 결정에서 너무 멀어진다고 생각하는 사람들이 많다.

이처럼 드론의 무장을 도덕적으로 어려운 질문이 되게 만드는 것은 물리적인 거리가 아니라 마지막으로 이루어지는 인간의 개입과 표적에 나타난 결과 사이에 매우 중요한 결정 지점이 있는지 여부이다. 사람이 미사일을 발사할 경우(원격으로 조종되는 드론 또는 다른 발사대에서 발사한 경우) 미사일이 자율적으로 표적까지 유도하면 사람과 폭력 행위 간에 의사 결정 지점이 없다. 드론에 표적의 매개 변수를 입력하여 임무에 투입하고, 적합한 표적을 찾아내고 평가하여 공격하기로 하는 경우, 인간의 마지막 상호 작용 이후에 결정 지점이 있다. 이때 특정한 표적을 해칠지 여부는 사람이 아닌 기계가 결정하게 된다.

무장 드론에 대한 도덕적인 질문은 결국 우리가 동료 인간, 심지어 적이라도 우리가 해를 끼치는 사람에 대해 책임을 져야 한다는 개념으로 요약된다. 어떤 사람이 살인을 선택해야만 하고 그것이 정당하다고 생각한다면, 이것은 우리의 기존 도덕적 틀 안에 있다. 하지만 그 결정을 기계에 맡기려면 우리가 아직 제대로 이해하지 못한 새로운 사고를 필요로 한다.

물론 도덕적 함의가 무엇이든 상관없이 법적인 상황은 다른 요인들에 의해서도 영향을 받을 것이다. 필요에 따라 종종 도덕적으로 회색인 결정을 내릴 수도 있고, 마찬가지로 도덕적으로 정당화될 수 있는 행위도 정치적인 이유로 불법이 될 수도 있다. 드론 운용의 법률적 측면은 이제 막 연구되기 시작한 것이지만, 무장한 드론을 불법화할 수 있을 정도로 강력한 정치적 이유가 존재하지 않는 한 드론의 사용이 충분히 유용하다는 점은 증명된 것 같다.

큰 문제는 이것이다 : 우리는 무장한 드론에 얼마나 많은 자율성을 주어야 하는가? 그리고 어떤 경우에 자율성이 지나치다고 판단할 수 있을까?

현대의 전투 공간에 통합된 드론

신뢰할 수 있고 가벼운 컴퓨터와 통신 장비를 사용할 수 있게 되면서 '네트워크 중심의 전쟁'이 늘어나게 되었다. 이 전쟁 모형에서는 자료를 상부 지휘 계통으로 전달하였다가 이어 하위 관련 부대로 보내는 방식을 따르지 않고, 관련 군대 내 사용자 사이의 직접 접속 방식으로 공유한다.

전통적으로 서로 지휘 계통이 다른 군대 간의 의사소통은 특히 다른 무기를 운용하는 여러 군대의 연합 작전에서 약점을 보였다. 육군 보병 순찰대가 파악한 중요한 정보가 연안에서 육군을 지원하는 해군 전함까지 도착하는데 상당한 시간이 걸려 기회를 놓치는 스

위 : 프레데터 드론이 이륙하고 있다. 긴 날개와 피스톤 엔진을 가지고 있는 이런 종류의 무인 항공기는 다소 엉성한 외관과 상대적으로 낮은 성능을 갖고 있지만 최근의 제트 추진 무인 항공기는 어떤 경우에는 공중에 던져서 이륙할 수 있고 제트 전투기처럼 잘 고장 나지 않는다.

이다.

이 문제와 관련해서 주목할 만한 사례가 1991년 걸프전 당시 이라크의 이동식 스커드 미사일 발사대를 찾던 중에 발생했다. 당시 지상 팀은 발사대 위치를 보고했지만, 공습이 시작되기까지 몇 시간이 걸렸다. 자료 전송 속도 지연으로 기회를 잃어버렸다는 뜻이다.

네트워크 중심의 전쟁 모형에서는 한 지역에 있는 모든 부대는 자료 공유 망에 묶여 있어서 한 곳에서 다른 곳으로 정보를 직접 전달할 수 있다. 이를 통해 사령부 수준에서는 지상에서 무엇이 일어나고 있는지 세부적인 그림을, 어쩌면 때로 너무 세밀하게 그려낼 수 있게 되었다. 지휘관은 자기 군대가 무엇을 할 수 있는지를 볼 수 있을 때 군대를 세세하게 관리하고자 하는 유혹을 받는다. 그러나 그렇게 하면 보잘 것 없는 결정만 하게 된다.

네트워크 중심 전쟁의 가장 큰 장점은 다른 부대의 눈과 센서를 효과적으로 사용할 수 있다는 것이다. 보병 순찰은 그들이 접근하고 있는 건물의 다른 편에 무엇이 있는지를 볼 수 없지만, 그들의 통신망에 연결된 드론은 그곳의 영상을 실시간으로 보낼 수 있다. 이것은 매복 위험을 줄이고 지상군이 자신의 무기를 사용할 때 상당한 이점을 제공한다. 또한 포병 또는 항공 자산과 같은 지원 무기를 용이하게 사용할 수 있게 한다.

네트워크 연결은 지상군에게 이점을 주는데 이것은 때로는 아주 작을 수도 있지만 그럼에도 불구하고 중요할 수 있다. 예를 들어 적의 장갑차가 숨어 있다가 갑자기 나타났다면, 아군 탱크의 승무원은 그것을 발견하고, 표적으로 인식하고, 교전을 결정한 다음 발포해야 한다. 다른 곳에서 승무원에게 적 장갑차가 다가오고 있다고 경고했다면 이 과정이 어느 정도 단축된다.

아군 탱크 지휘관이 적 장갑차를 관측하는 드론이나 다른 비행체로부터 생중계를 받고 있다면 그 과정은 더욱 짧아진다. 그는 지금 적 차량이 어디에 있는지, 언제 자신의 사정거리 안으로 나타날 지 정확히 알고 적 장갑차가 자신을 드러내는 즉시 사격을 시작할 수 있다. 이것은 적에게 대응 시간을 주지 않기 때문에 전쟁에서 매우 유리해진다.

드론은 크기와 능력에 따라 다양한 수준의 네트워크 중심 전쟁 모형에 최적화된다. 여러 센서 시스템을 갖추고 오랜 시간 비행할 수 있는 정찰 드론은 전투 공간과 그 주변 지역을 감시하고 카메라, 열화상 장치 및 레이더를 사용하여 '전체적인 모습'을 그려 낼 수 있다. 전투 지역에 인접한 곳에서는 더 작은 드론이 포격이나 공습 이후 사후 정찰, 저격수의 위치 또는 일반적인 상황에 대한 전술적 정찰을 포함한 전술 임무에 활용된다.

네트워크 중심의 전쟁은 필요한 통신 장비만 준비된다면 다른 종류의 군대 간에 긴밀한 협력을 가능하게 해준다. 이것은 대개 민간용 노트북 컴퓨터나 태블릿의 내구성을 높인 수준이며, 장치 간 통신을 위한 통신 규약은 수년간 준비되어 있었고 상업용뿐만 아니라 군사용으로도 사용할 수 있어, 그리 복잡한 문제가 아니다.

전통적으로 정보와 명령은 지휘 계통의 위에서 아래쪽으로 내려 보내져 적군과 실제로 교전하고 있는 부대에게 전달되었다. 어떤 군대는 전선에 있는 사람들이 무엇을 해야 하는지 가장 잘 볼 수 있는 위치에 있는 사람들이라는 신념을 오랫동안 가지고 있었음에도 불구하고 그랬다. 이것은 오늘날 소규모 부대의 지도자들이 군대를 전체적으로 앞으로 '끌어당기는' 전투 작전과는 좀 다른 모형이다. 이 모형의 배경이 되는 이론은 지상군 중간 지휘관이 좋은 기회를 발견하면 그에 따라 즉각 행동을 개시하며, 자신이 하고 있는 작전을 상관에게 알리면 상급 부대에서 이들의 요청에 따라 작전을 지원할 수 있다는 것이다.

그렇기 때문에 공격 행위와 전장의 군사 기동은 멀리 있는 지휘관에서부터 시작하는 것이 아니라 낮은 수준에서 발생하게 되고, 높은 지휘관은 전투 자산들에게 과제를 다시 부여하고 이미 수행중인 작전을 지원하기 위해 추가 부대를 파병한다. 비록 그들이 책임지고 있는 전투 작전을 완전히 통제하는 데 익숙한 고위 지휘관들 사이에서는 이러한 방법에 대한 의구심이 있지만, 이 작전들은 어느 정도 성공으로 판명되었다.

'본부에서 밀어내기'가 아니라 '전선에서 당기기' 전쟁 모형은 중간 지휘관들에게 높은 수준의 기술과 주도권을 요구한다. 이 모형은 장교들이 유연하게 생각할 수 있고 재빨리 대응할 수 있으며, 잘 훈련되고 응집력 있는 군대가 수행할 때만 효과적이다. 네트워크 중심의 전쟁으로 이동한다고 해서 이 과제가 더 쉬워지는 것은 아니지만, 이 경우 지휘관은 중앙 자원에서 필요한 정보를 제공받거나 사용할 수 있도록 기다리는 대신, 적시에 네트워크에서 필요한 정보를 얻을 수 있게 된다.

드론은 정보화 시대의 전쟁에서 정찰기로서 분명한

위 : 1991년 걸프 전쟁 때 이라크의 스커드 미사일이 이스라엘의 표적을 공격하는데 사용되었다. 대책에는 이동식 발사대를 찾아 파괴하고, 미사일을 비행 중에 요격하는 것이 포함되었지만 어느 것도 훌륭하게 성공하지 못했다.

역할을 하지만 다른 응용 분야도 가지고 있다. 드론은 그것이 없었다면 접촉이 불가능하였을 곳에서 통신 중계 역할을 할 수 있으며, 지휘관이 뭔가 더 자세히 볼 필요가 있는 곳에서 그 일을 할 수 있는 특별한 센서를 가져올 수 있다. 신호 탐지 장비나 레이더 세트를 가지고 다니는 보병은 거의 없지만 어떤 때는 시간에 맞춰 이 장비들이 있어야 할 필요가 있다. 이때 드론이 지원 임무를 부여받을 수 있으며, 드론보다 훨씬 더 비싸고 기지에서부터 전투 지역으로 날아 가야하는 유인 항공기보다 훨씬 더 사용하기 쉽다.

게다가 드론은 무기를 탑재할 수도 있고 더 큰 항공기를 사용할 수 없는 경우 공중 지원용으로 사용할 수 있다. 이용 가능한 무기의 수가 많지는 않지만 적의 벙커에 유도 미사일이나 폭탄을 사용하여 정확한 공격을 하면 사상자를 줄일 수 있다. 또는 장애물을 없애기 위해 장갑차와 같은 다른 수단을 데려오는 동안 꼼짝 못하고 있게 되는 것을 막을 수 있다.

센서용 비행체 간의 복합 통신망이 없는 곳에서도 드

아래 : 단독으로 운용하는 M1 에이브람스 전차도 강력한 자산이지만 네트워크의 일부로서 운용될 때 그 능력이 크게 향상된다. 항공기 또는 무인 항공기의 정찰 자료를 통해 전차 지휘관은 '언덕 반대편'에 있는 것을 보고 대비할 수 있으므로 전차의 전투력을 최대한 효과적으로 발휘할 수 있다.

오른쪽 : 이동식 스커드 발사대. 이동 발사 장치를 찾아내는 것은 어려운 문제가 될 수 있으며, 위치 정보는 시간에 민감하다. 부대가 이동하기 전에 공격할 수 없으면 기회를 놓친다. 이것은 1991년 걸프전에서 여러 차례 일어난 일이다.

네트워크 중심 전쟁

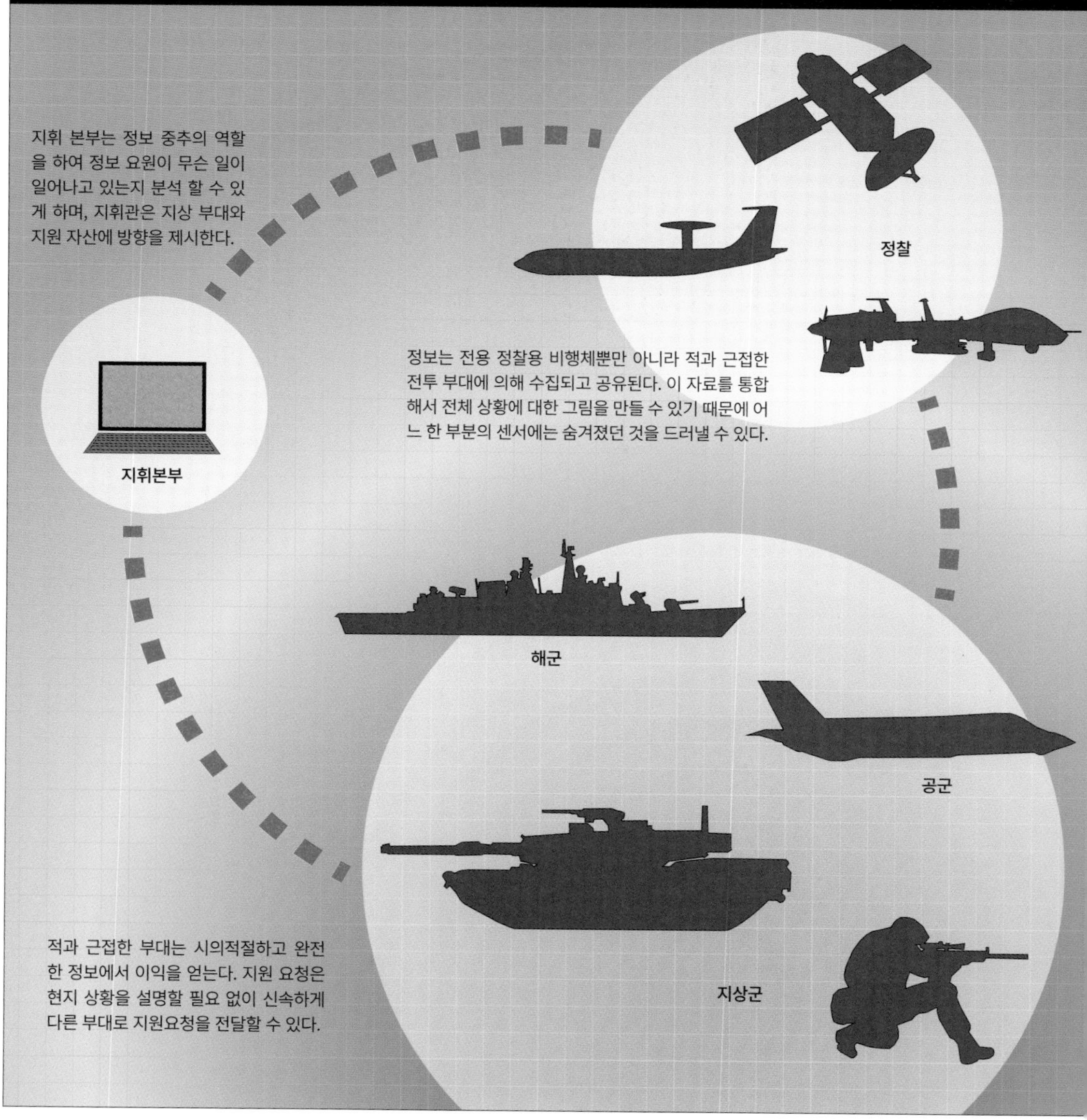

지휘 본부는 정보 중추의 역할을 하여 정보 요원이 무슨 일이 일어나고 있는지 분석 할 수 있게 하며, 지휘관은 지상 부대와 지원 자산에 방향을 제시한다.
정찰
정보는 전용 정찰용 비행체뿐만 아니라 적과 근접한 전투 부대에 의해 수집되고 공유된다. 이 자료를 통합해서 전체 상황에 대한 그림을 만들 수 있기 때문에 어느 한 부분의 센서에는 숨겨졌던 것을 드러낼 수 있다.
지휘본부
해군
공군
적과 근접한 부대는 시의적절하고 완전한 정보에서 이익을 얻는다. 지원 요청은 현지 상황을 설명할 필요 없이 신속하게 다른 부대로 지원요청을 전달할 수 있다.
지상군

론은 현지에서 지상군을 지원할 수 있다. 작은 드론은 배낭으로 운반할 수 있고 필요할 때 손으로 발사할 수 있으므로 지상 지휘관은 이를 이용해 높은 곳에서 시야를 확보하여 자기 군대 주위에서 일어나는 일을 볼 수 있다.

정찰 목적으로 드론을 사용할 수도 있는데, 예를 들어 군대가 특정 지역으로 이동하기 전에 드론을 사용하여 정찰을 수행할 수 있다. 더 직접적으로 전투 지원에 사용할 수 있다. 드론은 예기치 않게 적과 접촉하게 될 위험 없이 적군의 위치를 찾아내는 데 사용되거나, 이

▌: 스위치블레이드(Switchblade) 드론은 실제로 무기 그 자체인 드론이다. 스위치블레이드는 미사일 또는 유사한 무기로 간주될 수도 있
▌만 일반적으로는 드론으로 간주된다. 이런 종류의 무기는 여전히 논쟁의 여지가 있지만 지상군에 추가적인 능력을 제공한다.

왼쪽 : 발사 순간의 트라이던트(Trident) 미사일. 장시간 체공 무인 항공기가 할 수 있는 역할 중 하나는 탄도 미사일 발사를 관찰하면서 가능한 최대 경고 시간을 만들거나 확실히 발사 중이 아니라는 확신을 주는 것이다.

군 요원들이 수작업을 펼칠 경우 지나치게 위험한 상황에 노출될 수 있는 곳에서 박격포 포대나 포병 관측병 같은 적의 지원 화력을 찾는 데 사용될 수 있다.

드론을 통한 해군 지원

드론은 해상에서 선단 호위함을 보호할 때도 유용하다. 호위함들을 위해 항공 감시를 하는 일이 항상 가능하지는 않다. 사용할 수 있는 항공기와 헬리콥터가 매우 많을 때만 가능하다. 미군의 이라크전 경험에 비추어 보면 항공 지원은 특히 2003년 걸프전 당시 사용된 주요 보급로에서 흔히 볼 수 있었던 것처럼 매복을 피하거나 다루는 데 유용했다. 작고 비싸지 않은 드론을 사용하면 전방 경로를 관찰하고 예상되는 공격을 경고할 수 있으며, 거의 지속적으로 유지하는데 충분한 양을 구입할 수 있을 정도로 충분히 싸다.

바다에서도 드론은 크기가 작고 비용이 저렴하다는 장점이 있다. 군함은 약간의 갑판 공간과 적재 중량 여유만 있을 뿐, 전투 시스템을 우선시 한다. 따라서 호위함 같은 소형 전함은 일반적으로 헬리콥터 한 대만 탑재한다. 이 소형 전함들은 수색 및 구조, 미사일 유도 및 대잠 작업에 매우 유용하지만, 그 능력은 사용 가능한 공간 때문에 제한된다. 그런데 드론은 작으므로 훨씬

ㅏ다의 드론

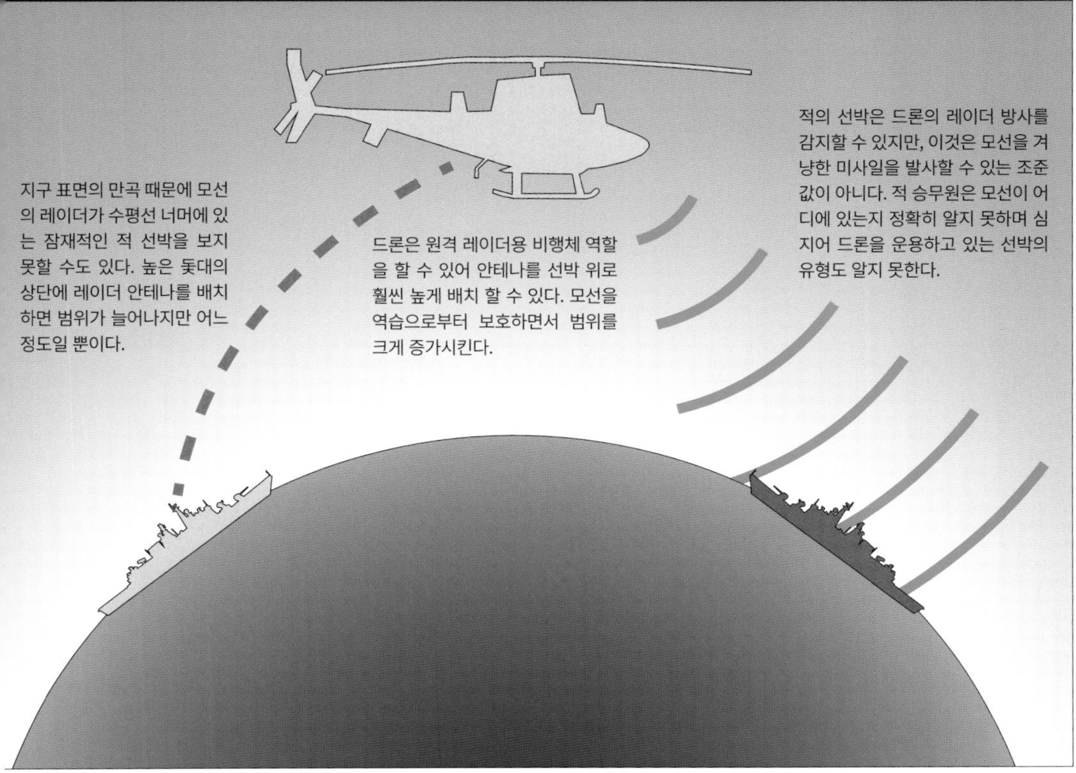

지구 표면의 만곡 때문에 모선의 레이더가 수평선 너머에 있는 잠재적인 적 선박을 보지 못할 수도 있다. 높은 돛대의 상단에 레이더 안테나를 배치하면 범위가 늘어나지만 어느 정도일 뿐이다.
드론은 원격 레이더용 비행체 역할을 할 수 있어 안테나를 선박 위로 훨씬 높게 배치 할 수 있다. 모선을 역습으로부터 보호하면서 범위를 크게 증가시킨다.
적의 선박은 드론의 레이더 방사를 감지할 수 있지만, 이것은 모선을 겨냥한 미사일을 발사할 수 있는 조준값이 아니다. 적 승무원은 모선이 어디에 있는지 정확히 알지 못하며 심지어 드론을 운용하고 있는 선박의 유형도 알지 못한다.

많은 숫자를 탑재할 수 있다.

바다에서 드론의 가장 기본적인 기능은 정찰일 것이ㅏ. 바다는 매우 넓은 장소이지만, 수평선은 실제로 그 멀지 않다. 전함의 레이더는 어느 정도까지만 볼 수 어서 공습이나 미사일 공격에 대한 경고 시간이 한정 고, 해상의 목표물이나 전함이 찾고 있는 대상을 탐 할 수 있는 거리가 제한되어 있다. 찾는 대상에는 수 및 구조 작전 중에 조난당한 선박인 경우도 있는데 수면 수색에 필요한 시간이 생존자가 실제 견딜 수 는 시간보다 더 긴 경우가 많다.

그래서 바다에서 드론을 이용하여 레이더 세트 또는 동형 레이더 탐지기를 기동 부대 위로 높게 배치하여 이더의 탐지 범위를 늘릴 수 있다. 또 드론은 능동형 레이더를 기동 부대와 떨어진 곳에 배치하는 데 사용될 수도 있다. 때때로 이는 매우 중요한데 해군이 적에게 탐지되는 가장 흔한 경로 중 하나가 레이더를 켜는 때이기 때문이다. 레이더를 탑재한 드론을 사용해도 탐지를 막을 수 있는 것은 아니지만 틀린 위치를 알려준다.

또한 지역을 수색하거나 수상한 선박을 조사하는데 드론을 사용하여 군함이 표적을 쫓아가지 않고 먼 거리에서도 표적을 지켜 볼 수 있다. 레이더를 포착한 군함이 적을 직접 볼 수 있는 거리까지 가려면 시간이 걸린다. 항공기는 훨씬 빨라, 접촉해서 문제가 없는 것으로 판명되면 군함은 다른 작업으로 옮겨 갈 수 있다. 접촉한 대상이 적일 경우, 적의 첫 번째 표적은 사람이 타고 있지 않으며 궁극적으로는 소모품인 드론이 될 것이다.

위 : 헬리콥터는 작으며 움직이는 갑판에 착륙할 수 있기 때문에 해군 작전에 매우 적합하다는 것이 입증되었다. MQ-8 파이어 스카우 (Fire Scout)는 기존의 헬리콥터 기체를 기반으로 하여 자율 운전으로 전환되었다. 정찰기 및 레이더 초계기 역할을 하는 유인 헬리콥 의 기능 대부분을 수행할 수 있다.

해전에서 항공기와 헬리콥터를 사용하는 또 다른 용도는 미사일을 중간 경로로 유도하는 일이다. 해군의 무기는 대체로 장거리용이지만 표적 선정에는 자료가 필요하다. 무엇이 있는지를 모르는 곳으로 발포할 수는 없기 때문이다. 해전의 핵심 원리 중 하나는 '먼저 유효한 공격을 하라'는 것이다. 즉 적이 당신을 공격하기 전에 적을 공격해서 적의 선박을 망가뜨리는 것, 더 좋기로는 적이 당신의 위치를 알기 전에 공격하는 것이다. 소형 스텔스 드론이 이 모형에 적합하다. 탐지되지 않은 채 적 선박을 찾고 미사일을 유도할 수 있어 적에게 대응할 기회를 주지 않는다. 적은 공격 받고 있음을 알았다 해도, 대응을 위한 표적 선정 자료가 없어 보복하기 전에 패배할 것이다.

드론도 공격을 시작할 수 있다. 항공모함, 수륙 용 함정 및 헬리콥터 수송함에서 운용하는 항공 부대는 무장 타격 드론으로 증원하거나 대체할 수 있는 그러면 항공모함을 더 작게 만들거나 드론 항공 부대를 대량으로 키울 수 있다. 그러나 대함 미사일을 탑재하기 위해서는 더 이상 드론으로서 가치가 없을 정도로 큰 드론이 필요하므로 이는 드론의 장점을 상쇄하는 일이다.

디핑 소나

드론은 장래에 효과적인 대잠수함 비행체가 될 수

다. 잠수함을 사냥하기 위해 수상함을 사용할 때 한 가지 문제는 배가 어뢰의 표적 범위 안에 들어가야 한다는 것이다. 이것은 누구든 다른 쪽을 먼저 감지하는 쪽이 유리하다는 뜻인데 일반적으로 잠수함이 유리하다. 헬리콥터는 대개 제자리에서 정지 비행을 하면서 와이어를 이용해 물속으로 내려서 사용하는 수중 음향 탐지기인 '디핑 소나(deeping sonar)'를 사용한다.

잠항중인 잠수함은 보통 헬리콥터를 탐지하지 못하므로 디핑 소나가 유리하고, 잠수함은 추적된다는 사실을 모를 수도 있다. 그런 다음 헬리콥터에서 떨어뜨리는 어뢰로 급습할 수 있을 것이다. 이러한 기능을 수행할 수 있는 드론은 상당히 커야 하지만 승무원을 태울 필요가 없으므로 헬리콥터에 비해 상대적으로 작고 저렴하며 더 가벼울 수 있다. 따라서 논리적으로는 작은 전함도 많은 대잠 드론을 싣고 갈 수 있지만 아직 그런 능력은 존재하지 않는다.

드론 전투기는 오랫동안 논란의 대상이었다. 1970년대에는 머지 않아 유인 전투기 시대를 마감하고 미사일과 무인 전투기가 유인 전투기를 일부 대체할 것으로 예상되었다. 물론 드론 전투기에는 이점이 있다. 유인 전투기보다 훨씬 작고 저렴하게 운용할 수 있으며 전투 조종 중에 높은 중력을 견뎌내며 능력을 발휘해야

디핑 소나

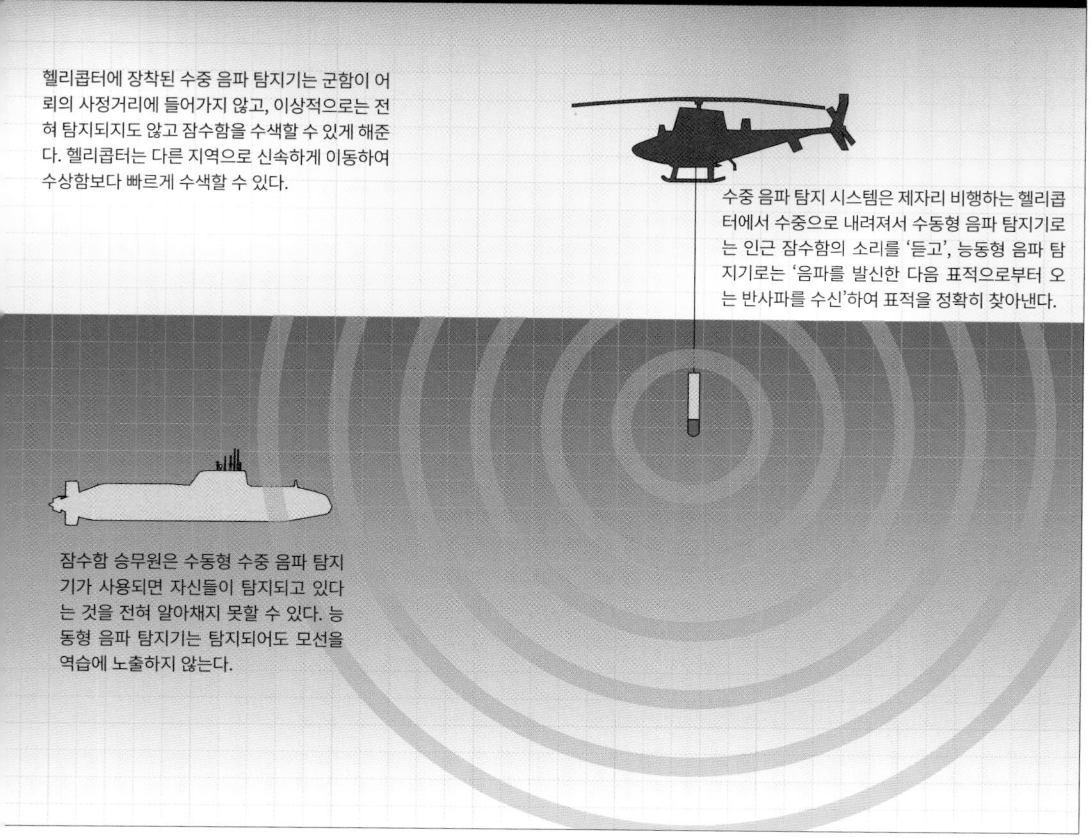

헬리콥터에 장착된 수중 음파 탐지기는 군함이 어뢰의 사정거리에 들어가지 않고, 이상적으로는 전혀 탐지되지도 않고 잠수함을 수색할 수 있게 해준다. 헬리콥터는 다른 지역으로 신속하게 이동하여 수상함보다 빠르게 수색할 수 있다.

수중 음파 탐지 시스템은 제자리 비행하는 헬리콥터에서 수중으로 내려져서 수동형 음파 탐지기로는 인근 잠수함의 소리를 '듣고', 능동형 음파 탐지기로는 '음파를 발신한 다음 표적으로부터 오는 반사파를 수신'하여 표적을 정확히 찾아낸다.

잠수함 승무원은 수동형 수중 음파 탐지기가 사용되면 자신들이 탐지되고 있다는 것을 전혀 알아채지 못할 수 있다. 능동형 음파 탐지기는 탐지되어도 모선을 역습에 노출하지 않는다.

위 : 디핑 소나가 장착된 재래식 헬리콥터는 항공모함을 포함해서 여러 군함으로 운반한다. 드론 헬리콥터는 작아서 같은 공간에 더 많이 운반하거나, 다른 항공기 또는 무인 항공기를 위한 공간을 확보하거나, 승무원 대신 연료를 더 많이 싣고 작전 지역에 머무르는 시간을 늘릴 수 있다.

스카이레인저와 같은 회전 날개 드론은 매우 좁은 공간에서 사용할 수 있고 적절한 틈을 통해 건물에 들어갈 수 있다. 고성능 센서를 장착해 안정적인 제자리 비행 능력을 구사하는 비행체이다. 하지만 항공기를 체공 상태로 유지하는데 고출력이 요구되므로 그만큼 작동 시간은 단축된다.

드론의 시각적 특성은 맨눈 또는 종래의 카메라로 파악될 가능성이 얼마나 있는지에 좌우된다. 큰 드론은 작은 것보다 더 쉽게 발견될 수 있으므로 여기서는 작은 크기가 유리하고, 색상 또한 마찬가지로 판단할 수 있다. 흐린 하늘을 배경으로 하는 옅은 회색의 드론은 검은 색 또는 밝은 빨강색 드론보다 시야에 잘 잡히지 않는다. 그러나 어떤 색이 가장 '은밀한' 것인지는 지역의 조건과 관찰자의 상대적 위치에 따라 달라진다. 낮게 비행하도록 고안된 전투기의 윗면은 종종 바닥면과 색조가 다른데, 이는 땅을 배경 삼아 색이 섞이길 기대해서다. 드론은 매우 낮게 나는 것이 많아서 높은 위치에 있는 관측자에게 파악될 가능성이 크다.

운동 또한 하나의 요소이다. 자연스러운 방식으로 움직이는 물체는 제자리 비행을 하거나 갑자기 방향을 바꾸거나, 갑작스레 움직이는 것보다 무시당하기 쉽다. 어떤 배경 앞에서는 제자리 비행이 드론을 감출 수 있게 한다. 어느 정도 거리 이상 멀리서 줄지어 선 나무나 언덕 앞에서 제자리 비행을 하고 있는 헬리콥터나 드론을 발견하기란 매우 어렵다. 그러나 드론이 다시 움직이기 시작하면 바로 눈에 띌 것이다.

열 특성은 뿜어내는 열의 양에 의해 결정되며 적외선 방출을 볼 수 있는 장치가 있는 경우에만 관련이 있다. 맨눈으로는 아지랑이가 발생하거나 실제 불꽃이 있는 경우에만 열 방출을 감지할 수 있지만 불꽃을 방출하는 드론은 이미 충분히 문제가 생긴 상태다. 전기 모터가 장착된 소형 드론의 열 특성은 매우 작지만 더 큰 드론, 특히 연소 기관 또는 제트 엔진을 장착한 드론은 시야에 뚜렷이 잡힐 정도로 충분한 열을 방출한다.

대공 무기 중 일부는 열을 방출하는 곳으로 곧장 나아가지만, 드론 중에서 표적으로 추적될 만큼 많은 열을 내는 것은 거의 없고 미사일로 요격할만한 가치가 있는 것도 별로 없다. 열을 많이 생성하는 드론은 설계 특징으로 감출 수 있다. 예를 들어 엔진을 꼬리 날개 위에 올려놓으면 매우 뜨거운 제트 배출구와 드론 아래에 있을 가능성이 높은 대부분의 관찰자 사이에 차가운 표면이 형성된다. 또한 첨단 엔진은 이전 제품보다 열 배출을 줄이고 열을 매우 효과적으로 소멸시켜 열 특성을 줄인다.

소리 특성은 드론에서 발생하는 소음의 양에 따라 결정된다. 프로펠러가 약간의 소음을 내고 근처에서 들릴 수는 있지만 전기 구동 드론은 사실상 조용하다. 연소 기관을 사용하는 드론은 소음이 많지만 기술 발전으로 조용하게 작동하는 엔진이 생겨났다. 초기의 드론은 잔디 깎는 기계와 같은 소음을 내며 하늘에 떠 있어 마치 자신의 존재를 광고하는 것과 같았다.

전자기파 특성은 드론이 만들어내는 활성 방출량에 따라 달라진다. 무선 신호, 레이더 방사 따위는 상당한 거리에서도 적절한 장비면 어느 것이나 탐지할 수 있다. 드론은 가능한 한 저출력 방사를 사용하고 송신을 최소로 제한하여 이에 대응할 수 있다. 최근에는 저(低) 피탐지(low-probability-intercept, LPI) 레이더 장비가 개발되어 드론 또는 다른 비행체의 위치가 들통 나지 않으면서 능동형 레이더를 사용할 수 있게 되었다.

전자기파 방출의 수준과 양을 줄이는 것은 무선 중계기 역할 또는 능동형 전파방해 장치를 갖춘 전자전용 비행체 역할을 하는 드론에게는 가능하지 않다. 이처럼 명확한 특징은 어렵지 않게 감지될 수 있지만 대부분의 응용 분야에서는 드론의 전자기파 특성을 최소한으로 유지하는 것이 가능하다.

레이더 반사 단면적은 항공기 또는 드론이 레이더에 얼마나 탐지될 수 있는지를 측정하는 지표다. 보통 드론의 크기가 작으면 레이더 반사 단면적이 작지만 다른 고려 사항도 있다. 전자기파 방사(예를 들어 레이더 신호)를 반사하는 물질에는 대부분의 금속이 포함된다. 도자기, 탄소 섬유 또는 목재와 같은 천연 재료를 많이 사용하는 드론은 금속으로 구성된 것보다 레이더 반사 단면적이 더 작다.

날카로운 모서리와 넓고 평평한 표면 역시 레이더 에너지를 잘 반사해 탐지기에 쉽게 감지된다. 따라서 스텔스 드론은 레이더 에너지가 탐지기로 곧장 되돌아가지 않고 산란되도록 꺾인, 둥근 표면과 부품을 사용한다. 이것은 탐지 가능성을 제거할 수는 없지만 탐지기에 수집되는 에너지의 양을 줄임으로써 드론이 아주 가까이에 있을 때만 탐지되고 추적되도록 한다.

스텔스 드론

전술한 모든 기술이 결합되어 잘 탐지되지 않고 추적되지 않는 스텔스 드론이 만들어진다. 스텔스 드론은 적용 분야가 많다. 드론이 탐지되지 않아서 공격당하지 않는 것도 중요하지만 때로는 적군이 자신이 관측되고 있는지 모르게 하는 것도 중요하다. 탐지 행위가 국제적인 논란으로 이어질 수 있는 지역, 또는 유인 항공기로 작전하기에 너무 위험한 지역이라면 스텔스 드론을 투입할 수 있다. 스텔스 설계는 주로 대형 드론과 관련이 있다. 손으로 발사하는 작은 유형의 드론은 직접적인 관측 말고는 거의 탐지되지 않는다. 또 스텔스 설계는 항상 공기 역학적이지도 않고 비용 효과가 있는 것도 아니므로 작은 드론은 대개 스텔스 기능이 유용할지라도 이를 사용하지 않는 경우가 많다.

미사일과 폭탄

미사일은 대체로 평균적인 드론에 비해 상당히 크고 무거워서 미사일을 들어 올릴 수 있는 충분한 출력을 가진 대형 기종만 탑재할 수 있다. AGM-114 헬파이어

ㅓ: 코락스(또는 레이븐) 무인 항공기는 '스텔스 드론'이라고 불려왔다. 저시인성(低視認性) 기술을 갖추고 감시 및 정찰 역할을 위해 설계
된 것처럼 보인다. 그러나 일부 관측통들은 이 무인 항공기는 다른 날개를 달면 초고속 침투 및 타격 항공기로 변환될 수 있다고 말해왔다.

Hellfire) 미사일은 프레데터와 리퍼 드론을 포함한 다양한 비행체에서 전개할 수 있다. 이 미사일은 헬리콥터나 유사한 비행체에서 탱크나 벙커와 같은 이동형 또는 소형 표적을 향해 발사하는 정밀 유도 무기로 개발되었다.

대부분의 헬파이어 변형 모델은 레이저로 유도되고 레이저 지시기가 표적을 계속 가리킬 수 있는 한 높은 수준의 정밀도를 보여 준다. 모든 반 능동형 유도 시스템과 마찬가지로 미사일 자체는 레이더나 그와 유사한 빛을 방출하지 않고, 레이저는 탐지되지 않기 때문에 표적이 적시에 피할 가능성을 줄인다. 하지만 레이저는 연기나 안개에 가로 막힐 수 있다. 레이더 유도 버전

위 : GM-114 헬파이어 미사일은 전투 헬리콥터에 탑재하여 대전차 무기로 사용하기 위해 개발되었다. 레이저 유도 기능을 통해 정밀도가 매우 높기 때문에 다양한 표적을 타격하는데 적합하다. 헬파이어 미사일은 중요한 반군 요원을 '공중 암살'하는데 사용되었다.

을 사용할 수 있지만 드론에서는 사용되지 않는다. 이 모델의 미래 버전은 레이더와 기타 유도 장치가 포함된 다중 모드 탐색기를 사용할 수 있을 것이다.

헬파이어 미사일은 임무에 따라 다양한 탄두를 탑재할 수 있다. 초기 버전들은 전차 파괴용에 적합했지만 현대의 전투 공간에서 다른 표적 또한 충분히 뛰어나게 타격할 수 있다. 대전차 탄두는 두꺼운 철갑을 관통할 수 있도록 매우 집약된 장약을 사용하는 반면에 다른 표적에는 다른 탄두 효과가 필요하다. 대인 및 '취약 표적'을 공격할 경우 폭발 반경이 더 큰 것이 바람직하다. 이것은 관통력을 줄이는 대신 피폭 범위를 늘린다.

브림스톤(Brimstone) 미사일은 헬파이어 미사일에서 개발되었는데 레이저와 레이더 유도장치 둘 다 갖춘 다중 탐색기를 사용한다. 유도 모드를 조합하면 방비책에 대한 무기 저항력이 훨씬 더 커진다. 레이더는 레이저를 차단하는 연기를 뚫고 표적을 볼 수 있으며, 레이저는 전자적인 방비책에 교란되지 않기 때문이다. 브림스톤 미사일은 MQ-9 리퍼 드론에서 성공적으로 발사되어 빠르게 움직이는 지상의 표적도 타격할 수 있음을 보여주었다.

AGM-176 그리핀(Griffin) 미사일은 작고 저렴하지만 정밀한 무기가 매우 중요한 역할을 하는 현대의 전투

: 브림스톤 미사일은 AGM-114 헬파이어에서 개발된 버전으로 시작되었지만 거의 완전히 새롭게 설계되었다. 원래는 해리어(Harrier) 같은 항공기에 맞도록 설계되었지만 이제는 더 이상 사용되지 않고 다양한 비행체에서 전개할 수 있다.

-9 리퍼에서 레이저 유도 미사일 발사

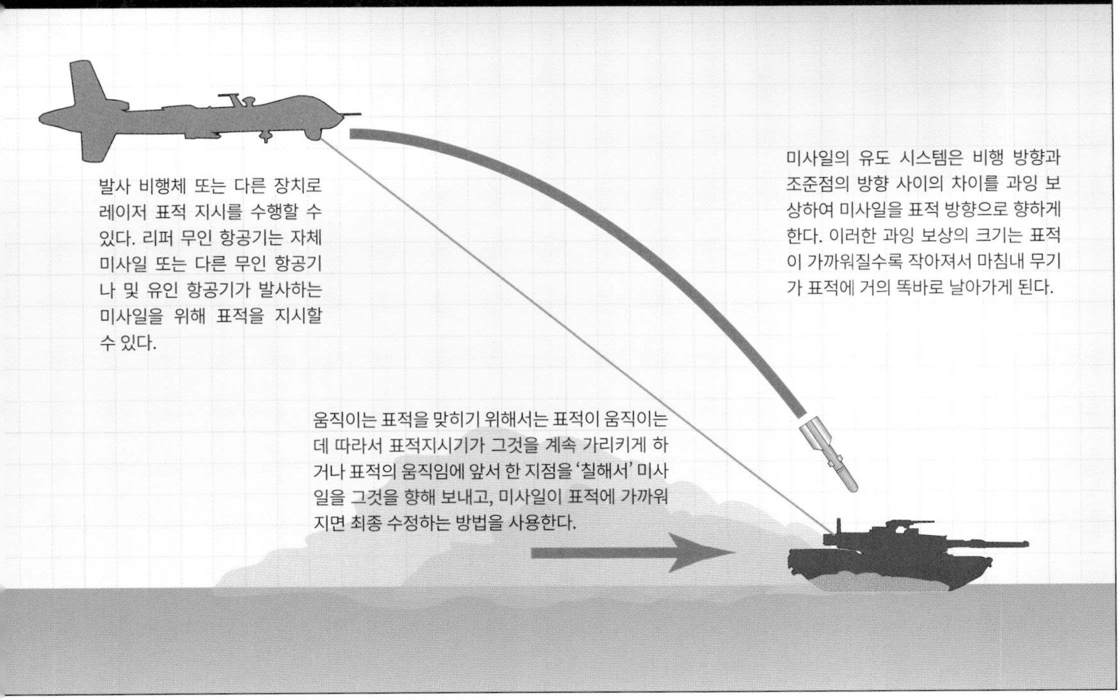

발사 비행체 또는 다른 장치로 레이저 표적 지시를 수행할 수 있다. 리퍼 무인 항공기는 자체 미사일 또는 다른 무인 항공기나 및 유인 항공기가 발사하는 미사일을 위해 표적을 지시할 수 있다.
미사일의 유도 시스템은 비행 방향과 조준점의 방향 사이의 차이를 과잉 보상하여 미사일을 표적 방향으로 향하게 한다. 이러한 과잉 보상의 크기는 표적이 가까워질수록 작아져서 마침내 무기가 표적에 거의 똑바로 날아가게 된다.
움직이는 표적을 맞히기 위해서는 표적이 움직이는 데 따라서 표적지시기가 그것을 계속 가리키게 하거나 표적의 움직임에 앞서 한 지점을 '칠해서' 미사일을 그것을 향해 보내고, 미사일이 표적에 가까워지면 최종 수정하는 방법을 사용한다.

조건에 맞게 개발되었다. 재블린(Javelin) 대전차 미사일과 사이드와인더 공대공 미사일 같은 다른 시스템의 부품을 사용하여 원가를 줄였다. 그리핀은 수송기, 헬리콥터뿐만 아니라 MQ-9 리퍼와 같은 무인 항공기 등 다양한 비행체에서 발사할 수 있다.

비록 그 탄두는 작지만, AGM-176 그리핀 미사일은 뛰어난 정밀도와 다양한 표적에 사용할 수 있는 다중 효과 탄두(후기 모델에서 채택)로 그 약점을 보강했다. 그리핀 미사일은 레이저와 열 탐색을 결합한 이중 모드 유도장치를 사용하며, 더 큰 헬파이어 미사일 시스템에 필적하는 항속 거리를 가지고 있다.

공대공 미사일 또한 드론, 특별히 프레데터에 탑재되어 왔다. 실전에서 입증된 FIM-92 스팅어 미사일은 이라크에서 운용되는 프레데터 드론의 방어용 무기로 채택되었다. 가벼운 무게로 인기를 끌었으며, 헬리콥터에서 보병의 어깨에 이르기까지 다양한 플랫폼에서 효과적으로 발사됨을 입증했다.

스팅어 미사일

스팅어(Stinger) 미사일은 적외선 추적 장치를 사용하여 표적을 공격하는 단거리 무기이며 발사 후에는 자체 유도되는 미사일로 드론 기술과 쉽게 통합할 수 있다. 이 미사일은 일단 표적을 겨냥해서 활성화되면 드론으로부터 표적 정보를 받을 필요가 없다. 그러나 스팅어 미사일은 적 전투기에 대해서는 효과적이지 않다고 드러났다. 효과적인 대공 기지를 구축하려면 신속하게 움직이며 발사 위치를 파악할 수 있는 드론을 배치해야 하는데, 아직은 쉽지 않은 과제다.

그럼에도 여전히 드론에서 발사하는 공대공 미사일의 잠재적인 용도가 있다. 헬리콥터와 적의 대형 드론 또는 예를 들어 수송기와 같이 느린 속도로 움직이는 항공기 따위는 드론에서 발사한 스팅어 미사일로 타격할 수 있으므로, 적의 항공 작전을 방해할 목적으로 동식 '스팅어 매복' 전술을 사용할 가능성은 있다.

스팅어 매복은 일반적으로 어깨에 올려 발사하는 팅어 미사일(또는 다른 지대공 무기)로 무장한 요원을 항공기의 비행경로, 이상적으로는 이착륙중인 항공기를 겨냥할 수 있는 비행 기지의 지근거리에 배치하는 방식으로 이루어진다. 이처럼 인원을 배치하려면 상당한 노력과 위험이 요구되지만 일단 가능하게 되면 주요 표적을 급습하고 고성능 전투기를 격추시킬 절호의 기회가 생기는 셈이다.

스팅어 미사일과 같은 경량의 대공 미사일은 타격 범위가 제한되어 비행 고도가 높은 항공기를 겨냥하기 어렵다. 대다수 고속 제트기가 이 미사일을 노련하게 피

아래 : AGM-176 그리핀은 작고 가볍고, 정확한 공격이 가능한 무기여서 무인 항공기 작전에 매우 적합하다. 그리핀은 탄두가 작아서 그것이 손상시킬 수 있는 양이 제한적이다. 이것은 실제로 중립적인 사람들 사이에 있거나 아군에 가까이 있는 적군을 표적으로 할 때 좋은 점이다.

수 있다. 하지만 활주로에서 막 이륙한 전투기라면 행 속도가 빠르지 않아 이 미사일에 취약하다. 이런 유에서 드론 기술로 지상에서 도달할 수 없는 지역의 기를 스팅어 미사일로 공격하는데 사용할 수 있다.

리퍼 드론은 AIM-9 사이드와인더 공대공 미사일을 재할 수 있다. 이것은 잘 입증된 또 다른 무기 시스 으로, 1956년에 처음 운항을 시작한 이래로 여러 버 이 도입되었다. 사이드와인더 미사일은 적외선 또는 이더로 유도할 수 있으며 헬리콥터에 탑재되어 성공 으로 사용되었다. 후자의 역할에 대한 경험에 따르 상대적으로 성능이 낮은 비행체에 탑재된 공대공 미 일은 주로 고속 제트기가 아니라 비슷한 성능의 표적에 유용하다. 그러나 사이드와인더 미사일은 정면 각도를 포함하여 모든 측면 각도에서 항공기를 추적할 수 있는 능력이 있어 전투기에 대해서 어느 정도 능력을 보인다.

드론도 폭탄을 투하할 수 있지만, 탑재할 수 있는 폭탄의 크기는 그 드론의 양력에 의해 제한된다. 리퍼 드론은 227kg 탄두를 사용하는 GBU-12 페이브웨이 레이저 유도 폭탄을 실을 수 있다. 이것은 전투기 기준으로는 작지만 드론의 공격 대상이 될만한 표적을 파괴하기에는 충분하다. 레이저 유도는 정확도가 높아서 유도되지 않은 '철제' 폭탄에 비해 작은 탄두를 훨씬 효율적인 무기로 만든다. 비전투원에 근접한 적을 정밀 타격

래 : 스팅어 미사일이 사람이 휴대할 수 있는 구성에서 매우 효과적이란 것은 증명되었고, 스팅어로 무장한 무인 항공기 실험이 이루어 다. 이것으로 무인 전투기를 만들지는 않았지만 자기 방어의 가능성이나 무인 항공기와 같은 지역에서 작전을 수행하는 적 헬리콥터를 격할 수 있는 가능성을 제공한다.

할 경우, 또는 지상 아군을 근접 지원하려는 경우, 작은 탄두가 더 큰 효과를 발휘한다. 오늘날의 전투 공간에서는 이처럼 작을수록 더 나을 때가 있다.

GBU-38 폭탄

GBU-38 폭탄은 GBU-12와 마찬가지로 Mk82 227kg (500파운드) 폭탄에서부터 개발되었다. 그렇지만 레이저 유도 장치가 아니라 폭탄이 발사되면 GPS 유도가 가능한 합동 정밀 직격탄(Joint Direct Attack Munition, JDAM)의 유도 장치가 장착되어 있다. GPS 유도는 레이저 유도 무기보다는 정확도가 약간 떨어지지만 레이저를 표적에 겨냥할 필요가 없다. 이 무기는 발사 후 자신이 어디에 있는지를 알려주는 GPS 신호 이외에는 다른 유도가 필요 없다.

일부 드론은 대형 폭탄을 탑재할 수 있는데 그 중에는 여러 해 동안 운용된 Mk83 454kg 폭탄을 기반으로 한 GBU-16도 포함된다. 타격 항공기 기준으로는 대단하지 않지만, 이 폭탄은 대부분의 표적을 파괴할 수 있는 강력한 무기다.

사실 최근 몇 년 동안 소수의 무거운 폭탄보다 다수의 가벼운 폭탄으로 주력이 이동해 왔다. 그 이유는 무엇보다 현대 전쟁에서 주 타격 대상이 큰 탄두를 필요로 하지 않는 종류이기 때문이다. 454kg 폭탄을 소규모 무장 반군 집단이나 기관총으로 무장한 가벼운 비장갑 차량에 쓰는 일은 낭비다. 게다가 이런 표적은 우군이나 민간인에게 근접할 수 있으므로 민간인 사상자를

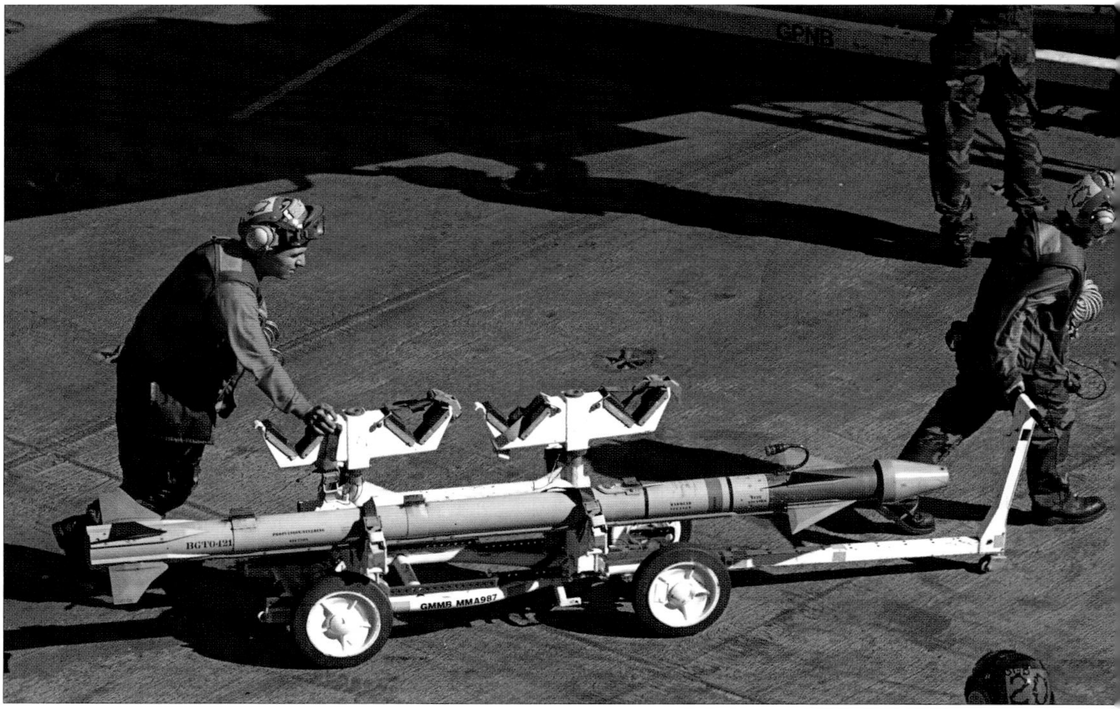

위 : AIM-9 사이드와인더는 본래 지대공 미사일이었던 스팅어와 달리 공대공 미사일로 개발되었다. 최신 모델의 사이드와인더는 발사 행체가 표적을 겨냥할 필요가 없다. 이론적으로는 사이드와인더로 무장한 무인 항공기가 공중을 배회하다가 지나가는 적기를 매복 공격할 수 있다.

▌: GBU-12는 500파운드(227kg) 폭탄이며 레이저를 사용하고, 최근 모델에서는 GPS 유도를 사용한다. 이 탄두의 크기는 대부분의 타격 ;공기에 탑재하여 사용하는 탄두 중에서 가장 작지만, 무인 항공기에 탑재할 수 있는 폭탄 중에서는 대표적인 대형 폭탄이다. 훌륭한 유도 ;치를 갖추고 있다면 이 탄두는 대부분의 과제를 충분히 수행한다.

할 수 있도록 고안된 작은 무기가 바람직하다.

이러한 이유에서 항공기가 더 많은 폭탄을 탑재할 수 있도록 GBU-39 소직경 폭탄이 개발되었다. GBU-39 에도 처음에는 GPS 유도 장치가 장착되었지만 열, 레 이더 및 레이저 유도 시스템이나 이 세 가지를 모두 결 합한 다중 모드 탐색기와 같은 다른 탐색기를 설치할 수도 있다. GBU-39는 110kg 탄두를 가지고 있는데, 이 는 대부분의 임무에서 필요한 양보다 크다. 크기가 작 고 무게가 가볍기 때문에 드론 작전에 매우 적합하다.

GBU-44 바이퍼 스트라이크(Viper Strike) 폭탄은 kg 탄두가 실린 아주 작은 폭탄이다. 손상의 양은 제 한적인데 이것은 상황에 따라 좋기도 하고 나쁘기도 하 다. 더 큰 폭발 효과가 필요한 경우 더 무거운 무기를 사용할 수 있지만, 피해를 입히면 안 되는 사람이나 재산과 가까이 있는 작은 표적을 정확하게 공격하려면 소형 무기를 사용하는 편이 유리하기 때문에 드론 운용자에게는 새로운 가능성이 생긴 셈이다.

바이퍼 스트라이크 폭탄은 대장갑차 무기로 개발되었으며, 효과가 있으려면 정의대로 정밀도가 매우 높아야한다. 이 폭탄은 탠덤 탄두를 사용할 수 있다. 즉 첨단 장갑차를 물리치기 위해 하나의 탄두에 두 개의 장약을 채워 빠르게 연속 폭발할 수 있다. 그리고 '근접 위험' 반경이 50m이다. 말하자면, 바이퍼 스트라이크 폭탄은 아군을 위험하게 하지 않으면서 아군으로부터 50m 떨어진 표적을 자신 있게 타격할 수 있다는 뜻이다.

바이퍼 스트라이크 폭탄을 사용하는 드론 공격은

위 : GBU-12와 마찬가지로 GBU-38 폭탄은 Mk82 범용 227kg(500파운드) 폭탄을 기반으로 하고 있다. 이것은 GPS 유도 폭탄으로 비전투원과 근접한 표적에 대해 사용할 수 있을 만큼 정밀도가 충분히 높다. GPS는 레이저 유도보다 정확도가 다소 떨어지지만 폭탄이 투하된 후에는 더 이상의 조치가 필요하지 않다.

GPS와 레이저 지시기를 사용하여 1m 표적 안에 탄두를 넣을 수 있다. 이 무기는 파편 분산과 폭발로 인한 피해는 줄이면서 표적의 피해를 최대화하도록 설계되었다. 보도에 의하면 바이퍼 스트라이크 폭탄은 도심 지형에서 타격 지점에서 16m 이상 떨어진 곳에는 어떤 피해도 입히지 않을 것이라고 한다.

드론에서 발사한 폭탄은 빠르게 움직이는 항공기에서 떨어뜨린 폭탄과 동일한 타격 범위를 가지지 않는다. 이는 부분적으로 드론이 일반적으로 더 낮은 고도에서 운항하기 때문이고, 다른 한편 빠르게 상승하면서 발사하여 '목표물을 정확히 타격'하는데 필요한 속도를 확보할 수 없기 때문이다. 하지만 드론이 발사한 폭탄은 항공기 못지않은 정확도와 효력을 발휘하며, 만일 드론이 그 지역에 준비되어 있다면 더 빨리 이용할 수 있다.

기타 무기 시스템

다른 무기 시스템도 종내 드론에 설치할 수 있을 것이다. 전통적인 다연장 로켓(multiple-launch rocket) 적재 공간(포드)의 레이저 유도 버전은 오랫동안 헬리콥터와 항공기로 지상 공격을 하기 위한 표준 무기였는데, 한동안 사용되어 오다가 지금은 항공기의 확장 배열에 탑재되도록 재구성되었다.

그래서 유도 로켓 포드는 가까운 장래에 드론의 무기 시스템이 될 수 있지만, 유도되지 않는 로켓의 경우 아마도 비용 대비 효율성이 떨어지거나 그게 아니라도 대부분의 드론 작전 수행 환경에 적합하지 않을 것이다. 유도되지 않는 로켓은 정의대로 상당히 무분별하고, 넓은 지역을 맹폭하는 데 가장 적합하다. 이것은 물론 대규모 전투에서 효과적이지만, 대부분의 드론 작전에서는 민간인 피해를 피하기 위해 더욱 정밀한 타격이 필요하다. 게다가 드론은 적재 가능한 중량이 제한적이므로 탑재할 수 있는 무기를 최대한 활용하는 것이 바람직하다. 유도장치는 로켓 당 효율성을 증대할 수 있는데 이것은 매우 중요한 고려 사항이다.

앞으로 기총 포드가 드론에 탑재될 가능성도 있다. 독립적인 기총 포드가 일부 항공기에 탑재되어 있으므로 이 기술이 드론 운용에 적용될 수 있다. 날개 아래 기총을 넣을 수 있는 포드가 달린 드론이 목격된 적이 있다. 그것은 연료 탱크일 수도 있고, 무기가 아니라 장비를 탑재한 것일 수도 있다. 무기를 넣을 수 있다면 똑같이 미사일이 될 수도 있다. 그러나 그 포드는 경우에 따라서는 항공기의 기총 시스템에 사용되는 것과 유사하게 보이는데 이때는 기총으로 무장한 드론이 비행 중이라 판단할 수 있다.

그렇지만 기총으로 무장한 드론이 얼마나 많이 사용될지는 의문이다. 대부분의 드론은 방향 조종이 쉽지 않고, 실질적 효과가 있도록 표적에 기총을 가져가기가 어렵다. 유도 무기가 드론의 적용 분야로 훨씬 설득력 있다. 유도 무기는 발사 지점까지 운반하기만 하면 다루기 힘든 드론을 표적에 계속 고정시키지 않아도 제 길을 따라 보낼 수 있기 때문이다. 물론 같은 노력을 들일 경우 폭탄과 미사일이 훨씬 더 효과적이지만, 때로는 드론이 사람을 대상으로 기총 소사를 퍼부을 경우 적군에 미칠 심리 효과가 중요할 수도 있다.

가까운 미래에는 드론의 무기 시스템은 주로 지상의 정밀 표적을 대상으로 하는 소형 폭탄과 경량 미사일에 국한될 것이다. 중폭격이나 공대공 전투는 이미 전투기가 잘 수행하고 있다. 드론이 이 분야에서 유인 항공기를 대체할 수 있으려면 그 전에 자신의 확실한 장점을 입증해야 할 것이다.

아래 : 헬리콥터에서 발사하는 로켓은 수십 년 동안 사용되어 왔지만 최근까지는 좀 정확하지 못했다. 레이저 유도를 추가하여 원래는 맹폭하는 무기였던 것을 특정한 표적을, 설령 그것이 움직이고 있더라도 타격할 수 있는 장치로 바꾸었다.

전투 드론

전투 드론, 즉 센서 패키지뿐만 아니라 무기를 전개할 수 있는 능력을 갖춘 드론은 빈번히 뉴스거리를 제공하며, 같은 이유로 가장 많은 논란을 일으킨다. 세계 각지 전투 지역에서 드론의 역할은 확대 일로를 걷고 있어 '드론 공격'에 대해서 듣는 것이 '공습'을 듣는 것만큼 익숙할 정도가 되었다. 실제로 일부 사람들은 이미 이 용어를 서로 바꾸어 쓰기도 한다.

위 : 중국의 익룡 무인 항공기는 이미 비행 중인 MQ-1 프레데터 드론을 기반으로 했거나 적어도 영향을 받았을 것으로 보인다. 미국은 특정 기술의 수출에 엄격한 제한을 두고 있지만, 중국의 덜 엄격한 규제로 인해 많은 사용자가 이 드론을 구할 수 있게 될 지도 모른다.

공습을 위한 드론 사용이 새로운 개념은 아니지만 필요한 기술을 개발하는 데 여러 해가 걸렸다. 그 길을 따라 오면서 수많은 실험용 항공기가 부서져야 했고, 오늘날, 외국 세력이 기존 디자인을 복사할 수 있는 정도가 되었어도 여전히 막다른 골목에 다다르기도 하고 극복해야 할 개발 과제가 남아있다.

2011년 RQ-1 프레데터를 놀랍게 닮은 중국의 드론이 알 수 없는 이유로 추락했다. 익룡이라고 명명된 이

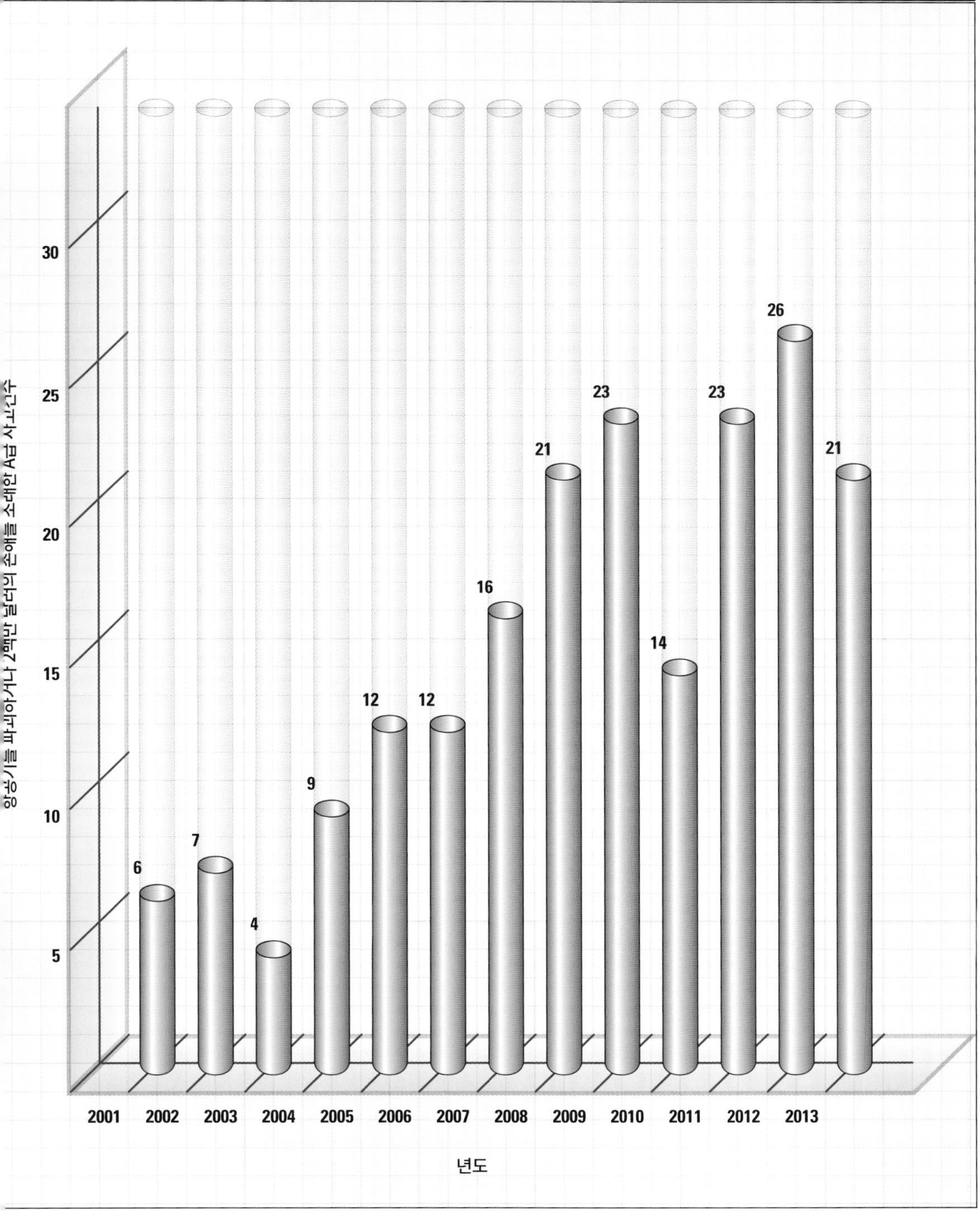

군용 드론 추락사고 (출처 : 워싱턴 포스트)
30
25
20
15
10
5
6
7
4
9
12
12
16
21
23
14
23
26
21
2001
2002
2003
2004
2005
2006
2007
2008
2009
2010
2011
2012
2013
년도

위 : RQ-2B 파이오니어는 1980년대 중반부터 사용되었다. 많은 사람이 상상하는 것보다 훨씬 오래되었다. 미국과 다른 장기 무인 항공기 운영자들은 이런 초기 드론을 사용하면서 상당한 경험을 얻었지만, 새로운 운영자는 처음부터 시작하여 값비싼 실수를 저지르기 쉽다

드론은 성공한 프레데터를 기반으로 제작된 것으로 보이고 실제 그와 비슷한 역할을 맡을 것이었다. 신기술 개발에서 중요한 고려 사항은 할 수 있는 것과 할 수 없는 것을 판단하는 것이다. 프레데터가 그러한 설계로 가능한 것이 무엇인지 보여 주었으므로 중국 개발팀에게는 그 일이 다소 쉬워보였을 것이다.

그처럼 유리한 출발에도 불구하고 전투용 드론을 만드는 과정은 복잡했고 항상 계획대로 되지는 않았다. 추락현장이 급히 폐쇄되고 잔해가 제거되었으므로 2011년의 추락에 대한 세부 정보는 거의 없지만 문제는 항공기의 결함이나 운용자의 잘못 때문일 것으로 보인다.

이것은 '빌린' 기술이 실제로 도움이 되지 못한 경우다. 멀리 떨어진 지상 통제소에서 무인 항공기를 운전하는 것은 새로 노력해야 하는 분야이고, 그 과정에서 배워야 할 규칙이 있다. 미국이나 다른 드론 운영자들은 조작 실수로 인해, 또는 개발 당시에는 정상적으로 보였지만 개발 과정에서 발생한 예기치 않은 문제로 인해 드론 시장 점유율을 잃었다.

미국의 어떤 드론은 한 제어반에서 다른 제어반으로 관제 이관할 때 운용자가 점검 사항 목록을 지키지 않아서 추락했다. 그 결과 드론의 전자 제어장치가 작동을 멈추었고 다시는 가동되지 않았다. 이와 같은 사고는 이상적인 세계라면 예상하거나 피할 수 있겠지만 현실에서는 예견하지 못한 사건이 불가피하게 발생한다. 경험은 실제 드론 조종을 통해서만 얻을 수 있으며 때문에 나라마다 약간의 차이는 있지만 대부분 거의 출발점에서 시작해야 한다.

작은 드론에 비해 전투 능력을 갖춘 대형 드론이 가진 주된 이점은 당연히 효과적인 공격 능력이다. 그러

자면 가격이 높아지고 크기의 부담이 가중된다는 대가를 치러야 한다. 다양한 임무를 수행할 수 있는 작은 드론의 이점이 적은 수의 강력한 드론의 능력보다 덜 중요할 수 있지만 반대로 아주 많은 작은 드론이 매우 강력한 몇 대의 드론보다 더 큰 강점을 지닐 수도 있다. 어느 경우든 드론은 다양한 방법으로 사용할 수 있지만 공통적으로 필요한 것은 정찰 능력이다. 이 일은 작고 저렴한 드론으로 수행할 수 있는데 만일 예산상의 제약으로 인해 드론의 숫자가 부족해진다면 일부 지역에서는 정찰 능력이 크게 감소할 것이다.

그러므로 대형 다목적 드론 구입을 결정하기란 언뜻 보기보다 그리 간단하지 않다. 기술 및 물류 관점 모두에서 더 높은 수준의 지원이 필요하고 많은 사용자는 무기 제공 능력이 추가 비용만큼 가치가 있다는 것을 모를 수도 있다.

하지만 전투 가능한 드론은 도입할 여유가 있는 사용자에게 많은 이점을 제공한다. 이런 드론은 꽤 큰 계기 패키지를 탑재할 수 있으므로 넓은 지역에 걸쳐 광범위한 자료를 수집할 수 있으며, 기지에서 매우 먼 거리까지 운항할 수 있다. 장거리 드론은 비록 무기로 사용되는 것이 뉴스거리가 되지만, 대부분의 경우 공중에서 한 지역을 감시하는데 많은 시간을 보낸다. 이것은 중요하나 일상적인 일이고, 무언가 잘못되거나 논란거리가 생긴 경우에만 보고되는 사실이다.

이 등급의 드론을 운용할 때 얻을 수 있는 최대 장점은 체공 시간이 매우 긴 정찰 및 감시 자산이라는 데 있다. 그런데 이처럼 비싸지만 소모성 자산인 드론을 지상군 지원 용도로 위험 지역에 투입할 경우, 그 능력이 매우 유용하게 쓰일 때가 있다. 지나치게 위험해 헬리콥터나 타격 항공기의 투입이 망설여지는 지역일 경우, 드론을 통한 임무 수행은 생명을 위협하지 않기 때문이다. 그 비용은 상당하지만, 드론을 사용한다는 것은 위험한 지원 임무에 조종사를 애써 투입하거나 지상군을 지원 없이 보내지 않아도 됨을 의미한다.

RQ-1 / MQ-1 프레데터

전투용 드론으로 가장 유명한 기종일 프레데터는 1994년에 비행을 시작했고 1997년에 생산에 들어갔다. 제네럴 아토믹스 에어로노티컬 시스템(General Atomics Aeronautical Systems)사가 개발하고 만든 프레데터는 처음에는 RQ-1(정찰(Reconnaissance)의 R과 및 무인 항공기를 가리키는 Q)으로 명명되었지만, 나중에 다기능 능력을 반영하기 위해 MQ-1로 다시 명명되었다. 프레데터는 공식적으로 중고도 장시간 체공(종종 MALE로 약칭함) 무인 항공기로 간주된다.

프레데터 드론은 로택스사의 101마력(75kW) 4행정 내연기관을 사용하는데 스노모빌의 양날개 '추진' 프로펠러에 동력을 공급하는 데 사용되는 엔진과 유사한 종류이다. 적절하게 조용한 엔진을 개발하는 것은 군용 드론을 만드는 과정에서 직면한 어려움 중 하나였지만, 프레데터는 이를 충분히 극복해냈기 때문에 상대적으로 조용한 드론이 되었다.

엔진은 특유의 아래로 비스듬한 꼬리 날개와 아래쪽을 향한 방향타와 함께 항공기의 뒷부분에 위치한다. 날개는 직선형이고 날개 앞뒤 모서리는 티타늄으로 만들었다. 높은 고도에서 착빙이 생기는 초기 문제는 날개 표면에 에틸렌글리콜(부동액)이 끊임없이 '흘러나오는' 많은 작은 구멍이 있는 '젖은 날개' 형상을 구현하여 해결하였다.

프레데터는 드론으로서는 상당히 큰 편이지만 고급 복합 소재를 사용하여 무게를 줄였다. 주요 동체는 케블라 섬유에 접착된 탄소 섬유와 석영 섬유를 사용하고 프레임은 탄소 섬유와 알루미늄으로 구성된다.

내부 전자 장치를 보면 드론의 엔진으로 구동되는 교

위 : RQ-1 프레데터 드론은 1990년대 발칸 전쟁 동안 600개 이상의 임무 비행을 수행했으며, 아프가니스탄과 이라크에서 매우 활발하게 활동했다. 대부분의 활동은 보도되지 않는다. '드론 공격'은 머리기사를 만들지만, 정보 수집과 정찰은 내내 아무도 모르게 진행된다. 이는 아마도 무인 항공기 작전의 핵심일 것이다.

류발전기는 전원을 공급하고 배터리는 예비로 사용한다. 외부 전원 공급 장치는 드론 시스템을 시동하는 데 사용되고, 드론이 연료를 사용하여 엔진이 작동하는 동안은 자체적으로 구동된다.

프레데터는 대부분의 센서 패키지를 항공기의 앞쪽에 탑재한다. 통신 안테나는 둥글납작한 동체 앞부분의 위쪽에 위치하고 합성 개구 레이더와 같은 다른 시스템은 아래쪽에 장착되어있다. 짐벌이 장착된 터릿은 카메라가 드론의 비행경로와 상관없이 어떤 방향으로도 향하게 할 수 있다.

수송할 때는 프레데터 무인 항공기를 분해하여 C-130 헤라클레스와 같은 수송기로 운반할 수 있다. 이제는 조종사가 프레데터가 출항하는 기지와 같은 기지에 있을 필요는 없지만, 지상 통제소도 작전 구역으로 수송해야 한다. 배치 후 첫해는 전진 기지에서 기체를 제어하였지만 향상된 위성 통신이 출현하자 그럴 필요가 없어졌다.

제어 조작과 무인 항공기의 반응 사이의 심각한 지연 문제가 해결된 후에는 프레데터를 미국 본토에서 아프가니스탄 상공으로 날릴 수 있었다. 하지만 이륙 및 회수 팀은 임무 시작과 끝부분에서 여전히 필요하며 드론과 함께 배치되어야 한다. 일반적으로 프레데터 4대에 지상 통제소와 자료 분배 단말기 각각 하나씩을 배치한다.

일반적으로 프레데터의 지상 통제소는 조종사와 추가 운용자들을 위한 제어반을 갖춘 이동식 트레일러로 구성되어 있다. 프레데터의 센서로부터 얻은 정보를 즉각 이용하거나 전파하는 등 자료를 활용하고 임무를 계획하기 위해서 더 많은 제어반을 사용할 수도 있다. 이것으로 운전팀이 현재의 명령들을 수행하는 동안 팀의 일부가 새로운 단계의 임무를 설정하는 것이 가능하다.

MQ-1B 버전에는 초기 작전 중에서 많은 손실의 원인이었던 착빙 문제를 해결하는 것 외에도, 더 긴 날개와 터보차저 엔진, 여러 개선 사항과 약간의 공기 역학적 변화를 적용하였다. 미사일을 장착한 프레데터 드론을 이용한 실험은 1990년대 말에 이루어졌지만, 이 가

왼쪽 : 다른 항공기와 마찬가지로 프레데터도 정기적인 유지 보수와 손상을 입었을 때는 수리가 필요하다. 무인 항공기는 종종 매우 조야한 전진 기지에서 운용되고 이러한 상황에서는 때때로 손상이 불가피하다. 다행히 수리 시설은 대형 항공기가 필요한 것보다 더 간단할 수 있다.

아래 : 개선된 프레데터 B 모델은 발칸 지역에서 처음으로 작전 비행을 했다. 미 육군은 2005년에 스카이 워리어(Sky Warrior)로 이름이 붙여진 더 개발된 버전을 비행 거리를 연장한 다목적 무인 항공기 프로젝트의 일부로 선정했다. 스카이 워리어는 2000년대 후반에 처음으로 작전 배치되었다.

위 : '드론 암살' 임무의 가장 초기 표적 중 하나는 여기 알카에다 지도자 오사마 빈 라덴과 함께 찍힌 카에드 시난 알 하레티였다. 스텔스 드론의 공격은 지상군이 접근할 수 없고 소음이 큰 전통적인 항공기 공격은 피할 수도 있는 가치가 높은 표적에 대한 행동을 가능하게 한다.

아래 : 공격 가능한 무인 항공기를 만드는 것은 단순히 무기 장착대를 설치하고 표적 선정 소프트웨어를 설치하는 문제가 아니다. 무기는 무인 항공기의 다른 시스템과 통합되어야 하고, 또한 모든 점에서 안전한 작동을 고려해야 했다. 실무장한 채 착륙하는 일은 어떤 항공기도 항상 위험하다.

념이 작동할 수 있게 구현된 것은 2001년 9월 11일 미국에 대한 공격 이후였다.

2002년 11월, 프레데터 드론을 이용하여 알카에다 지도자인 카에드 시난 알 하레티 (Qaed Sinan alHarethi)를 태운 자동차 행렬에 헬파이어 미사일을 발사했다. 프레데터는 조용한 접근에 초음속 미사일을 이용한 매우 정확한 타격을 결합하여 이 역할에 매우 효과적이라는 것을 입증했다. 요약하면 프레데터 타격은 표적이 대응할 기회를 주지 않는 공중 발사 암살이었다.

프레데터의 헬파이어 레이저 유도 미사일 두 발은 적외선 카메라, 열화상 카메라와 레이저 지시기를 사용하여 표적 선정 정보를 제공하는 다중 스펙트럼 표적 선정 시스템(Multi-spectral Targeting System, MTS)이 유도하였다. 이것은 온도, 풍속 및 기타 환경 조건에 대한 자료와 결합하여 무인 항공기의 자체 무기에 사용할 수 있는 자세한 발포 조준 값을 만들거나 타격 항

▌: 일반 항공기와 마찬가지로 무인 항공기도 임무 중에 발생할 수 있는 손상이나 유지 관리 문제를 파악하기 위해 비행 후 검사가 필요하 ▌. 무인 항공기가 오랜 시간 비행하면 하늘에 떠 있는 내내 압력을 받게 되는 엔진 및 기타 부품이 소모된다.

제원 : RQ-1 / MQ-1 프레데터

길이 : 8.2m(27피트)
폭 : 14.8m(48피트 6인치)
높이 : 2.1m (6피트 9인치)
동력 장치 : 로택스 914 4기통, 4행정, 터보차저 엔진
최대 이륙 중량 : 1,020kg(2,249파운드)
최고 속도 : 129km/h(시속 80마일)
항속 거리 : 730km(454마일)
상승 한도 : 7,620m(25,000피트)
무장 : AGM-114 헬 파이어 레이저 유도 대전차 미사일 2발 또는 AIM-92 스팅어 단거리 대공 미사일 2발

}기 또는 유도 포병 무기와 같은 다른 비행체로 전달 할 수 있다.

프레데터의 표준 전자 장치 패키지에는 전방 관측 적 외선 장비, TV 카메라 및 합성 개구 레이더가 포함된 다. 전방 관측 카메라는 주로 1인칭 시점(First-Person View, FPV)을 사용하여 무인 항공기를 비행하는 조종 사가 사용한다. 모든 전방 카메라를 사용하여 완전한 동영상을 얻을 수 있다.

또한, 프레데터는 당면 과제에 맞춘 다른 전자 장비 패키지를 탑재할 수 있다. 여기에는 추가 카메라와 신호 정보(SIGINT)와 같이 다른 임무에 맞춘 유사한 센서 또는 패키지가 포함되어있어 프레데터가 적의 무선 통신을 도청하여 기지로 전달할 수 있다.

임무에서 프레데터 드론을 처음 인정한 것은 미 육군

이었지만 프레데터는 미 공군이 운용한다. 프레데터 드론은 발칸 지역, 아프가니스탄, 이라크 및 주변 영토를 포함한 다양한 무대에서 활동해왔다. 타격하고 정찰하는 것 외에도 어떤 프레데터 드론은 적의 방공 무기의 위치를 찾기 위해 유인용으로 사용되었다.

2005년에 허리케인 '카트리나'가 미국 남동부를 강타하였을 때 프레데터를 이용하여 재난 구조 작전을 지원하기 위해 사용 허가를 요청하였지만 미국 전역에 발효 중인 무인 항공기 운용 규제로 인해 사용할 수 없었다. 2006년에 일부 상황에서는 드론이 미국 영공에서 운항할 수 있도록 허용되었지만 여전히 제한이 있다. 군사용 프레데터 드론은 수색 및 구조 작업 및 화재 감시 지원에 사용되었으며, 일부는 새로운 시스템 개발을 위한 시험대로 사용되었다.

마지막 프레데터가 미 공군에 전달되었지만, 당분간 계속 활동할 것이며 다른 군에서도 운용되고 있다. 비군사용 프레데터 드론은 정부 및 법 집행 기관이 순찰하기 어려운 국경 및 기타 개방된 지역을 감시하는 데 사용된다.

MQ-9 리퍼

MQ-9 리퍼 드론은 2005년 프레데터 B 모델의 변형 기종으로 개발되기 시작했고, 당시에는 스카이 워리어(Sky Warrior)라 명명되었다. 미 육군은 장거리 다기능 무인 항공기에 관심이 있었고, 반면 미국 국토안보부와 연방 세관·국경보호국은 순찰 작업을 위해 무인 항공기를 원했다. 후자에게 무기는 고려사항이 아니었다. 같은 기간 MQ-9 리퍼 공격용 드론 시스템의 설계 및 개발 계약이 체결되었다.

초기의 스카이 워리어 드론은 2008년 이라크에 배치되어 운용되었고, 같은 해 미 공군은 아프가니스탄에서 MQ-9 리퍼를 운용하기 시작했다. 미 공군은 2007년에

아래 : 프레데터 B는 2001년에 처음 비행했고 미 공군과 영국 공군에서 MQ-9 리퍼로 활동하고 있다. 이것은 원래의 프레데터 무인 항공기보다 두 배 빠르고 아마도 더 중요한 것인데 탑재 중량을 5배 싣고 고도를 두 배 올라갈 수 있다.

최초의 리퍼 비행 중대를 구성했으며 그해 말까지 이라크에서 리퍼 초기 모델을 운용하였다.

MQ-9 리퍼는 프레데터와 외관이 유사하다. 양자를 구분할 수 있는 가장 쉬운 위치는 꼬리 부분이다. 프레데터의 쌍 꼬리 날개는 아래로 비스듬하고, 리퍼는 위로 비스듬하다. 추진력은 둘 다 뒤쪽에 장착된 추진 프로펠러를 사용한다. 그러나 리퍼는 프레데터와 달리 950마력(708kW)의 매우 강력한 터보프롭 엔진으로 구동된다. 이 엔진 덕분에 탑재 중량이 엄청나게 증가하여 무기용 비행체로서 리퍼 무인 항공기의 유용성이 커지고 비행 성능이 향상된다.

리퍼 무인 항공기는 프레데터용으로 개발된 시스템

아래 : 리퍼(프레데터 B)는 1세대 프레데터와 꼬리 부분에서 가장 쉽게 구분된다. 원래의 프레데터 무인 항공기에는 아래쪽으로 비스듬한 두 개의 꼬리 날개가 있다. 리퍼는 위로 비스듬한 두 개와 아래 방향으로 똑바른 세 번째가 있다. 둘 다 프로펠러 구동이다. 제트 엔진과 위쪽으로 비스듬한 두 개의 꼬리 날개는 프레데터 C(어벤저)이다.

최대 속도 비교

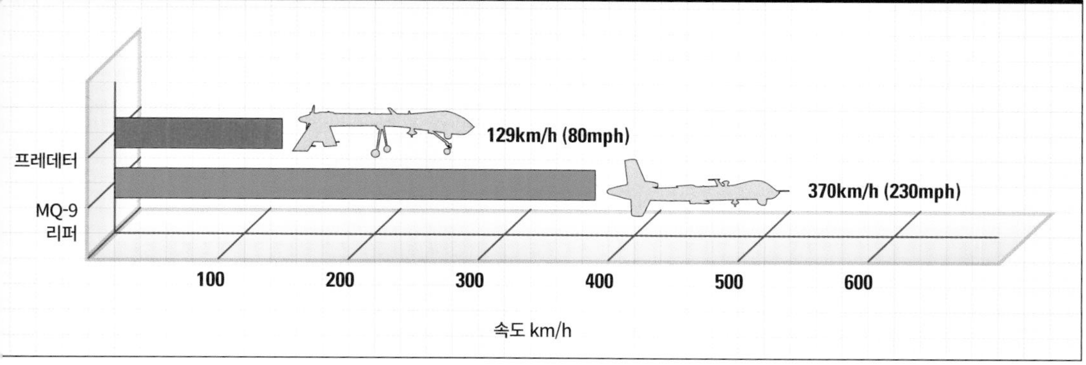

위 : 나사(NASA)의 알타이어(Altair) 무인 항공기는 고고도의 무인 과학 비행체에 배치할 기술을 개발하고 시연하기 위해 사용된 개량 프레데터 A이다. 이 프로젝트는 동시에 민간 공역에서 무인 항공기 사용을 촉진하는 목표를 가지고 있었다. 몇 가지 진전이 있었지만, 그 목표는 달성하지 못했다.

을 많이 사용한다. 그중에 유행에 뒤떨어지거나 구식이 된 것은 없다. 몇몇 전자 시스템은 프레데터에 채택하여 사용하는 동안 기술이 성숙해지고 개선되었으며 여전히 군용 전자 장치의 최첨단에 있다.

최초의 리퍼 무인 항공기는 프레데터의 기체 확장 버전을 사용하여 그 설계에 내재된 몇몇 개념을 입증했다. 곧 터보프롭 추진 엔진을 갖추고 있는 확장 기체를 이용해서 터보프롭 엔진이 아니라 터보팬(제트 엔진)으로 구동하는 변형 기종이 시도되었다. 이 기종은 알타이어(Altair)라고 명명되어 나사(NASA)에서 활동하였다.

알타이어 무인 항공기는 몇 가지 면에서 리퍼로부터 갈라져 나온다. 무기 장착 능력이 불필요해져 제거된 대신 개선된 항공 전자 장치 패키지를 받았다. 이는 부분적으로는 첨단 센서 장비를 위한 시험용 비행기의 역할에 맞추고 또 부분적으로는 미국 영공에서 드론 비행에 관한 연방 항공국(Federal Aviation Authority, FAA)의 규정을 준수하기 위한 것이다.

나사(NASA)는 지구 과학 실험을 하는 데 알타이어 드론을 사용한다. 탑재된 열화상 카메라는 2006년에 캘리포니아의 에스페란자 화재(Esperanza Fire)의 지도를 그리는 데 유용했다. 이것은 이전의 군용 드론을 재난 대응 지원 용도로 사용한 첫 번째 케이스가 되었다. 그처럼 개량된 드론이 지원 활동에서 능력을 입증한다면 장래엔 이와 같은 일이 평범하게 보일 것이다.

MQ-9 리퍼는 미 공군에서 활동하면서 이후 아프가

ㅢ스탄, 이라크와 다른 무대에서 활동했다. 리퍼는 대
ᅡ군 공격에서 폭탄과 미사일 두 가지 모두 성공적으
ᆯ 사용했고, 정밀 유도장치를 이용해 차량을 공격하
ᆻ다. 이러한 활동 중에 사고를 피할 수는 없었다. 리
ᅥ와 프레데터 드론 부대에서 사고가 매우 많이 발생
ᅡ 것으로 알려졌는데, 이는 기록상으로 볼 때 불공정
ᅡ 평가가 아니다.

사고가 빈번한 이유 중 한 가지는 아마도 완벽하지
ᆭ은 기술에 의존한 탓일 것이다. 제어 시간 지연은 프
ᅦ데터 운용의 초기 단계에서 대부분 제거되었지만, 간
ᅡ이 작은 결함이나 신호 방해가 발생할 가능성까지 모
ᅮ 없앤 것은 아니었다. 이것이 2009년 아프가니스탄
ᅦ서 리퍼 드론 손실이 일어난 원인이었을 수 있다.

이 사건은 부대가 드론의 통제를 상실하고, 무장한 항공기가 혼자 날아다니는 상황을 만들었다. 유일한 방법은 그것을 격추하는 것이었고, 그래서 미사일로 드론을 무력화시키기 위해 전투기를 파견했다. 얄궂게도 리퍼의 엔진이 망가진 직후 통제가 복원되어 드론이 떨어질 때 주변에 있는 사람 누구도 위험에 빠지지 않도록 계획적으로 추락하는 것이 필요했다.

다른 리퍼들은 기계적 결함이나 알려지지 않은 이유로 인해 추락했다. 아마도 놀랄만한 일은 조종사의 잘못으로 발생한 사고가 더 많지는 않았다는 점이다. 기수의 카메라를 통해 무인 항공기를 조종하는 것은 빨대를 통해 들여다보면서 항공기를 조종하는 것과 같다고 묘사되었다. 중력은 말할 것도 없고 소리와 내이(內耳)

ᅡ래 : 리퍼 무인 항공기는 헬파이어(Hellfire) 미사일 4발과 227kg(500파운드) 폭탄 2발을 탑재할 수 있다. 이 폭탄은 GBU-12 레이저 유
ᅩ 폭탄이나 GBU-38 정밀 유도 통합 직격탄(GPS 유도 폭탄)이 될 수 있다. 이 모든 화력에도 불구하고 가장 유용한 능력을 제공하는 것은
ᅮ인 항공기의 기수 아래 있는 센서 터릿이다.

의 방향 감각과 같은 감각 단서를 가지지 못하는 것은 조종사에게 중요한 감각 자료를 앗아 가는 것일 수 있다. 또 조종사는 무인 항공기가 현재 하는 일을 느낄 수 없다. 육감과 경험에 의한 조종 같은 것은 대부분 계기로 대체되었지만, 감각의 피드백은 필요하다.

MQ-9 리퍼는 조종사가 없는 드론만으로 비행한 공군 비행대에 채택된 최초의 무인 항공기지만 유인 항공기를 대체하기 위한 것은 아니다. 유인과 무인 항공기는 서로를 보완할 가능성이 있고, 훨씬 많은 무기가 탑재된 전폭기의 공습에 앞서 드론으로 방공망을 없애고 표적 자료를 수집할 수 있다.

표적이 스스로 드러내기를 기다리며 목표 지역에서 조용히 기다릴 수 있는 무인 항공기의 능력은 유인 항공기가 결코 따라잡을 수 없다. 유인 항공기도 몇 시간 동안 기다릴 수는 있지만 그동안 거의 확실히 탐지될 것이다. 무인 항공기는 여러 운용자가 교대로 제어하면서 훨씬 오랫동안 목표 지역에 대기할 수 있다.

리퍼의 무장 탑재량은 프레데터보다 훨씬 크다. 리퍼는 최대 헬 파이어 미사일 4발과 다양한 유형의 227kg 폭탄 2발, 즉 일반적으로 GBU-12 레이저 유도 폭탄 또는 GBU-38 GPS 유도 폭탄, 또는 유사한 무기를 탑재할 수 있다. 다른 무기로 전자전 패키지가 포함된다. MQ-9 리퍼는 훈련에서 유인 항공기를 지원하는 전자전용 비행체 역할을 수행할 수 있고 유인 항공기 작전에 통합

제원 : MQ-9 리퍼

길이 : 11m(36피트 1인치)
날개폭 : 20.1m(65피트 9인치)
높이 : 11m(36피트 1인치)
동력 장치 : 하니웰 TPE331-10GD 터보프롭 엔진 1개
최대 이륙 중량 : 4,760kg(10,500파운드)
최고 속도 : 370km/h(시속 230마일)
항속 거리 : 1,852km(1,150마일)
상승 고도 : 15,240m(50,000피트)
무장 : AGM-114 헬파이어 미사일, GBU-12 페이브웨이 II 및 GBU-38 합동 직격탄의 조합

위 : RQ-4 글로벌 호크는 이름에 걸맞게 무인 항공기로 미국에서 호주까지 처음 비행한 기록과 고고도(18,288m(60,000피트)까지)를 유지하면서 33시간 이상 비행한 항속 시간 기록을 가지고 있다. 군용 및 비군사용 분야에서 모두 효과가 있다는 것이 입증되었다.

될 수 있음을 보여줬다.

리퍼에는 앞선 프레데터와 유사한 정찰 역할과 강화된 공격력 외에도 다른 역할이 있다. 일례로 마리너(Mariner)라고 명명된 리퍼의 해군용 변형 기종이 있다. 이 기종은 갑판 착륙을 위한 급제동용 갈고리

rrester hook)와 공간 절약을 위한 접이식 날개를 갖고 있는데, 늘어난 항속시간이 50여 시간에 달한다. 마리너는 RQ-4N 글로벌 호크(Glo-bal Hawk)에게 려났지만, 가디언(Guardian)이라 명명된 마리너의 다른 해군 버전은 비록 소수지만 미국 해안 경비대 연방 관세·국경보호국의 업무에 투입되었다. 이 드은 주로 마약 퇴치용 순찰 비행을 하면서 수상한 선을 발견하고 추적하는 해안 경비대와 법률 집행 요원 일을 지원한다.

MQ-9B 가디언이라 불리는 변형 기종은 드론 운용자게 위험한 기상 조건을 경고할 수 있는 역 합성 개구이더 시스템을 포함, 주로 센서를 개선한 것이다. 가언의 기체와 항공 전자 장비도 개선되었다.

리퍼 드론은 영국, 프랑스, 이탈리아를 포함한 여러 가에서 활동하고 있고 이슬람 국가(IS) 반군에 맞서 용되었다. 영국의 리퍼는 브림스톤 미사일을 사용할 수 있는데, 이 미사일은 테스트에서 매우 효과적임이 입증되었다.

그레이 이글

1989년 미 육군과 해병대는 공동으로 전장 정찰과 포병의 표적 탐지 능력을 제공할 무인 항공기를 찾아 나섰다. 선택된 시스템은 RQ-5 헌터로 명명되었고 프로젝트가 종료될 때까지 아주 적은 수량을 샀다. 헌터 드론은 1996년에 활동을 시작하여 발칸 지역과 이라크에서 운용되었다. 헌터 무인 항공기는 전투 지역에서 단 한 가지 종류의 연료만 사용하는 미 육군의 정책에 따라 '중유' 엔진을 사용했다. 이 정책은 병참을 단순화할 수 있지만, 일부 무인 항공기 시스템을 배제하게 된다.

RQ-5 헌터는 그 숫자가 적었음에도 성공을 거두었다. 2007년에 헌터는 레이저 유도 폭탄을 투하하는 데 사용되었는데, 그것은 미 육군이 처음으로 사용한 무장

래 : RQ-5 헌터 무인 항공기는 1990년대 후반에 발칸 지역에서 처음 활동했고, 그리고 나중에 이라크와 다른 곳에서 활동하였다. RQ-7 도로 대체될 예정이었지만 더 큰 탑재 중량과 긴 항속 시간 때문에 계속 유지되었다. 헌터는 또한 국가 안보 역할을 담당했다.

드론이었다. 미 육군은 시간이 지나면서 더 크고 향상된 버전을 계속 샀고, 헌터는 바이퍼 스트라이크 정밀 유도 폭탄의 성능을 시연하는 데 사용되었다.

미 육군은 2002년까지 헌터를 대체할 무인 항공기를 찾고 있었다. 후보자 중에는 워리어와 당시 헌터II 또는 스카이 워리어라고 명명된 무인 항공기가 있었다. 후지는 RQ/MQ-1 프레데터로부터 개발되었다. 미 육군은 RQ-1 프레데터 무인 항공기를 임무에 채택하려고 검토했지만, 프레데터는 결국 미 공군으로 갔다.

이어 워리어 무인 항공기가 미 육군의 항공 현대화

■ : MQ-1C 그레이 이글 무인 항공기는 원래의 프레데터에서 진화한 것으로 장거리 다기능 무인 항공기에 대한 미 육군의 요구 사항을 충족시키기 위해 만들었다. 날개폭이 더 커지고 중유(디젤) 엔진을 사용하게 된 것은 향상된 고고도 임무 수행에 대한 요구 때문이었다.

계획의 하나로 RQ-1C 그레이 이글이라는 이름으로 채택되었다. 그것은 프레데터와 같은 기체 디자인과 아래쪽으로 비스듬한 꼬리 날개를 사용하는 명백한 파생 기종이지만 디젤 또는 제트 연료로 작동되는 중유 엔진을 사용한다.

그레이 이글 무인 항공기는 3중 항공전자 장치를 갖

위 : 그레이 이글 드론이 시험 중에 수집한 자료를 신중하게 연구하는 모습. 육군은 약간 다른 요구사항을 가지고 있어서 무인 항공기 비행대가 다른 활동을 하기 원한다. 여기에는 지뢰 및 급조 폭발물 탐지와 드론 장비 패키지에 전문적인 센서를 통합해야 하는 다른 임무가 포함된다.

추어 신뢰성과 결함 허용치(fault tolerance)를 높였다. 즉 같은 부품이 세 번 고장 나거나 손상되어야 항공기를 제어할 수 없게 된다는 뜻이다. 그 정도의 손상 또는 그런 실패를 일으키기에 충분한 불운을 겪는다면 아마도 드론 전체가 파괴될 것이다.

그레이 이글은 이전의 드론에서 습득한 교훈을 받아들여 날개에 제빙 시스템을 내장했다. 이 드론은 8,840m에서 운항할 수 있으므로 착빙과 그에 따른 항공기 손실을 방지하는 조치가 필요하다. 자동 이착륙 시스템도 포함하여 조종사의 작업을 단순화하고 중요한 순간에 오류를 범할 가능성을 줄였다.

전반적으로 그레이 이글의 신뢰성은 좋았다. 자동 착륙 시스템은 강한 옆바람에도 불구하고 드론을 성공적으로 회항시켰다. 그러나 새로운 시스템을 장착하자 그 신뢰성에 문제가 생겼다. 이는 주로 소프트웨어 문제로 인해 발생했는데 무인 항공기의 새로운 장치, 특히 센서 장비를 기존 시스템에 더 잘 통합하는 것으로 해결되었다.

그레이 이글 드론은 일반 정찰, 피해 평가, 호위함 보호 및 통신 중계를 포함하여 다양한 임무를 수행할 수 있다. 최근 몇 년 동안 급조 폭발물 공격이 급증하여 대책이 필요했는데 정찰 드론을 지속적으로 운용하는 것이 그 대책 중 하나다. 그레이 이글은 오랫동안 지역을 감시하고 열화상이나 레이더 영상 장치를 사용하여 이

제원 : 그레이 이글

길이 : 8m(28피트)
날개폭 : 17m(56피트)
높이 : 2.1m(6피트 9인치)
동력 장치 : 티엘럿(Thielert) 165마력(123kW) 중유 엔진
최대 이륙 중량 : 1,633kg(3,600파운드)
최대 속도 : 280km/h(시속 170마일)
상승고도 : 8,840m(29,000피트)
무장 : 4×AGM-114 헬 파이어 또는 8×AIM-92 스팅어 또는 4×GBU-44/B 바이퍼 스트라이크

간이나 시계가 열악한 경우에도 수상한 활동을 탐지할 수 있다.

지역을 감시할 수 있는 조용한 드론의 능력을 억지력으로 활용하는 것도 항상 유용하지만, 드론 감시를 통해 더욱 강력한 대응책을 취할 수도 있다. 급조 폭발물 공격에서 가장 중요한 점은 장치를 은밀하게 매설하는 일이다. 따라서 반군은 그들이 감시당하고 있다고 생각하면 행동하지 않는다. 서구 국가의 군은 교전의 규칙이 있으므로 교전하기 전에 잠재적인 표적이 적군임을 확신해야 한다. 그런데 폭탄을 매설하고 있는 누군가를 관찰한다면 이것은 증거로 아주 충분하다.

표적이 확인되면 교전해야 한다. 시간이 지연되면 적이 떠나거나 민간인들 사이로 들어가 공격하기 어렵게 된다. 무장 드론을 관측에 사용하는 장점 중 하나는 바로 관측 위치에 있는 비행체가 또한 공격 위치에 있다는 것이다.

그레이 이글 드론은 여러 차례 급조 폭발물을 매설하는 저항 세력 집단을 공격하는 데 사용되었는데, 이를 위해 헬파이어 미사일 4발 또는 바이퍼 스트라이크 4발을 발사할 능력이 있다. 스팅어 미사일도 탑재할 수 있지만, 공군력이 부족한 반군을 상대로는 쓰이지는 않는다.

그레이 이글은 헬파이어 미사일 2발과 전자전 포드 1개 또는 신호 정보 도청 장치 1개 중에서 한 가지를 선택해서 탑재할 수 있다. 이 구성으로 최대 35시간 동안 임무 위치에 머무를 수 있는데 이것은 한 번의 공습을 지원하는 데 필요한 시간보다 훨씬 더 길다. 그레이 이글은 이 능력을 통해 여러 번의 공습을 지원할 수 있다. 또 신호 정보 도청 장치를 탑재하면 무선조종되는 급조 폭발물의 작동을 막기 위해 적의 신호를 방해할 수 있다.

미 육군은 유인 항공기와 무인 항공기의 팀 작전(Manned-Unmanned Teaming, MUM-T)을 실험하고 있다. 이 때 무인 항공기는 유인 헬리콥터 또는 기타 항공기와 한 팀이 되어 추가 센서용 비행체로 임무를 수행한다. AH-64E 아파치 헬리콥터와 같이 적절한 장비를 갖춘 항공기가 그레이 이글 드론의 센서를 사용하여 표적을 수색할 수 있고, 또 그레이 이글이 유인 항공기를 위해 표적을 지시할 수 있다. 이렇게 하면 헬리콥터가 반격에 노출되지 않고도 원거리에서 공격할 수 있게 된다.

미 육군은 그레이 이글을 12대의 유인 항공기와 관련 제어 및 지원 시스템을 운용하는 중대에 배치하고, 또 일부 특수 작전 부대에서도 사용한다. 무인 항공기가 도입된 이래 이 장비가 매우 유용하다는 것이 입증됨에 따라 결과적으로 모든 미 육군 부대가 그레이 이글 부대를 갖게 되기를 희망하게 되었다.

어벤저와 씨 어벤저

프레데터와 프레데터 B(리퍼) 무인 항공기에서 개발된 어벤저(Avenger)는 프레데터 C로도 불리며, 또한 같은 제품군의 초기 모델에서 검증된 개념을 많이 차용한다. 어벤저 드론은 원형에 비해 동체 모양은 전체적으로 유사하지만 상당한 개량을 거쳤다.

가장 중요한 변화 중 하나는 제트 추진으로 이동한 것이다. 어벤저는 여러 경량 여객기에서 사용되는 터보팬으로 작동한다. 이로써 탑재 중량이 증가한 것 외에도 초기 기종보다 속도가 매우 빨라졌다. 최고 속도를 비교해보면 어벤저는 시속 740km인데 비해 프로펠러로 구동하는 리퍼와 프레데터 무인 항공기는 각각 시속 480km, 시속 210km이다. 여기에다 어벤저의 최대 이륙 중량은 프레데터의 약 8배다. 물론 무인 항공기와 엔진이 상당히 무거우므로 이 모두가 탑재 중량으로 계산되는 것은 아니다.

그렇더라도 어벤저는 이전 기종보다 더 많이 탑재하고 더 빠른 속도로 날 수 있다. 무인 항공기가 작전 지역과 가까운 지상 기지에서 운용될 수 없는 상황이라면, 빠른 속도는 매우 유용하다. 30~40시간의 체공 능력도 있지만 그보다 훨씬 인상적인 것은 이 드론이 임무 수행을 위해 수천 킬로미터를 비행할 수 있다는 사실이다.

더 느린 드론을 가지고 체공 시간을 최대한 길게 활용할 수 있는 유일한 방법은 드론을 전진 배치하여 기지와의 왕래 시간을 최소화하는 것이다. 반면에 어벤저는 같은 거리를 훨씬 더 빠르게 비행할 수 있고 항속시간은 비슷하므로 실제 임무를 위해 더 많은 비행시간을 남겨둘 수 있다. 표적으로부터 적절하게 떨어져 있는 작전 구역 내에서 아군의 지상 기지를 이용할 수 있을 가능성이 훨씬 더 높으며, 연안의 항공모함에서 무인 항공기를 운용할 수도 있다.

어벤저는 '스텔스' 항공기와 비슷한 방식으로 설계되어 매끄러운 곡선으로 되어 있고 수직 방향타가 없다. 대신 꼬리 날개는 'V'자 형태이고 각진 조종면이 방향타와 승강타를 조합한 '러더베이터(ruddervator)' 역할을 한다. 이것은 동작을 더욱 복잡하게 만들지만, 이는 현대의 항공 전자 공학 덕에 그리 문제가 되지 않는다.

조종사가 러더베이터를 직접 제어하고 항공기를 계속해서 통제 속에 두기 위해서는 매우 많은 노력을 기울여야 할 것이다. 하지만 조종사가 드론이 어디로 가도록 할 것인가, 동작을 어떻게 할 것인가에 관한 광범

아래 : 새로운 원칙 가운데 유인 항공기와 무인 항공기가 통합된 유인-무인 팀 구성의 개념이 있다. 무인 항공기는 헬리콥터보다 탐지될 가능성이 작고 표적의 위치를 찾거나 표적을 지시할 수 있다. 이로써 헬리콥터가 탑승자들을 지나친 위험에 노출하지 않고 원격 공격을 할 수 있다.

위한 문제들만 다루는 동안, 어벤저의 시스템은 세부 사항을 다루면서 항공기에 대한 조종사의 지시를 제어 신호로 변환한다.

어벤저의 꼬리 부분은 레이더 반사파를 줄이기 위해 설계되었고, 제트 배기관은 고온의 배기가스를 숨기고 열 특성을 줄이기 위해 'S'자 모양으로 만들었다. 물론 열 특성을 완전히 제거할 수는 없지만, 스텔스 제트 항공기가 상대적으로 작은 추력을 사용하는 경우 열 특성은 상대적으로 낮다. 이러한 특성 때문에 적 영공의 고위험 작전에 아주 적합해, 미디어에서 흔히 '스텔스 드론'이라고 불러왔다.

어벤저 무인 항공기는 열화상 카메라와 시각 카메라가 들어 있는 안으로 집어넣을 수 있는 터릿과 이에 더해 합성 개구 레이더 기능을 하거나 지상 이동 표적지시기 역할을 하는 다중 모드 레이더 시스템을 탑재하고 있다. 또한, 통신 중계 임무 또는 전자기기를 이용한 감시와 신호 정보 운용에 맞춘 장비 패키지를 탑재할 수 있다.

어벤저는 전임자보다 더 많고 무거운 무기를 탑재할 수 있다. 총 하중은 동체 내부 무기 칸에 무기 1,588kg과 추가로 날개의 파일런(엔진, 연료 탱크, 폭탄, 미사일 등을 장착하기 위한 장치:역자주) 6개에 폭탄을 탑재할 수 있다. 리퍼와 마찬가지로 어벤저는 헬파이어 미사일과 113kg GBU-39 소직경 폭탄부터 GBU-32 454kg 폭탄까지의 폭탄을 탑재할 수 있다. 또한 어벤저는 907kg GBU-31 합동 정밀 직격탄을 전개할 수 있으므로 같은

아래 : 원래 프레데터 C로 명명되었던 어벤저(Avenger)는 2009년에 처음으로 비행했다. 초기의 프레데터 드론과 리퍼 드론이 발전하여 제트 추진과 스텔스 설계를 추가하고, 내부 무기 칸에 무기를 탑재하였다. 어벤저 또한 더욱 다양한 종류의 무기를 탑재할 수 있고 그중 일부는 리퍼에 탑재할 수 있는 것보다 더 강력하다.

최대 이륙 중량과 실용 상승 한도 비교
최대 이륙 중량
실용 상승 한도
헌터 RQ-5A
727kg (1603lb)
4572m (15,000ft)
프레데터 RQ-1/MQ-1
1020kg (2249lb)
7620m (25,000ft)
그레이 이글
1633kg (3600lb)
8840m (29000ft)
페가수스 X-47A/X-47B
2678kg (5903lb)
12,192m (40,000ft)
리퍼 MQ-9
4760kg (10,500lb)
15,240m (50,000ft)
어벤저 (프레데터 C)
18,288m (60,0
무게 (kg/파운드)
고도 (m/피트)

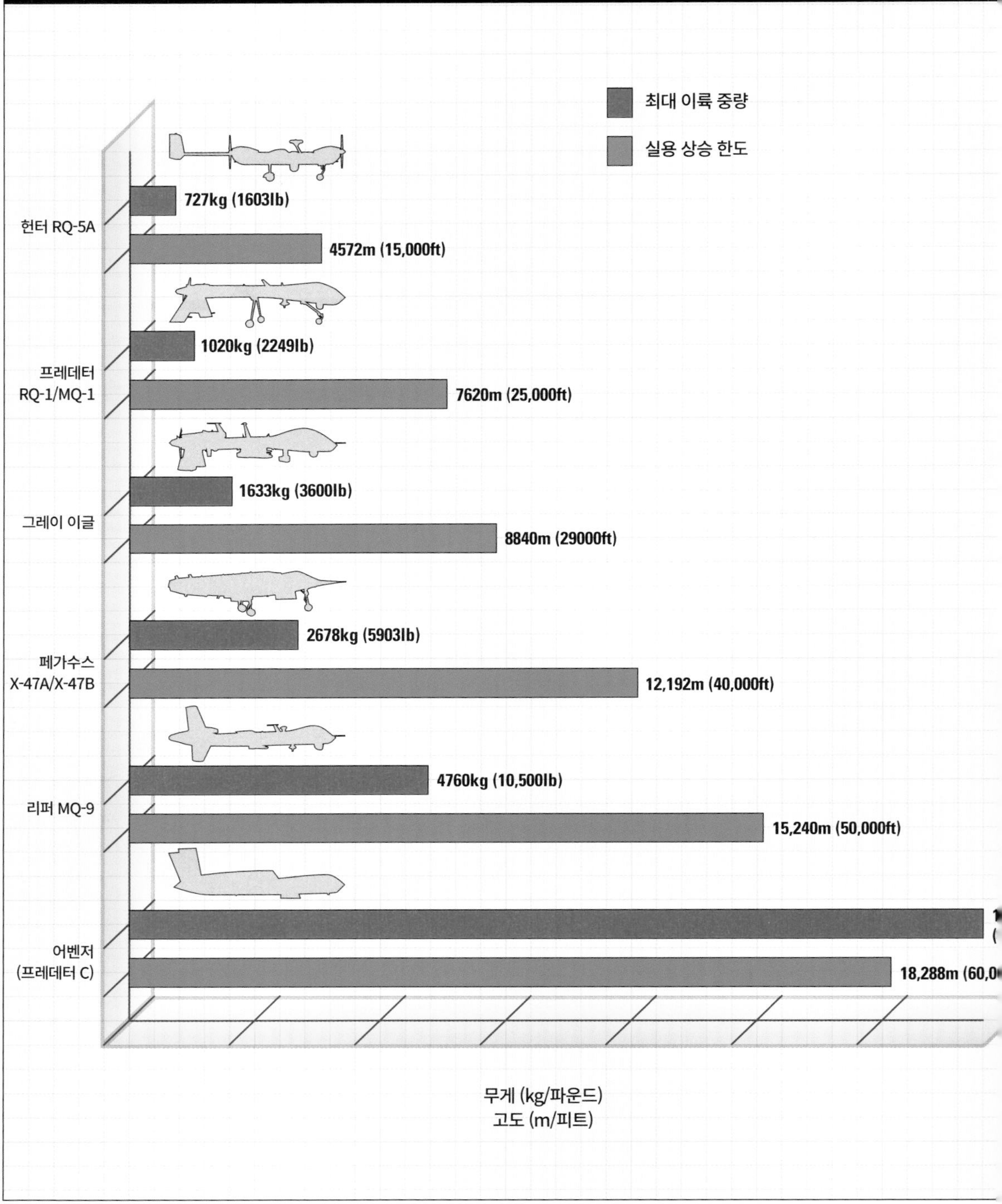

제원 : 어벤저(프레데터 C)

길이 : 12.5m(41피트)
날개폭 : 20.12m(66피트)
동력 장치 : 프랫 앤드 휘트니 PW307 엔진 1개
최대 이륙 중량 : 13,600kg(29,983파운드)
최대 속도 : 745km/h(시속 463마일)
상승 한도 : 18,288m(60,000피트)
무장 : 다음 중 한가지로 구성 : AGM-114 헬파이어 대전차 미사일, GBU-24 페이브웨이 III 유도 폭탄, GBU-31 JDAM 유도 폭탄, GBU-38 소직경 폭탄

제품군의 드론들보다 더 크고 잘 보호된 대상을 공격할 수 있다.

어벤저 무인 항공기가 스텔스 기능을 증가시키기 위해서는 무기를 동체 내부의 무기 칸에만 탑재한다. 각진 외부 파일런에 미사일이나 폭탄 같은 무기를 탑재하면 어벤저의 부드럽게 구부러진 동체 형태보다 레이더 반사파를 훨씬 더 많이 생성하므로 탐지 가능성과 공격 능력이 상충 관계를 갖기 마련이다. 정교한 레이더 장비라고 할 만한 것이 많지 않을 반군을 상대할 때 이것은 큰 차이가 없다. 그러나 주요 선진국의 군대라면 레이더에 반사되는 단면적을 최소화시켜 비행할 수 있는 능력은 임무 성공을 위해 필수적이다.

어벤저는 프레데터와 리퍼용으로 제작된 지상 통제소와 호환되도록 설계되었지만, 최근에 제어와 자료 관리 시스템이 개선된 항공기 조종석 형태의 새로운 첨단 통제소가 도입되었다. 이론적으로 이러한 시스템은 운용자의 작업을 쉽게 하려는 것이지만 일반적인 난이도는 그전과 비슷하게 유지된다. 더 복잡한 작업을 수행하기 위해서는 더 큰 비용을 부담해야 되기 때문이다. 그러므로 새로운 제어 시스템은 어벤저의 일상적인 작

아래 : 어떤 시점에서는 무기 시스템의 능력을 은폐하기보다 무기를 과시하는 것이 바람직하다. 어벤저 무인 항공기와 여기에 탑재할 수 있는 매우 강력한 무기들을 함께 전시하는 것은 대중에게 그들의 세금으로 무엇을 구매하고 있는지를 보여 주고, 잠재적인 공격자에게는 노골적으로 암시한다.

업을 더 쉽게 만드는 데로 국한되기 쉽지만, 경우에 따라서 추가 지출을 통해 더 복잡한 임무를 수행하는 것이 가능할 수도 있다.

어벤저 무인 항공기는 이제 막 자신의 모습을 드러냈다. 사실 미 공군이 아프가니스탄, 파키스탄, 이란 지역에서 운용할 스텔스 드론이 필요하다고 인식했을 때, 배치된 시제품 중 하나가 어벤저였다. 이 결정은 미 공군의 탁월한 선견지명이 되었다. 불과 몇 주 후 이란 영공에서 RQ-170 센티넬 드론을 잃었기 때문이다. 미국 당국은 그들이 여전히 비밀리에 무인 항공기를 통해 이란을 관찰하는 데 전념하고 있으며, 어벤저의 향상된 능력은 이 임무에 이상적일 것이라고 언급했다.

씨 어벤저(Sea Avenger)라고 일컫는 어벤저 드론의 변형 기종은 미 해군을 위해 무인 공습 및 정찰 능력을 창출하려는 계획의 한 부분으로 개발되었다. 씨 어벤저는 갑판 위 착륙을 위한 갈고리와 집어넣으면 공간을 절약할 수 있는 접이식 날개가 달린 것이 특징이다. 씨 어벤저의 긴 항속 거리와 빠른 속도는 해상 작전을 위해 필요하다. 사실상 해상 작전의 항공 임무는 모두 목표 지역에 도달하기 위해 텅 빈 바다를 건너야 하고, 많은 경우 이후에도 내륙으로 멀리 날아가야만 하기 때문이다.

아래 : 씨 어벤저 무인 항공기가 방문한 '고위층', 여기서는 그리너트 해군 작전 사령관을 위해 의례 비행을 한다. 무인 항공기에 들어가는 운영 예산이 증가하고 있으며, 이것은 고위 장교들에게 큰 관심 영역이 되고 있다.

씨 어벤저는 버디 급유 시스템을 탑재할 수 있다. 이것으로 하나의 드론이 다른 드론에 연료를 급유하고 기지로 날아갈 수 있게 된다. 공대공 재급유가 조종사와 조종사를 지원하는 전자 기술에는 도전일 수 있지만 비행 거리와 비행시간이 매우 늘어난 임무를 가능하게 해 줄 것이다.

해군의 항모발진 무인항공 감시 타격(Unmanned Carrier-Launched Airbo-rne Surveillance and Strike, UCLASS) 프로젝트는 여전히 초기 단계에 있다. 사실 이런 새로운 개념을 탐구하면서 요구 사항이 두 번 이상 변경되었다. 항공모함에 항공기 한두 대 대신 무인 항공기 여러 대를 배치하는 것만으로도 얻을 수 있는 이점이 있지만, 장기적으로 무인 항공기를 잠재력의 최대치까지 이용하기 위해서는 무인 항공기 사용에 대한 원칙을 진화시켜야만 한다.

세계의 해군들이 미 육군의 유인-무인 팀 구성 개념과 유사한 아이디어를 이용하여 드론과 일반 항공기를 서로 보완할 수 있도록 섞는 것이 가능할 수도 있다. 다른 응용 방식으로는 상륙 작전 중 헬리콥터를 지원하기 위해 무인 항공기를 사용하는 것이 있다. 이 경우 무인 항공기는 미 해병대가 사용하는 AV-8B와 같은 항공기를 대신할 수 있다. 선박 위 같은 크기의 공간에 더 많은 드론을 실을 수 있고, 이로써 얻는 이점은 더 커질 것이다.

또한 일반적인 크기의 고정 날개 항공기를 운용할 수 없는 일부 해군은 소형 '드론 항공모함'을 실전 배치할 수 있다. 속담을 바꾸어 말하면 "어떤 공군력도 공군력이 전혀 없는 것보다 낫다." 작은 '드론 항공모함'은 일반 크기 함정 비용의 일부만으로도 정찰, 해적 단속 및 일부 타격 작전을 수행할 수 있기 때문이다. 군대 보호의 관점에서 볼 때, 개조한 보급선에 탑재한 작은 드론 부대의 존재가 말하자면 조기 경보 및 미사일 유도 기능을 제공할 수 있을 것이다.

무인 항공기는 유조선이나 컨테이너선과 같은 다른 선박에서 운용할 수도 있다. 1980년대 이란-이라크 전쟁 때와 같이 때로는 육군과 해병대 파견대가 유조선을

아래 : AV-8B는 여러 해 동안 해안에서의 미국 해병대 작전에 항공 지원을 하였다. F-35B가 대체할 것으로 예상하였지만, 무인 항공기가 이 역할의 일부 또는 전부를 수행하여 주어진 크기의 군함에 더 많은 항공기를 탑재할 수 있다.

보호하기 위해 유조선에 드론을 배치했다. 심지어 제2차 세계 대전에서 호송함을 보호하기 위해 발사대에서 발사된 전투기가 부활하는 장면을 목격할 수도 있을 것이다. 이러한 기능은 주로 해적 행위를 방어하거나 공군력을 지방까지 다소 확대하기 위한 방편으로 유용할 것이다. 무엇보다 상당히 작고 저렴한 선체 위에서 훌륭하게 운용될 수색 및 구조용 비행체를 만들기 위해서도 사용할 수 있다.

해상 운반용 무인 항공기의 능력은 이제 막 인식되기 시작했다. 유사한 능력을 제공할 수 있는 다른 프로젝트들이 나오고 있지만, 씨 어벤저는 그 능력으로 무엇을 할 수 있는지 잘 보여준다.

X-47A/X-47B 페가수스

X-47 페가수스(Pegasus) 드론은 쥐가오리를 닮은 초현대적인 외관의 항공기다. 2001년 최초로 그 개념이 입증되면서 X-47A 페가수스라고 불렸다. 이 드론은 무인 전투기에 대한 해군 또는 공군의 가까운 장래 수요를 충족시키고자 민간 벤처 사업으로 개발되어 2003년 첫 비행을 시작했다.

다른 많은 경우처럼 미 공군과 미 해군이 함께하는 이 프로젝트에서 두 동반자는 서로의 요구사항이 달라져서 공동 전투 드론 프로젝트를 중단하기로 했다. 하지만 X-47A는 미 해군의 요구사항을 충족하는 확장 버전을 개발할 가능성이 충분했고, 이 버전을 X-47B 페가

아래 : X-47B 페가수스 무인 항공기는 2011년에 미 해군의 항모발진 무인항공 감시 타격(UCLASS) 계획의 한 부분으로 처음 비행했다. 페가수스는 무인 항공기가 항공모함 작전을 할 수 있다는 것을 입증했지만 이 역할을 위해 최종 선정되는 무인 항공기는 완전히 다른 기종일 수도 있다.

: X-47 페가수스는 다이아몬드 모양의 '전익기' 개념을 사용하고, A와 B 모델은 날개 모양이 다르다. 요(yaw) 제어는 날개 위의 엘러본 사용해서 하고, 수직 안정판이 필요 없으므로 무인 항공기의 레이더 단면적을 크게 줄였다.

스라고 명명했다. X-47B는 2011년에 시험 비행을 시 하여 그해 말 착함에 성공했다.

함선에서 비행기 발사기로 이륙하고 갑판 위에 착륙 때 급격히 감속하기 위해서는 강한 이착륙 장치와 복적으로 주어지는 큰 압력에 견딜 수 있는 기체를 춘 견고한 항공기가 필요하다. 또한 공기 중 염분이 아 기체의 부식을 유발할 수 있는 해상에서 활동한다는 점과 항상 항공모함에서 활동하면서 생기는 크고 작은 충돌로 항공기에 손상이 생길 수 있다는 점을 고려해야 하였다. 그래서 페가수스는 스텔스 모양이면서도 높은 내구성을 지녀야 했다.

페가수스 무인 항공기의 스텔스 형상은 설계자들에게 많은 기술적인 어려움을 안겨주었다. 모든 유형의 항공기는 3차원으로 이동한다. 항공기에 승강타가 있

위 : 항공모함 작전은 소금물에 대한 내식성, 착함용 갈고리 사용을 통한 경착륙과 같은 새로운 요구 사항을 부과한다. 접이식 날개는 갑
위에서 무인 항공기가 차지하는 공간을 줄일 수 있지만, 비행 작전을 견딜 수 있을 정도로 견고해야 한다.

으면 피치(pitch, 기수 및 꼬리의 상향 및 하향 운동)는 날개와 꼬리 날개의 승강타로 제어할 수 있다. 롤(roll, 한 날개가 위로 움직이고 다른 날개는 아래로 움직이는 운동)도 마찬가지로 제어한다. 요(yaw, 기수는 한쪽으로 가고 꼬리는 다른 쪽으로 가는 옆 방향 운동)는 전통적으로 항공기의 수직 안정판, 즉 핀(fin)으로 제어한다. 각진 꼬리 날개는 피치와 롤, 요에 대해 안정성과 제어를 줄 수 있지만, 이 항공기 모양에는 그런 것이 전혀 없다.

물론 페가수스가 '전익기(Flying Wing, 全翼機)'로 설계된 최초의 항공기는 아니었기 때문에 이용
능한 주요 지식은 충분히 있었다. 페가수스는 날개
윗면과 아랫면에 엘러본(elevon, 날개의 뒷전에 장
되어 승강타와 보조날개 역할을 하는 장치)을 두어
(yaw) 문제를 해결하였는데, 엘러본은 항공기에 장
된 항공 전자 기기의 지시에 따라 끊임없이 조금씩
정된다. 엘러본은 날개의 상부와 하부에 4개의 작은
랩(flap, 날개에 장착된 보조 조정 장치:역자주)으로
강된다. 이렇게 신속하면서도 복잡한 조정을 끊임없
하지 않으면 항공기는 통제 불능 상태가 되어 인간

;사 역시도 다른 지원 없이는 공중에서 이런 항공기를 |킬 수 없을 것이다.

발전된 기술로 수직 안정판을 없애서 레이더 특성을 ¦소시키는 것이 가능해졌지만, 엔진의 레이더 반사는 !투기에서 공통의 문제이다. 페가수스의 경우 드론의 ; 쪽 표면에 엔진을 배치하여 앞부분의 배관을 통해 ;분한 공기를 흡입할 수 있도록 하면서 앞쪽 표면의 |이더 반사를 줄였다.

엔진은 경항공기에 사용되는 일종의 고 바이패스 터 !팬(high-bypass turbofan) 엔진으로 이미 입증된 |술이다. 이 엔진은 무인 항공기가 적당히 빠른 속도 ! 내는데 충분한 추력을 제공한다. 정확한 사양은 공 |되지 않았지만 '아음속 범위에서 높은 곳 어딘가'로 !가된다.

페가수스는 정찰기가 아니라 전투용 드론이라 비행 ¦전에 필요한 것 이상 복잡한 전자 장치 패키지를 탑 |하지 않는다. 페가수스의 무기 탑재량은 그리 크지 ¦아 무기 칸 2개에 각각 227kg 폭탄 또는 같은 크기의 !기를 탑재할 수 있다. 그럼에도 페가수스의 작은 크 |와 스텔스 특성으로 보면 이것이 매우 효과적인 무장 |라는 것을 잘 알 수 있다.

게다가 이것은 새로운 기술의 시작이다. 순수한 전투 !론은 이전에 실전 배치된 적이 없었고, 현재 X-47B는 !론이 무엇을 할 수 있는지 보여주고 무엇이 가능한지 !사하는 기술 시연용 항공기다. X-47B의 미래 버전들 |나 X-47B로 인해 얻은 지식으로 개발된 다른 드론들 ! 개념과 관련 기술이 성숙해짐에 따라 확실히 더 큰 ;력을 갖출 것이다.

RQ-5A 헌터

Q-5A 무인 항공기는 미 육군과 해병대의 공동 계획으 ! 개발되기 시작했다. 이 프로젝트는 1989년에 시작하여, 그 결과 1993년부터 계속해서 적은 숫자의 헌터(Hunter) 드론을 구입하는 계약이 체결되었다. 이 무인 항공기는 1996년부터 미국에서 활동하기 시작했고, 이때부터 벨기에와 프랑스도 구매를 시작했다.

헌터 무인 항공기는 1999년 발칸 지역에서 코소보의 나토 연합군 작전의 일원으로, 또 2003년부터는 이라크에서도 활동하였다. 벨기에의 헌터 드론은 2006년 유럽 군사 작전의 하나로 콩고에 배치되었다. 미국 국토 안보청 또한 애리조나에서 국경 순찰을 위해 헌터 무인 항공기를 사용한다.

헌터 드론은 주로 정찰용 비행체지만 개선된 RQ-5B 헌터 B는 바이퍼 스트라이크 정밀 유도 폭탄으로 무장할 수 있다. 2007년에 이 항공기는 살아있는 표적에 공격을 가한 최초의 미 육군 무인 항공기가 되었다. 헌터 B는 2005년에 처음으로 비행하였는데 원래 모델보다 훨씬 더 항속 시간이 길었다. 헌터 A는 12시간 체공할 수 있는 데 비해 이 기종은 21시간까지 체공할 수 있었다. 또 확대형 헌터(또는 E-헌터)라는 이름의 확대 버전은 2005년 첫 비행을 하였는데 꼬리 날개가 다르고, 날개가 더 길고, 더 많은 연료를 싣는다. 이 버전은 30시간 동안 체공할 수 있고 헌터 B보다 더 높이 상승할 수 있다.

MQ-5B는 동체의 반대편 끝에 있는 디젤 엔진 2개로 구동된다. 이것이 '견인' 프로펠러 한 개와 '추진' 프로펠러 한 개를 작동시키는 배치다. 엔진은 두 개의 꼬리 날개 사이에 놓여 있다. 함선의 갑판처럼 작은 공간에서 이륙할 때 헌터는 로켓 보조 이륙 장치를 사용해서 밀어 올릴 수 있다. 그리고 짧은 활주로나 풀밭에 착륙할 수 있다. 벨기에의 헌터에는 자동 이착륙 장치가 설치되어 있다.

헌터 무인 항공기는 TV와 전방 관측 적외선 카메라가 있는 다목적 센서 패키지를 탑재하고 있다. 추가 탑

전익기 개발

HO229

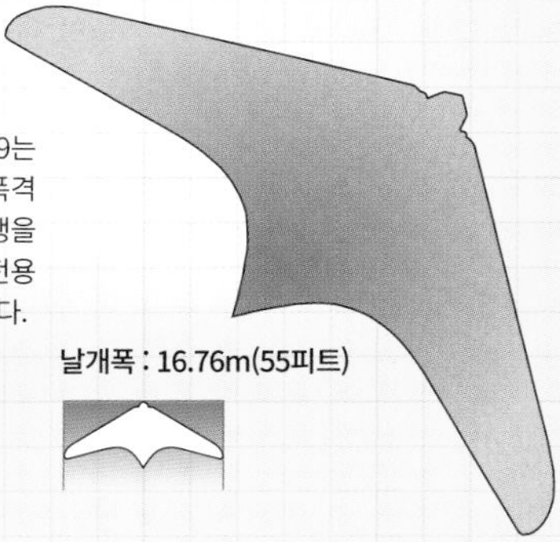

호르텐(Horten) HO229는 제트 동력의 '전익기' 폭격기인데 1944년에 첫 비행을 했다. 이 프로젝트는 작전용 항공기로 이어지지 않았다.

날개폭 : 16.76m(55피트)

XB-35

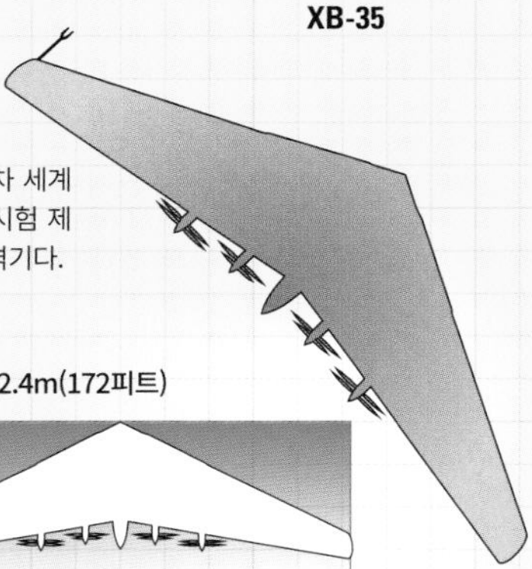

노스롭 XB-35는 제2차 세계대전 직후 개발하여 시험 제작한 피스톤 엔진 폭격기다.

날개폭 : 52.4m(172피트)

YB-49

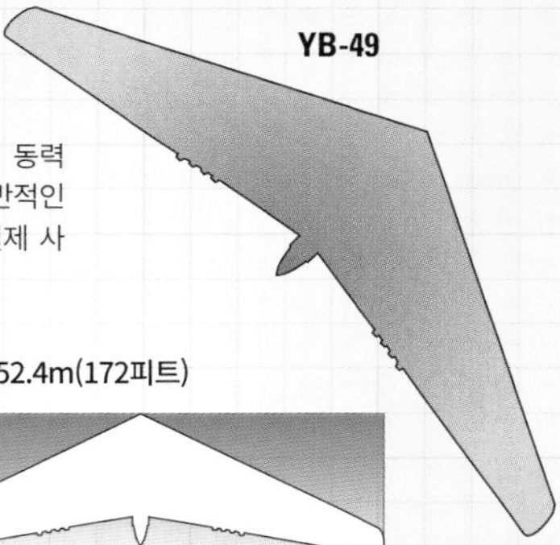

YB-49는 XB-35의 제트 동력 버전이었다. 대신 더 일반적인 (비 전익기형) 설계가 실제 사용 모델로 선택되었다.

날개폭 : 52.4m(172피트)

N-1M

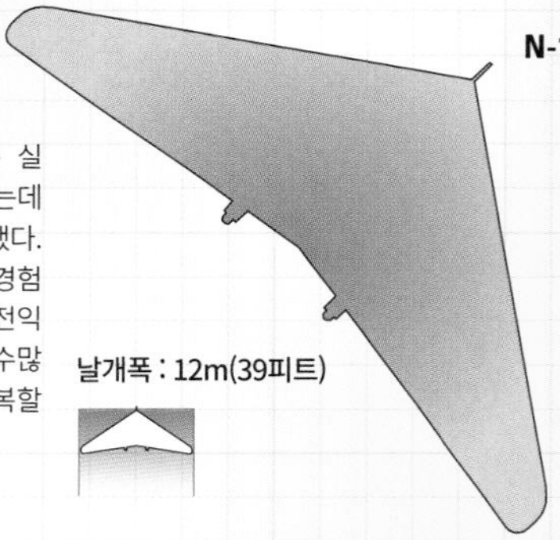

노스롭사의 N-1M은 실험적인 디자인이었는데 1941년 처음 비행했다. 이 항공기에 대한 경험으로 노스롭사는 '전익기' 개념에 내재한 수많은 안정성 문제를 극복할 수 있었다.

날개폭 : 12m(39피트)

B-2

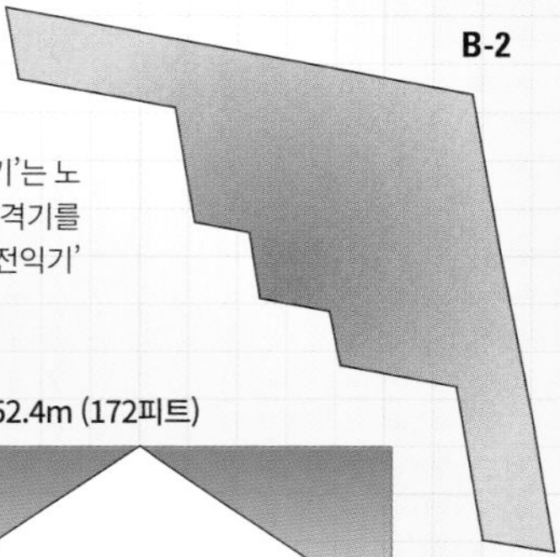

B-2 스피릿 '스텔스 폭격기'는 노스롭사가 장거리 전략 폭격기를 만들기 위해 이전에 한 '전익기' 실험을 통해 만들었다.

날개폭 : 52.4m (172피트)

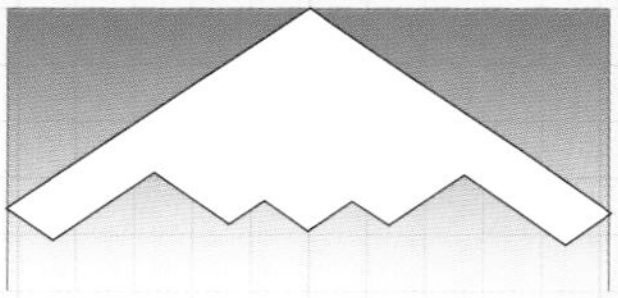

X-47

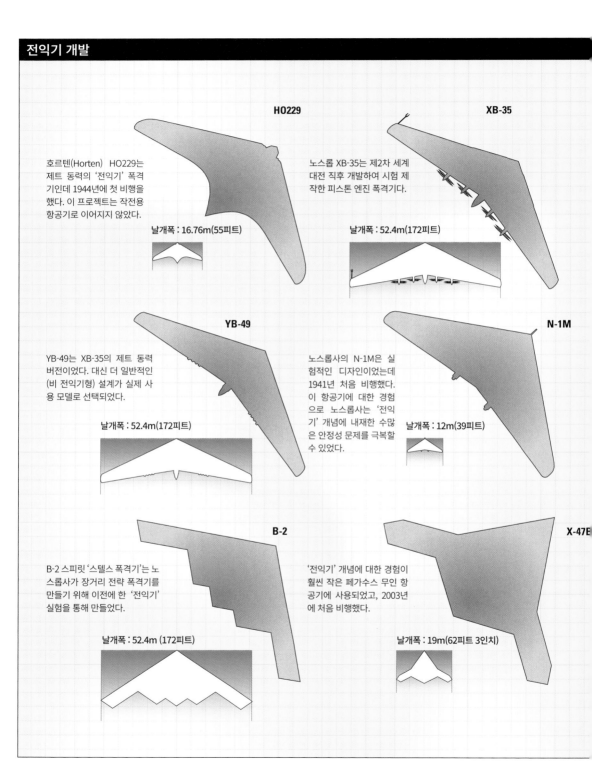

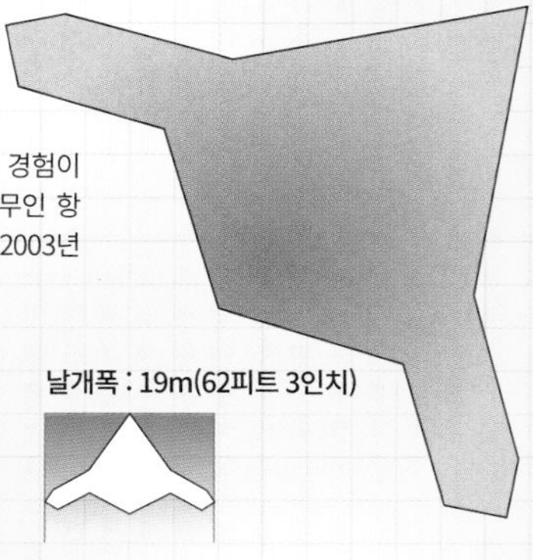

'전익기' 개념에 대한 경험이 훨씬 작은 페가수스 무인 항공기에 사용되었고, 2003년에 처음 비행했다.

날개폭 : 19m(62피트 3인치)

재장비에는 통신 장비, 레이저 지시기 및 전자전 패키지가 포함될 수 있다. 센서와 전자 장비 외에도 바이퍼 스트라이크 유도 폭탄 두 발을 탑재할 수 있는 무기 장착점(hardpoint)이 두 곳 있다.

RQ-5 헌터는 지상 통제소의 요원 2명이 운전하는데 무인 항공기 한 대를 완전히 제어하거나 교대로 2대를 다룬다. 지상 통제소는 비행 운전을 위한 비행 조종 구역과 탑재장비 제어를 위한 관측 제어 구역으로 구분된다. 세 번째 구역은 항법 제어에 사용되고, 선택 사양으로 정보 작업 및 자료 처리를 다루는 네 번째 구역이 있을 수 있다.

비록 벨기에산 B 헌터가 추락하는 사고를 겪었지만,

제원 : RQ-5A 헌터

길이 : 6.8m(22피트 3인치)
날개폭 : 8.8m(29피트)
높이 : 1.7m(5피트 58인치)
동력 장치 : 2 x 모토구찌 4행정, 2기통 추진·견인 가솔린 엔진
최대 이륙 중량 : 727kg(1,603파운드)
최고 속도 : 204km/h(시속 127마일)
항속 거리 : 260km(162마일)
상승 한도 : 4,572m(15,000피트)
무장 : 1 x GBU-44/B 바이퍼 스트라이크 폭탄

아래 : RQ-5A 헌터 무인 항공기는 미 육군과 해병대의 공동 요구로 시작했다. 그 후 보안 기관과 해외의 군용 무기 구매자들이 국경 순찰에 사용하였다. 헌터는 '살아있는' 표적을 공격한 최초의 미 육군 무인 항공기였다.

위 : MQ-5B는 2개의 중유 엔진을 사용하고 5A 기종보다 연료 용량이 더 크다. 이 드론은 각 날개 밑에 GNU-44B 바이퍼 스트라이크 레이저 유도 폭탄을 탑재할 수 있다. 바이퍼 스트라이크는 GPS와 레이저 유도를 사용하는 무동력 폭탄이다. 이 폭탄은 탄두는 작지만, 정밀도가 아주 뛰어나다.

실전에서 헌터는 성공적임이 증명되었다. 헌터는 더 능력이 뛰어난 그레이 이글 무인 항공기로 대체될 예정이지만 이 과정은 시간을 필요로 한다. 기존의 헌터 비행대는 계속 운용할 수 있으므로 공식 교체일 이후에도 예비 또는 제2 편대로 활동하거나, 드론 작전을 숙달시키기 위한 훈련용으로 계속 활동할 가능성이 있다.

다른 역할로는, RQ-5 헌터가 다른 무인 항공기 탑재 장비의 시연용 항공기로 사용된 적이 있으므로 전투지에서 퇴역한 뒤 개발 시험대로 계속 활동하는 것이다. 이 역할은 노후화된 항공기에서는 드문 일이 아니므로 RQ-5 헌터도 같은 경로를 밟을 수 있다.

초장시간 체공 정찰 드론

전략적 정찰은 타국의 국경 안에서 또는 매우 먼 지역에서 무엇이 일어나고 있는지에 대해 매우 유용한 정보를 제공할 수 있다. 비밀리에 진행되는 군사적 준비를 사전에 경고하거나 주최국 정부가 비밀로 유지하기를 원하는 프로젝트를 폭로할 수 있다. 여기에는 외국인의 출입이 차단된 지역에서 새로운 무기 시스템을 시험하는 일부터 화학 무기 설치 또는 핵무기 프로젝트와 같은 불법적인 생산 시설을 만드는 일에 이르기까지, 다양한 영역이 포함된다.

왼쪽 : U-2 전략 정찰기는 1957년부터 운용해 왔고 이후 매우 많이 개선되었다. 언젠가는 퇴역할 계획으로 글로벌 호크 무인 항공기가 대체할 수 있다. 그러나 여태까지 U-2는 그 자체로 너무나 귀중해서 단계적으로 철수할 수 없다는 것을 보여주었다.

스파이 영화가 우리에게 어떤 착각을 갖게 했는지는 모르겠지만 그러한 자료를 지상에서 구하기란 거의 불가능하다. 위성은 여러 가지 가능성을 제공하지만 멀리 떨어진 지역을 관측하는 주요 수단으로 항공기를 대체하지는 못했다. 전략 정찰기에는 SR-71 블랙버드 (Blackbird)와 다소 지루한 U-2 스파이 비행기가 있다.

U-2는 계속 개선되면서 50년 이상 활동해 왔다. 비행하기가 까다롭고 착륙하기도 어렵지만 당시에는 탁월한 항공기였다. 매우 높게 날아오를 수 있기 때문에 요격이 어렵지만 사실 절대로 요격이 불가능한 것은 아니

ㅏ. 이에 비해 고고도 무인 정찰기는 더 작아서 탐지하기가 더 어려울 수 있으며, 적대적인 공중 첩보 활동으로 간주할 수 있는 일에 종사하는 동안 조종사가 추락할 위험도 없다.

따라서 고고도, 장시간 체공(High-Altitude, Long Endurance, HALE) 무인 항공기가 U-2와 같은 항공기가 수행하는 전략적 정찰 및 기타 임무를 수행해야 한다는 요구가 있어 왔다. 이러한 임무 중에는 미래 항공우주 기술에 사용될 장비 또는 시스템에 대한 고고도 연구와 시험도 있다. 그런 무인 항공기 시스템 개발을 가로막는 장애물 중 하나는 이미 그 일을 할 수 있는 항공기의 존재였다. 나이가 들었지만, 이 항공기는 개발 비용이 먼 과거에 이미 발생했다는 이점이 있었다. 무기를 개선하거나 새로운 장비 하나를 추가하는데 드는

위 : SR-71 블랙 버드는 U-2의 대체품으로 설계되었지만 고도와 속도 면에서 엄청난 성능에도 불구하고 전임자가 더 오래 살아남았다. SR-71은 1998년에 (두 번째이자 마지막으로) 퇴역했지만 초고고도, 장거리 정찰기로서의 역할은 여전히 유효하다.

시간 비교

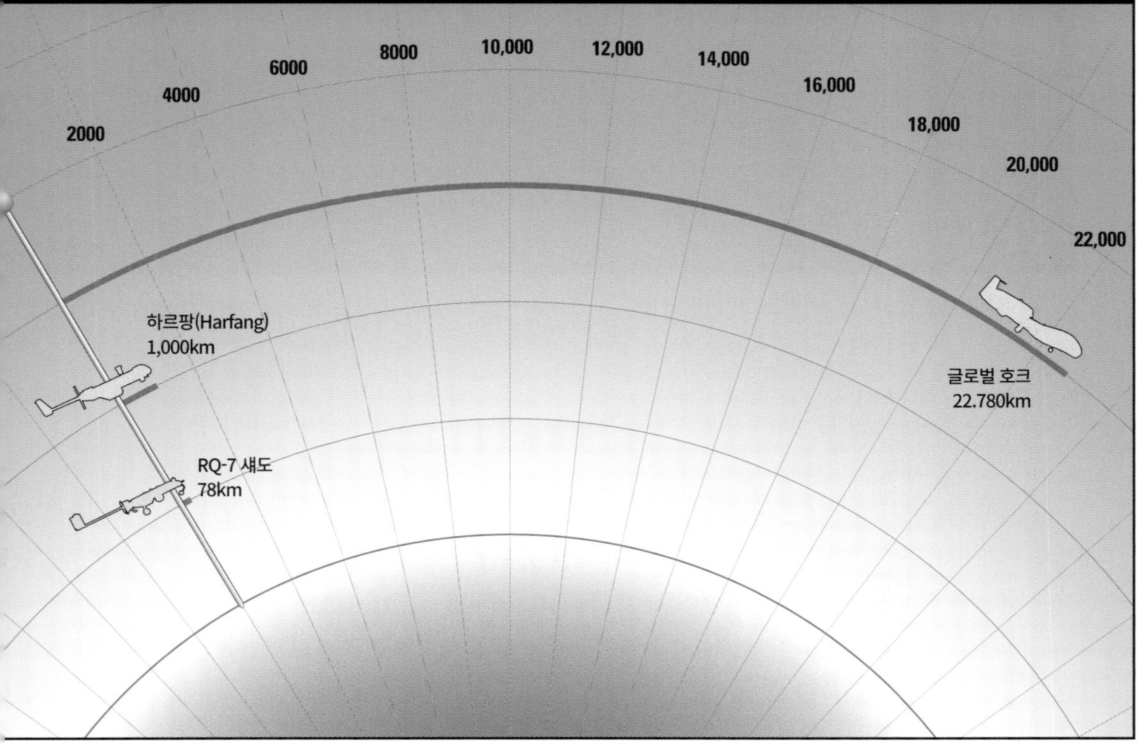

위 : RQ-4A 글로벌 호크는 이 첫 비행 이후 먼 길을 왔다. 초기 블록은 영상 정보(Image Intelligence, IMINT) 장비만 탑재하였지만, 나중 모델은 신호 정보(Signals Intelligence, SIGINT)와 통신 중계 장비를 탑재하는 것으로 향상되어 항공기의 능력이 크게 확대되었다.

비용은 근본적으로 완전히 새로운 종류의 항공기를 개발하기 위해 들어가는 비용에 비해서는 훨씬 적다.

그럼에도 불구하고 한 지역을 지속적으로 감시하고 전투 지역에서 고고도 정찰을 수행할 수 있는 초장시간 체공 무인 항공기를 만들기 위한 작업이 착수되었다. 이러한 드론에 대한 접근 방식은 능력과 성능 측면에서 이전 항공기와 매우 달랐기 때문에 문제 해결 방법 또한 여러 가지인 것으로 나타났다.

이 작업에서 직면한 문제는 카메라 또는 기타 계측기를 갖추고 초고고도에서 목표 지역에 도달할 수 있을 만큼 오랫동안 비행하면서 해당 지역에 대한 감시 능력을 갖출 수 있느냐는 점이었다. 중력은 이 싸움에서 예외를 허락하지 않는 모진 상대였다. 매 킬로그램을 모두 들어 올려 그대로 있어야 하므로, 이것은 차례로 다

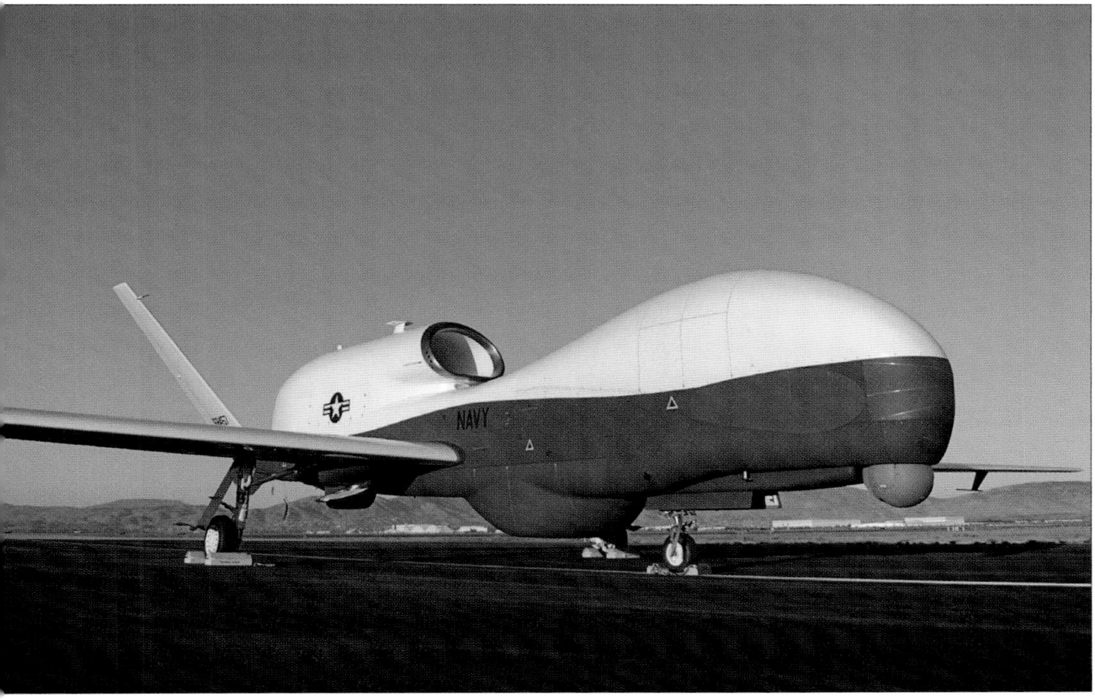

ㅣ: 글로벌 호크 무인 항공기는 복잡하고 혼란스러운 과정을 거쳐 유능한 장치로 발전했다. 초기에 간단했던 요구 사항은 그 과정을 겪으 면서 다시 고려하여 추가되었고, 반면에 변화된 전략 및 예산 환경은 설계자에게 새로운 도전과제를 부과했다.

큰 엔진 출력, 더 많은 엔진 연료 그리고 추가 중량을 견딜 수 있는 더 무거운 기체를 들어 올려야 함을 의미하고, 이것은 결국 다시 더 큰 엔진 출력을 요구하게 된다.

고성능의 무인 항공기와 경량 항공기 두 가지 모두를 만족시켜야 한다는 문제에 대한 해답은, 결국 무게를 줄이면서 사용 가능한 출력에서 양력을 최대화하고 효율을 향상시키는 일이 된다. 최종 결과는 저마다 달랐지만 그 모두가 차세대 고고도 무인 정찰기에 필요한 능력을 제공하는 데 도움이 되었다.

RQ-4A 글로벌 호크

글로벌 호크(Global Hawk)는 처음부터 비무장 고고도 정찰용 비행체로 설계하였지만, 그것이 충족시켜야 하는 요구 사항이 일관되지는 않았다. 변화하는 예산 문제, 자주 바뀌는 전략적 환경 및 국방 조달 비용 절감 정책으로 인해 프로젝트가 주어진 사양을 충족시키면 필요한 사양이 다시 바뀌곤 했다.

글로벌 호크 무인 항공기는 이러한 상황에 뛰어든 첫 번째 경우였기 때문에 변화하는 요구 사항에 대처하면서도 실현 가능성이 있을 수도, 없을 수도 있는 기술을 증명해야만 했다. 그래도 1세대 항공기지만 프로젝트가 개발됨에 따라 성숙해져 왔기 때문에 전적으로 '완전 시작(cold start)'은 없었다.

1990년대에 구상된 글로벌 호크는 U-2가 요구받은 종류의 임무를 수행하면서도, 이를 저렴하게 수행할 수 있도록 고안되었다. 또한 레이더, 열화상 및 시각 영상을 수집하는 것뿐만 아니라 전자 정찰 즉 레이더와 신호 방출 탐지를 동시에 수행할 수 있어야 하였다.

크기 비교 : 프레데터 대 글로벌 호크

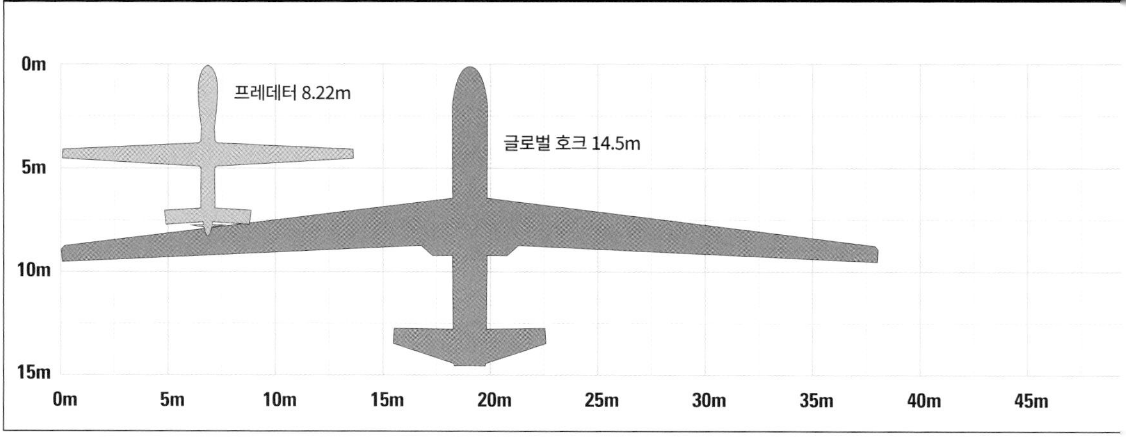

이와 유사한 다수의 프로젝트에서와 마찬가지로 글로벌 호크 무인 항공기 개발은 몇 단계 블록으로 나뉘는데 이어지는 블록마다 새로운 기능이나 수정 사항이 추가되었다. 블록 0은 사전 제작 항공기였고 2003년에 블록 10이 실용화되었다. 블록 20은 2006년에 생산을 시작했으며 2009년에 활동을 시작했다.

개선되고 수정된 버전이 계속 개발되었다. 개선된 신호 정보 능력이 블록 30에 구현되었고 다중 플랫폼 레이더 체계(MP-RTIP) 탑재용으로 블록 40 무인 항공기가 선택되었다. 이것은 원래 나토 전역에 유인과 무인 항공기를 결합하여 지상 감시 능력을 향상하려는 것이었지만 미국은 순수 무인 항공기 부대로 가기로 결정했다. 향후 글로벌 호크 개발에는 장거리 및 추가 센서 장비가 통합될 수 있고, 종내에는 무인 항공기가 탄도 미사일 경보 능력을 갖출 가능성이 있다.

글로벌 호크는 각이 진 꼬리 부분과 불룩한 정면 동체 등에서 프레데터나 어벤저 무인 항공기와 시각적으로 유사하다. 그러나 글로벌 호크가 훨씬 더 큰 항공기다. 1998년 첫 비행에서 현재의 형태에 이르기까지 개발 과정 전반에 걸쳐 크기와 무게가 증가했다. 개발은 계속될 것이고, 크기와 무게도 더 커질 것이다.

이렇게 상당히 큰 부하를 떠받치기 위해서 글로벌 호크는 강력한 터보팬 엔진을 사용한다. 많은 무인 항공기와는 달리 이륙 직후에도 조종이 꽤 힘들고 가파르게 상승할 수 있다. 글로벌 호크는 18,288-19,812m의 고도에 도달할 수 있으며 42시간 동안 고도를 유지할 수 있다.

이런 장시간 체공과 상당히 빠른 속도로 순항할 수 있는 능력 덕분에 글로벌 호크는 항속 거리가 매우 길다. 2001년 글로벌 호크는 무인 항공기로는 처음으로 도중에서 멈추지 않고 태평양을 횡단하였다. 그러나 글로벌 호크는 악천후 조건에 취약하고 제빙 장치가 부족하다. 중요한 것은 글로벌 호크에 폭풍을 예측하고 미리 회피하는 행동을 취할 능력이 없다는 것이다. 긴 비행시간을 고려할 때, 악천후를 만날 가능성은 상당히 높아진다. U-2와 같은 항공기는 '날씨의 영향을 받지 않는 고도로' 비행할 수 있지만, 글로벌 호크는 항상 그렇게 할 수는 없다.

이러한 한계에도 불구하고 글로벌 호크는 매우 강력한 센서용 비행체이다. 광학 센서와 적외선 센서, 또 열 센서와 다양한 범위의 파장에서 작동할 수 있는 전자 광학 장치를 갖추었으며 반사 망원경을 사용한다

ㅣ : 다른 많은대형 무인 항공기 프로젝트과 마찬가지로 유로 호크는 유인 정찰기(이 경우에는 대서양 해상 감시 항공기)를 대체하기 위한 것이었다. 유로 호크는 글로벌 호크를 기반으로 했지만 추가로 신호 정보(SIGINT) 장비를 탑재해야 했다. 이 계획은 민간 공역에서 무인 항공기 운항과 관련해 법률상의 문제를 겪었다.

아래 : 나사(NASA)는 글로벌 호크 무인 항공기를 장시간 체공 지구 과학 임무에 사용한다. 임무에는 지상, 바다 및 대기 상태의 측정뿐만 아니라 인공위성의 보정 및 새로운 기기 개발이 포함된다. 글로벌 호크 무인 항공기는 '온실 가스'가 지구 대기에 미치는 영향에 대한 연구에 참여하고 있다.

위 : MQ-4C 트리튼 무인 항공기는 광역 해상 감시 역할을 위해 글로벌 호크로부터 개발되었다. 트리튼은 카메라, 열화상기, 레이더와 통신 방출을 탐지하도록 설계된 계측기로 넓은 바다 지역을 감시할 수 있다. 이것은 P-8 포세이돈 해상 순찰기를 대체하기 위한 것이다.

제원: RQ-4A 글로벌 호크

길이 : 14.5m(47피트 5인치)
날개폭 : 39.8m
높이 : 4.7m
동력 장치 : 롤스로이스 북미 F137-RR-100 터보팬 엔진
최대 이륙 중량 : 14,628kg
최고 속도 : 570km/h(시속 357마일)
항속 거리 : 22,632km
상승 한도 : 18,288m
항속 시간 : 34 시간 이상

합성 개구 레이더는 또 지상 표적지시기 기능도 갖추고 있다. 이 센서 시스템들은 글로벌 호크의 내장 센서부(Integrated Sensor Suite, ISS)에 연결되어 있으며 MP-RTIP 레이더와 같은 추가 센서로 보강될 수 있다. 이 레이더는 전자식 주사 레이더 시스템이어서 항공기가 이동하면서 레이더 빔을 고정하고 조준할 필요 없이 전자기적으로 조종된다.

레이더 반사파와 열 특성을 최소화하는 스텔스 설계, 많은 지대공 무기가 교전하는 범위 위로 비행할 수 있는 능력은 글로벌 호크의 생존 가능성을 높인다. 글로벌 호크는 또한 레이더 경고 수신기와 전파 방해 장치를 탑재하고 있어서 미끼 시스템을 매달고 다닐 수 있었다.

글로벌 호크 무인 항공기에는 많은 변형 기종과 해외

탐지 및 회피 시스템

탐지 및 회피 시스템은 다양한 위험에 대응할 수 있어야 한다. 빠른 군용 항공기를 피하는데 허용된 시간은 짧지만 무인 항공기는 피아식별(Identification Friend-Foe, IFF) 장치를 이용하여 항공기가 접근하는 것을 경고할 수 있다는 이점이 있다.

민간 항공기는 군용 항공기보다 충돌 방지에 더 많은 여유를 필요로 하지만 훨씬 더 천천히 움직이는 경향이 있어서 응답기 신호방출로 자신의 존재를 알릴 수 있다. 대형 민간 항공기는 알려진 경로를 운항한다. 무인 항공기 임무는 회피 수단의 필요성을 줄이기 위해 이 항로 주변으로 경로를 정할 수 있다.

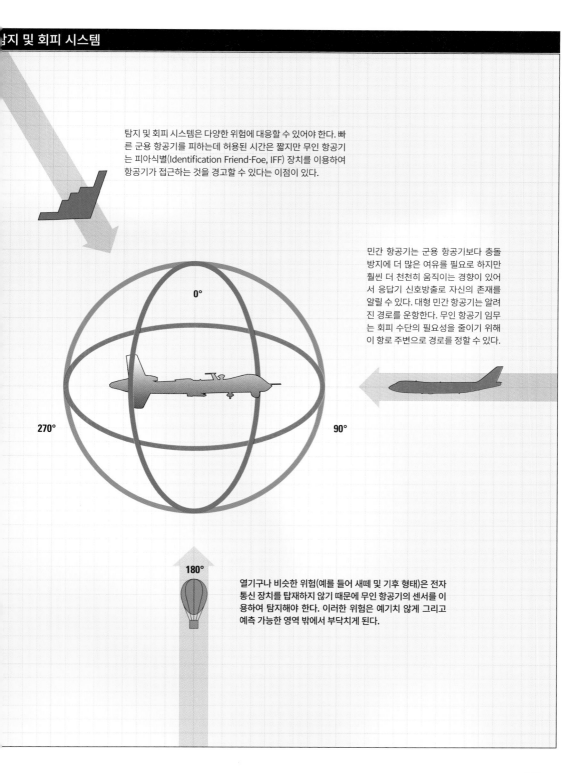

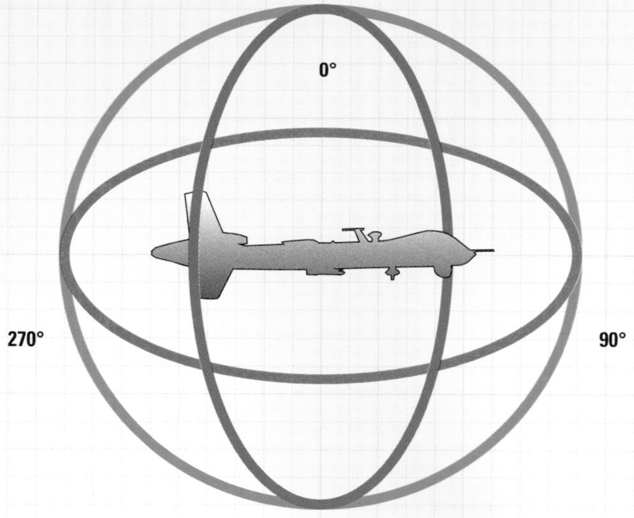

열기구나 비슷한 위험(예를 들어 새떼 및 기후 형태)은 전자 통신 장치를 탑재하지 않기 때문에 무인 항공기의 센서를 이용하여 탐지해야 한다. 이러한 위험은 예기치 않게 그리고 예측 가능한 영역 밖에서 부닥치게 된다.

위 : 제퍼는 엉성하게 보이는 항공기지만 날씨의 영향을 받지 않는 고도를 날기 때문에 처음 올라갈 때와 지상으로 돌아올 때를 제외하고는 강풍과 싸울 필요가 없다. 운항 고도에 도달하기까지 여러 시간 동안 천천히 상승해야하기 때문에 성공을 위해서는 바람이 없는 이륙 시간대가 가장 중요하다.

버전이 있는데 그 중 하나로 유로 호크(Euro Hawk)가 있다. 유로 호크는 독일 공군의 장거리 해상 감시 항공기에 대한 요구를 충족시키기 위해 고안되었다. 이 임무를 수행하는데 글로벌 호크의 고급 신호 정보 패키지와 레이더가 매우 유용했기 때문이다. 그런데 유로 호크는 유럽 영공에서 안전한 운항을 보장받을 수 있는지를 둘러싸고 어려움을 겪었다. 글로벌 호크에는 상업용 항공기 및 민간 항공기와의 충돌을 방지하기 위한 항공기 충돌방지 장치가 없다. 때문에 입법 기준에 부합하도록 무인 항공기를 수정하려는 계획이 제기되었지만, 이에 대해서는 여전히 심각한 의구심이 남아 있다.

다른 잠재적인 사용자로는 호주, 캐나다 및 일본이 있다. 이들 나라는 모두 해상 감시 역할과 아마도 북극 지역 관찰에 관심이 있는 듯하다. 미 해군은 또한 MQ-4C 트리톤(Triton)으로 명명된 변형 기종을 주문했다. 이 무인 항공기는 미 해군 및 호주 해군과의 훈련에서 성공적으로 참여하여 넓은 지역을 감시하는 자산으로 매우 유용함을 증명했다. 특히 태평양 수준의 대양 전, 말하자면 광범위한 영역에 걸쳐 고고도와 장시간 체공을 유지하며 감시 대상을 정찰하는 일에서 탁월한 능력을 발휘했다.

나사(NASA) 역시 실험용으로 글로벌 호크를 다수 도입했다. 고고도의 항공기와 고고도 무인 항공기는 대기권 상층부와 우주 가장자리 현상을 연구하는 데 유용하며 지상 또는 해양의 환경을 관측하는 데도 응용된다. 나사는 대기 오염 물질의 영향뿐만 아니라 허리케인 및 기타 기상 현상을 관측하는데 글로벌 호크를 투입했다.

제퍼

글로벌 호크는 고고도 장시간 체공(HALE) 무인 항공기를 만드는데 상당히 고성능 접근 방법을 취한 반면에 제퍼(Zephyr)는 거의 완전히 반대되는 개념을 전형적으로 보여 준다. 날개 위에 있는 두 개의 작은 프로펠러로 구동되는 제퍼는 부서지기 쉬워 보이는 창작품으로

항속 시간 비교 : 글로벌 호크 대 제퍼

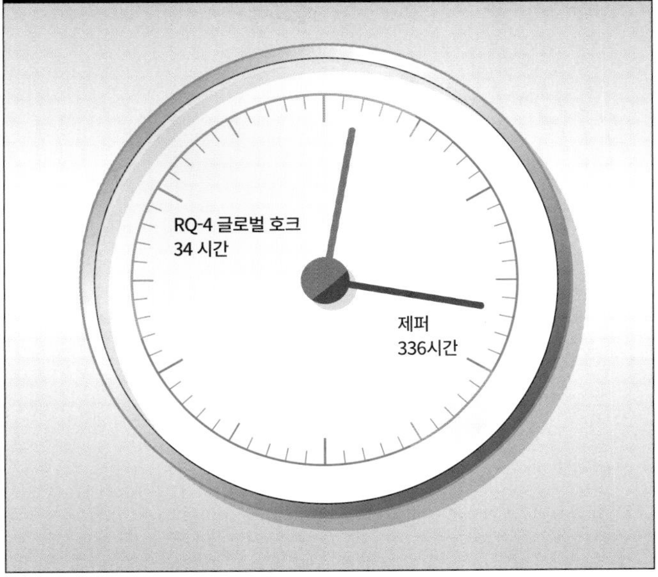

로 긴 날개와 그 위에 있는 태양 전지판으로 구성되 있다. 주간에 태양 전지판으로 무인 항공기의 전지 충전하여 야간에 모터와 시스템을 가동할 수 있다.

제퍼는 시속 55km의 완만한 속도로 비행하고, 1,000m가 넘는 운항 고도로 천천히 올라간다. 상승 날 약 12,192m 고도에 도달하고 둘째 날 상승을 완 한다. 제퍼는 결코 빨리 반응하지 않으며 빠른 반응 필요로 하지도 않는 비행체이다. 오히려 제퍼 드론 최대 3개월까지 한 곳에 머무르면서 지속적으로 관 하고, 새로운 지역으로 과제를 다시 부여 받을 수 있 록 설계되었다. 하지만 지금 당장은 아니다.

최근까지 이런 항공기를 만드는 기술은 존재하지 않 다. 이런 종류의 무인 항공기를 만드는 데 있어 주요 과제는 무게를 최소화하면서 모터와 시스템에 충분 전력을 공급하고 저장하는 것이었다. 제퍼의 프로 러를 구동하는 소형 전기 모터는 많은 전력을 필요로 지 않지만 모터와 배터리는 상대적으로 무겁다. 그렇지만 제퍼는 연료가 필요 없으므로 그만큼 탑재 중량이 줄어들며 뿐만 아니라 재급유를 위해 기지로 돌아갈 필요가 없다. 이론상으로는 15,240m보다 위에 머무르기 때문에 충분한 태양 에너지를 얻을 수 있는 한 제퍼는 거의 무한정 떠 있을 수 있다.

제퍼의 동체는 탄소 섬유를 사용하고, 그 항력은 작고 양력은 크게 만들어 체공 시 전력을 최소화한다. 이렇게 가벼운 기체는 특히 악천후에 취약하기 마련이지만 제퍼의 운항 고도는 날씨의 영향을 받는 고도보다 훨씬 높다. 따라서 목표 고도에 도달하면 이것은 문제가 되지 않는다. 다만 상승 시 이틀 이상 맑은 날씨가 지속되어야 하기 때문에 이륙 시점은 지상의 기후 조건에 다소 제약을 받는다. 그러나 이런 약점은 한번 이륙하면 이후 몇 달 동안 머물 수 있는 능력으로 보상받을 수 있다.

제퍼가 이륙하는 데는 숙련된 팀워크를 갖춘 5명의 인력이 필요하다. 이륙 팀은 제퍼 드론을 높이 들고 바

위 : 글로벌 호크는 전투기처럼 휙 하고 공중으로 날아가는데 비해 제퍼는 사람이 발사한다. 한 팀의 사람들이 제퍼를 들고 달려서 충분한 속도를 얻게 되면 아주 부드럽게 상승하기 시작한다. 이것이 아마추어처럼 보일 수도 있지만 이 첨단 무인 항공기의 믿을 수 없는 항속 시간과 고도 실적은 이렇게 이루어진다.

람 속으로 뛰어 들어가서 제퍼에 양력을 공급할 수 있도록 충분한 초기 대기 속도를 준다. 그러면 엔진이 부드럽게 가속화되면서 제퍼는 긴 고도 상승을 시작한다. 화려하지는 않지만 이런 방식의 이륙은 매우 부서지기 쉬운 기체에 거의 부담을 주지 않고 이착륙 장치가 필요 없게 해준다. 돌아올 때는 드론이 동체 착륙을 하는데, 매우 가볍기 때문에 추락하지 않고 서서히 느린 속도로 내려오므로 손상 가능성이 줄어든다.

이런 종류의 초장시간 체공 무인 항공기의 주요 이점은 아주 적은 비용으로 오랫동안 한 지역을 감시할 수 있다는 것이다. 초고성능 계기 패키지를 탑재하는 것은 당연히 불가능하고 무기는 더 말할 필요도 없다. 그러나 끊임없이 지속되는 원천에서 똑똑 떨어지듯 쉼 없이 들어오는 정보가 매우 유용할 수 있다.

제퍼의 계측기 또는 기타 탑재장비 패키지는 착탈식 포드에 탑재된다. 보통 가벼운 전자 광학 시스템을 탑재하지만 통신 중계 릴레이 장치도 탑재할 수 있다. 다른 탑재장비는 다양한 목적에 맞춰 개발 중이다.

제퍼는 이미 무인 항공기의 항속 시간과 고도 기록을 포함해서 세계 기록을 여럿 갱신했다. 제퍼는 궤도 위성에 대한 저비용 대안 항공기로서, 무인기의 사용을 검토하는 고고도 의사위성(High-Altitude Pseudo-Satellite, HAPS) 계획에 포함되었다. 고고도 드론은 신호를 위성처럼 지평선 너머로 '튕기는' 통신 중계 장치 역할을 할 수 있지만 구축하기가 훨씬 저렴하고 간단하다.

장시간 체공 정찰 드론

다른 군사 기술과 마찬가지로 무인 항공기 설계자는 새로운 기술이나 장치를 구현할 때, 능력 향상과 발생하는 비용 및 위험 요소 사이에서 균형을 잡아야 한다. 잠재적으로는 우수한 시스템이지만 당장은 기대 성능을 내지 못하는 무인 항공기는 주문을 받지 못할 경우 개발자에게 큰 손실을 입힐 수 있다. 마찬가지로, 매우 높은 성능을 가진 무인 항공기는 적절한 범위를 보장할 만큼 충분한 수량을 사기에는 너무 비싸거나, 심지어 어떤 경우에는 갖추고 있는 능력이 무엇이든 간에 견본 한 대 구매하기에도 너무 비싸서 많은 사용자들이 그것을 살 형편이 안 될 수 있다.

위 : 정보 처리와 정보 유통은 군사 작전의 필수 부분이다. 다른 위계의 지휘관은 서로 다른 요구를 하지만 대개 모두 같은 원시 자료에서 추출해서 제공할 수 있다. 무인 항공기는 새로운 정보 수집 기회를 만들었지만 그 정보를 처리하는 기술이 보조를 맞추어야 한다.

군대는 대개 무인 항공기를 조달할 때 고가 고성능 시스템을 적게 구입하고, 기본 능력을 갖춘 시스템을 아주 많이 구입해서 적절한 가용 범위를 확보한다. 많은 지상군 부대에서 이용할 수 있는 드론이 수집한 보통 수준의 많은 정보가 단 한 곳의 뛰어난 능력보다 더 가치 있을 수 있다.

그런 점에서 다양한 장시간 체공 정찰 드론은 전략적 및 전술적 수준 모두에서 귀중한 정찰을 제공할 수 있다. 지상군 중대장은 아주 가까이에 임박해서 일어나고 있는 일을 알아야 하지만, 상급 사단의 기획 참모는 그보다 더 오랜 기간에 걸쳐 적의 능력과 의도를 나타낼 수 있는 더 큰 그림을 필요로 한다. 정보를 잘 처리하여 적시에 배포한다면 같은 기종의 무인 항공기들이 수집한 정보가 두 요건 모두에 부합할 될 수 있다.

이런 이유에서 정보 작전과 관련된 인력은 새로운 기술 발전에 발맞춰 정보 처리 절차에 세심한 주의를 기울여야 했다. 정보가 너무 많으면 정보가 너무 없는 것과 마찬가지로 문제가 될 수 있다. 잡동사니처럼 지나치게 많은 자료 속에서 적군을 놓쳤는지 단순히 적군이 전혀 보이지 않았는지는 중요하지 않다. 그렇기 때문에 각 정찰 드론을 별개로 놓고 생각할 수 없다. 지상 통제소의 정보 처리 기술은 드론에 탑재하는 센서와 똑같이 중요하다. 드론은 모든 구성 요소를 잘 사용하고, 사람들이 수집한 자료를 최대한 활용하는 방법을 이해하도록 만들 때만 크게 도움이 되는 꾸러미의 한 부분이다.

파이어비

라이언 파이어비(Ryan Firebee)는 1950년대에 무인 표적기로 출발했다. 처음 이 드론은 고속 항공기와 미사일을 훈련할 목적에서 모의실험용 제트 동력 표적기로 개발되었다. 파이어비는 처음부터 재사용이나 전자 장치 탑재가 탑재 가능하도록 고안되었으며, 채점 시스템을 탑재하고 있었다. 또 적외선 추적 미사일을 동체에서 먼 곳으로 끌어들이기 위해 날개 끝에는 신호탄이 있었다.

파이어비 드론은 있을 수 있는 다양한 상대를 흉내 내기 위해 여러 가지로 환경 설정할 수 있게 설계되었고, 방어 대책을 전개할 수 있는 능력과 적군 영공으로 '돌진' 침투하는 고속 폭격기처럼 매우 낮고 빠르게 비행할 수 있는 능력을 동시에 갖추고 있었다. 파이어비에 대한 공격이 성공하면, 이 드론은 낙하산을 펼치고 내려오는 중에 헬리콥터를 이용해서 공중에서 잡거나 물 위에 떠 있을 때 회수한다. 많은 파이어비는 오랜 경력을 갖고 있어 여러 번 회수에 성공하였고, 공중 또는 해상 회수를 나타내는 상징이 장식되었다.

1960년대에 파이어비 무인 항공기를 고고도 전략 정찰 목적으로 사용할 수 있다는 것이 점차 분명해졌다. 이에 따라 레이더 특성을 줄이기 위해 파이어비를 개조하였고, 그 중 일부는 수많은 요격과 격추를 통해 얻은 자신의 지식을 이용했다. 주로 현대의 표준에 따라 더욱 단순화되었는데, 여기에는 레이더 반사를 줄이기 위해 공기 흡입용 스크린을 개조하고 외부 표면에 페인트와 레이더 흡수제를 조합하여 칠하는 방식이 포함된다. 파이어비의 정찰기 버전은 C-130 수송기에서 발사된 뒤 몇 시간 동안 22,860m에 이르는 고고도에서 떠다닐 수 있었다. 이 드론은 직접 명령을 받거나 회수를

위 : 파이어비 무인 항공기는 원래 1951년에 무인 표적기로 활동을 시작했다. 파이어비는 항공기 날개 밑에 있는 발사기에서 떨어뜨리거나 로켓 보조 이륙 추진기를 사용하여 지상에서 발사하도록 설계되었다. 정보 수집용 비행체의 임무는 1960년대에 시작되었다.

위 : 파이어비 무인 항공기는 처음에는 A-26 인베이더(Invader) 폭격기의 날개 밑에서 발사하도록 설계되었다. 1960년대에 개발되었 Q-2C 또는 BQM-34A로 명명된 제2세대 파이어비는 그 대신 C-130 허큘리스(Hercules) 수송기에 장착된 파일론에서 발사하였다. 모기(機)는 최대 파이어비 4대를 발사하고 제어할 수 있다.

ㅣ해 목표 지역을 떠나기 전에 미리 정해진 코스를 비
행할 수 있었다. 파이어비는 오랜 경력 동안 여러 지역에 배치되었는데, 그중에는 북한에 대한 신호 정보 처리 및 통신 도청 작업 수행도 포함된다.

파이어비 무인 항공기는 활동 기간 내내 더 나은 엔진과 새로운 능력으로 개선되었으며, 계속해서 무인 표적기로 많이 사용되었고, 일부는 정찰기로 사용되었다. 나중에는 2003년 이라크 공습 전 이라크 방공 레이더를 교란하기 위해 금속조각을 살포하는 것과 같은 다른 용도로 쓰였다. 이 개념은 새로운 것은 아니고 제2차 세계 대전 중에 처음 수행되었지만, 그때는 유인 항공기가 방어망이 쳐진 공역 내로 들어가야 했다. 레이더 교란용으로 금속조각을 떨어뜨리기 위해 드론을 보내면서 유인 항공기의 위험은 크게 줄어들었다.

파이어비 무인 항공기는 일반적으로 C-130 수송기에서 운용하고, 이 수송기 날개 하단부의 파일론에 탑재한다. 보조 추진로켓을 사용하여 지상에서 발사할 수도 있다. 현대의 파이어비는 GPS 유도와 다양한 방어대책을 사용하여 다양한 표적을 대신하는 모의실험에 활용되고, 훈련 중 손상 평가와 같은 작업에도 이용된다.

RQ-170 센티넬

RQ-170 센티넬(Sentinel)은 2007년 첫 비행 이후 20여 대 남짓이라는 비교적 적은 수가 제작되었으나 널리 배치되지는 않았다. 센티넬은 정보, 감시, 표적 획득, 정찰(ISTAR) 전용 비행체로 공습 후 피해 평가에 사용되었다.

RQ-170 센티넬은 유인 스텔스 항공기, 특히 B2 스피릿 폭격기와 현재는 퇴역한 F-117 나이트호크 '스텔스 전투기'와 뚜렷한 유사성을 갖고 있다. 관측당할 가능성을 낮추기 위해 '전익기' 모양으로 설계되었고, 강력한 방공망을 뚫어야 하거나 발각될 경우 매우 껄끄러운 상황을 초래할 만한 정치 환경 속에서 정찰 임무

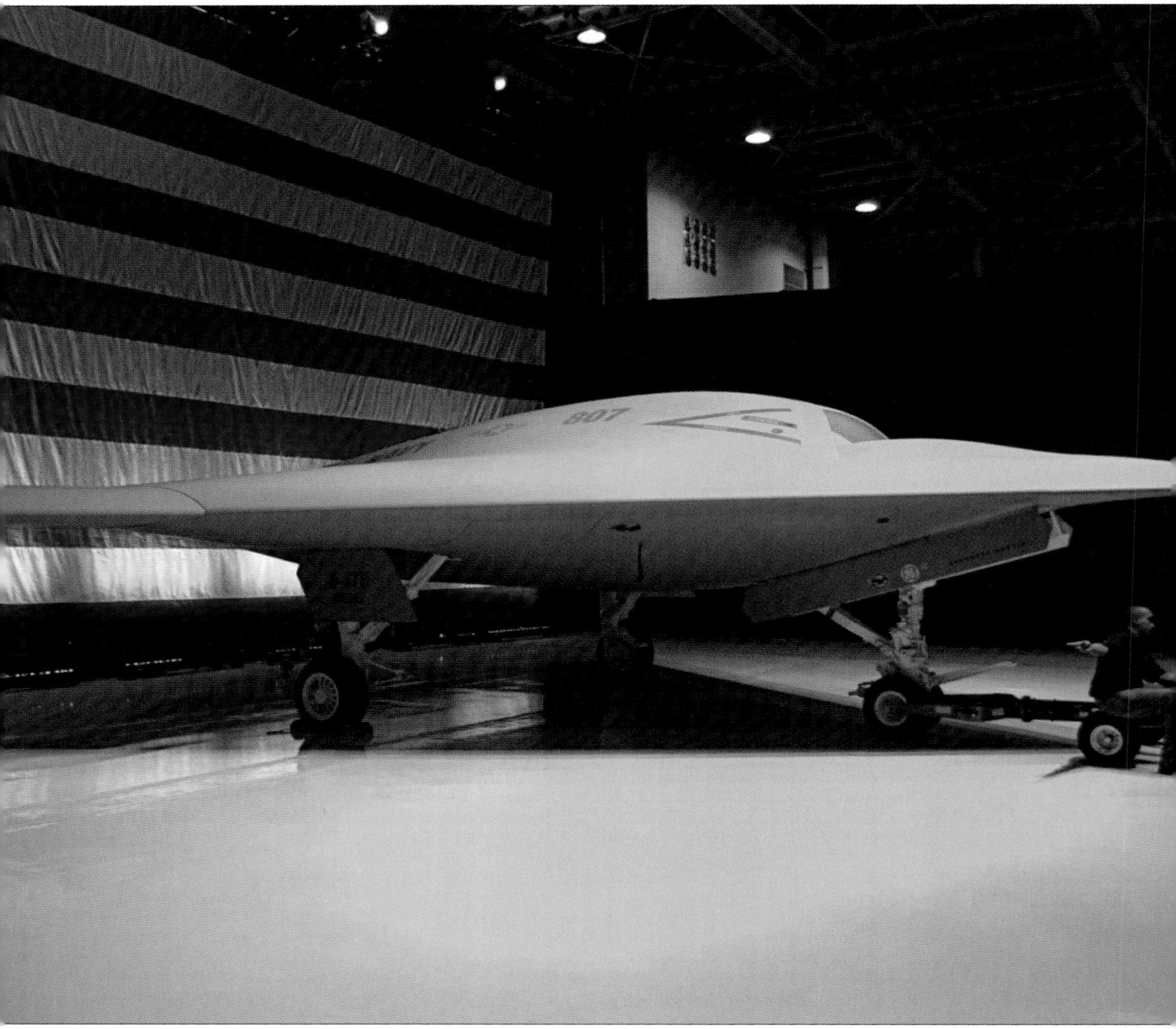

위 : RQ-170 센티넬 무인 항공기는 기밀로 유지되지만 신호 정보 및 영상 정보 작전을 위한 장비를 갖춘 스텔스 항공기인 것으로 보인다. 보도에 따르면 RQ-170은 오사마 빈 라덴이 사용한 화합물에 대한 감시 정보를 제공했으며, 지역의 무선 송신을 감시함으로써 그를 제거하는 작전을 지원했다.

를 수행했다.

항공기 구조의 대부분은 경량 복합 재료로 만드는데 이것은 같은 강도의 금속보다 레이더 반사파를 더 감소시킨다. 상세 성능에 대한 정보까지 입수할 수는 없지만 십중팔구 무게 대비 추력의 비율이 높은 터보팬 엔진으로 구동될 것이다. 마찬가지로 실용 상승 한도는 알려져 있지 않지만 아마도 최대 약 15,240m인 중고도 구역 어딘가 일 것이다. 항속 시간은 매우 중요한 요소이지만, 이 역시 공개되지 않고 있다.

센티넬은 무기용 비행체가 아니며 처음부터 은밀한 정보 수집용으로 설계된 드론이다. 센티넬은 기수(機首) 밑바닥에 전자 광학 카메라를 탑재하고 날개 윗면

: 2011년 말 이란에서 RQ-170이 추락했다. 아마도 시스템 고장 때문일 수 있다. 이란 정부는 센티넬을 포격이나 일종의 제어신호 교란 로 격추했다고 주장하였고, 항공기를 전시했다. 이것은 무인 항공기를 역설계 하였다는 주장과 마찬가지로 가짜일 가능성이 매우 높다.

는 전기 광학 센서는 물론 열 센서도 탑재하고 있다. 성 개구 레이더(SAR)와 전자식 주사 배열 레이더 시 템이 하부동체의 보호 덮개(belly fairing)에 탑재된 . 또한 이 드론은 전자전 장비와 신호 정보 장비를 탑 할 수 있고, 방사성 입자 탐지기를 그 대신에 탑재하 나 추가로 탑재하면 핵무기 시설의 위치 파악에도 사 할 수 있다.

이 항공기의 스텔스 특성과 방사능 또는 핵무기 계획 지 능력 때문에 아프가니스탄에 배치된 RQ-170 센 넬은, 사실은 이란을 감시하기 위해 사용된 것이 아 냐는 추측을 낳았다. 작전 경험을 얻기 위해 드론을 용하였다거나 그냥 가능한 일이기에 그랬을 가능성 있겠지만, 탈레반의 손에는 정교한 레이더 시스템이 으므로 실제로 아프가니스탄 작전에는 이 스텔스 드 이 필요하지 않았다.

센티넬 무인 항공기는 2007년 아프가니스탄에서 운용되기 시작했고 그 사실이 2009년에 공개적으로 확인되었다. 또한 U-2 정찰기를 대체해서 한국에 배치되어 북한의 활동을 감시하는 임무도 수행했다. 이란에서 이 드론이 추락하는 바람에 아프가니스탄 기지에서 운용된 센티넬 무인 항공기가 이란에 대한 정찰 비행을 하고 있었던 사실이 밝혀졌지만(위 사진 참고:역자 주), 이것이 센티넬이 수행한 전체 임무는 아니다. 실제로 센티넬이 수집한 자료는 알카에다 지도자 오사마 빈 라덴(Osama bin Laden) 제거 작전에도 사용되었다.

이 무인 항공기는 지상 통제소에서 제어하지만 대부분의 임무를 자율적으로 수행할 수 있다. 다른 모든 항공기와 마찬가지로 이 항공기도 작전 중 손상을 입기 마련이지만, 견고한 다중 전자 장치와 기지 복귀 장치로 인해 그 가능성이 최소화된다. 센티넬 무인 항공기는 자동으로 이륙하고 착륙할 수 있으며, 교신이 끊어지면 가능한 경우 스스로 길을 찾아 기지로 복귀한다.

장시간 체공 정찰 드론의 실용 상승 한도 비교

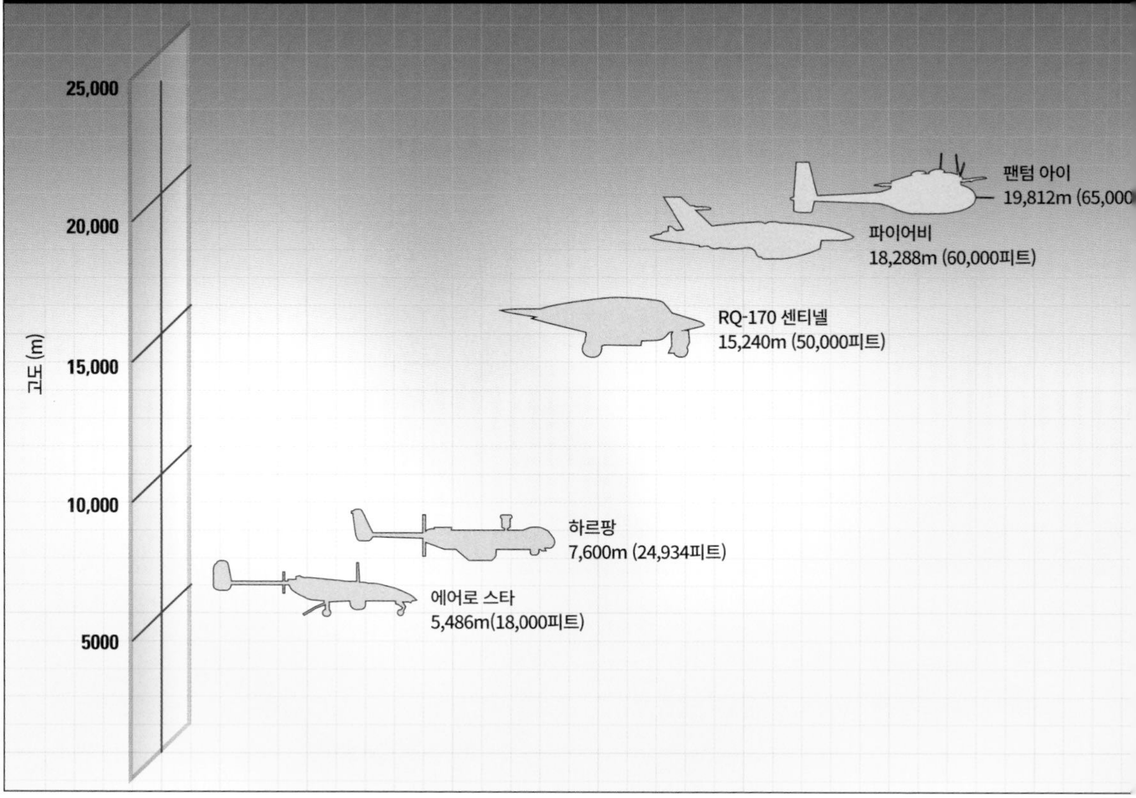

심각한 고장이나 적의 행동만이 센티넬을 추락시킬 수 있을 것이다.

이란 관리들은 이란에서 추락한 RQ-170을 역설계해서 무기를 탑재할 수 있는 자체 버전을 제작했다고 주장했다. 하지만 센티넬은 매우 복잡한 항공기이므로 사실이 아닐 가능성이 높다. 그 짧은 시간 안에 이 드론의 비밀을 파악하고 한 발 더 나아가 개선된 버전을 구현할 수 있는 사람은 아마도 그럴 필요 없이 이미 더 나은 무인 항공기를 만들어냈을 것이다.

에어로스타

에어로스타(Aerostar)는 여러 무인 항공기 제조사가 선호하는 쌍 꼬리 날개와 추진 프로펠러 구성을 사용한다. 구동부가 뒤로 가면서 무인 항공기의 기수 부분에 카메라를 장착할 수 있게 되었고, 또 구동부 앞쪽에 화물칸을 두는 것으로 영역을 구획하였다. 에어로스타는 2000년에 선보였는데 그 직후 이스라엘 방위군(IDF에 전술 정찰, 국경 순찰 및 보안 작전용으로 채택되었다. 다른 사용자들도 이를 따랐고, 이어 에어로스타 무인 항공기는 이스라엘 경찰이 시험가동하기에 이른다.

교통 감시 또는 수상한 차량을 추적하기 위해 헬리콥터를 사용하는 것은 오래된 일이다. 그런데 무인 항공기는 같은 능력을 저렴한 비용으로 할 수 있고, 유인 헬리콥터보다 훨씬 오래 임무 위치에 머무를 수 있다. 일상적으로 교통을 감시하는 작은 드론은 발견될 가능성이 낮기 때문에 운전자는 어떤 특정 시간에도 자신이

!찰되고 있지 않다고 확신할 수가 없다. 이 때문에 많은 운전자가 속도위반과 다른 교통 위반을 범하지 않도록 할 것이라고 제안되었다.

이런 방식으로 드론을 사용하는 것은 운전자가 법을 어기고 빠져나갈 좋은 기회가 언제인지 알 수 없게 하므로 어쨌든 속임수라고 생각하는 사람도 있지만, 이스라엘의 사법기관은 그렇게 생각하지 않은 것 같다. 이스라엘 경찰은 에어로스타의 통제 장치를 갖춘 경찰차를 배치한 시범 운영 중에 수많은 지원자들에게 그들이 여러 가지 위반을 저지르고 있는 영상을 보여주었다. 이 프로젝트는 운전자 교육과 위반 처벌의 관점 모두에서 충분히 성과를 거둘 가능성을 보였고, 현재 무인 항공기를 이용한 교통 감시를 널리 보급하는 것을 고려하고 있다.

에어로스타는 상호 운용성과 유연성을 염두에 두고 개발되었다. 유연성은 수출 고객을 찾을 때 중요한데, 최종 사용자는 드론을 선택할 때 특정 센서 시스템이나 장비 패키지를 염두에 둘 수 있기 때문이다. 수출용 설계로 성공하려면 다양한 패키지를 수용할 수 있어야 한다.

그에 비해 모든 사용자가 상호 운용성에 관심을 보이지는 않는다. 어떤 사람들은 자신의 드론을 독립적으로 사용하는 것을 선호할 수 있다. 예를 들어 에어로

위 : 에어로스타는 통합 비행 제어 시스템을 사용하여 전체 작전 중에 이륙과 착륙을 포함하여 항법, 엔진 출력, 기수의 방위, 탑재장비 관리를 다룬다. 운용자는 무인 항공기에 어디로 가야 할지, 무엇을 보아야 하는지와 같은 일반 사항을 알려주지만, 세부 사항에 대해서는 신경 쓸 필요가 없다.

아래 : 기존 항공기 방식의 배치를 사용하는 에어로스타와 같은 무인 항공기는 첨단 스텔스 전익기(全翼機) 형태보다 개발하기가 쉽다. 추진 프로펠러가 있는 소형 항공기 모양은 항공기 중량 대비 탑재장비 비율이 우수하고, 전방 관측 기기를 방해하지 않으면서 최대한의 탑재 공간을 만들어 낼 수 있다.

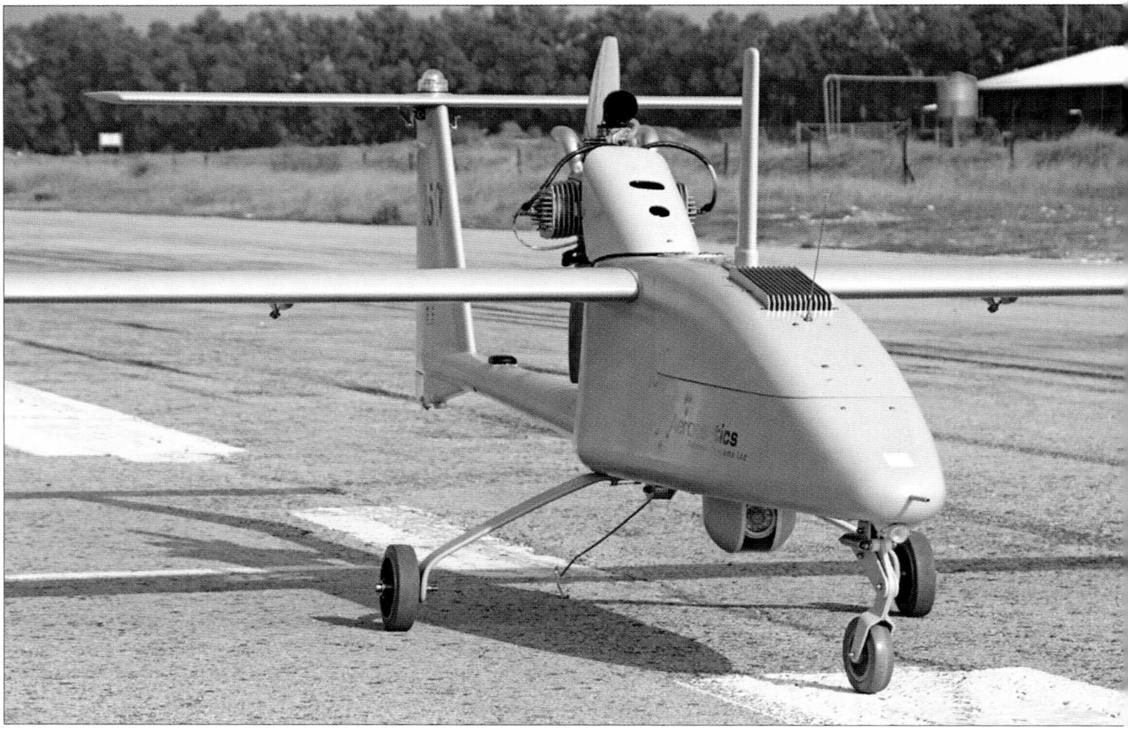

위 : 에어로라이트 무인 항공기는 비행기 발사기 또는 기존의 활주로에서 신속하게 조립하고 이륙할 수 있도록 설계되었다. 이륙과 착륙은 자동화되어 있고 비행하고 나면 운용자는 무인 항공기를 수동으로 유도할지 또는 자율적으로 운전하도록 할지를 선택할 수 있다.

에어로스타의 확대 운용 반경

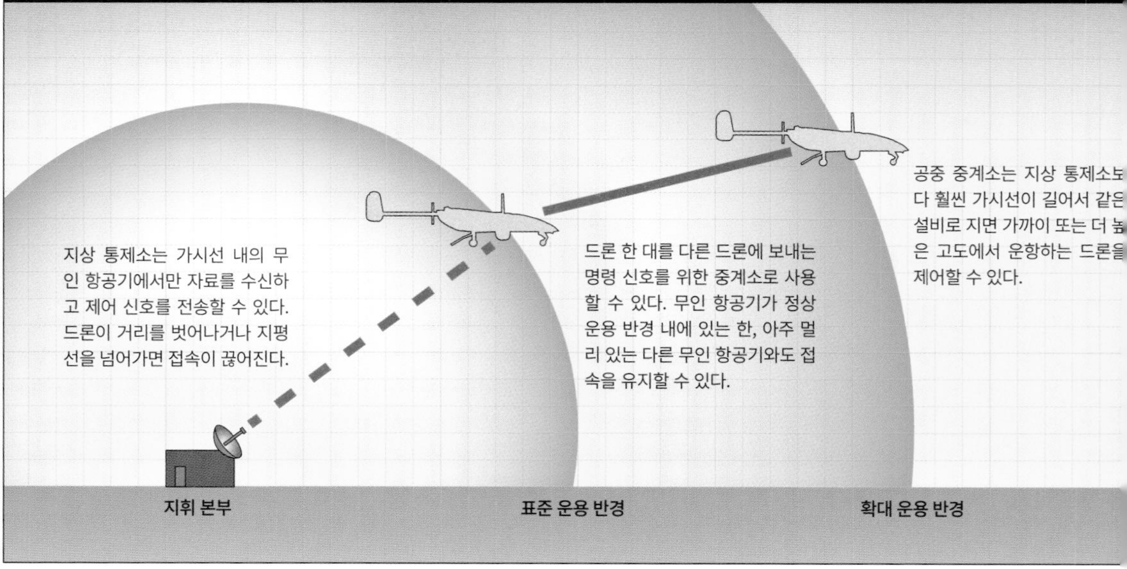

지상 통제소는 가시선 내의 무인 항공기에서만 자료를 수신하고 제어 신호를 전송할 수 있다. 드론이 거리를 벗어나거나 지평선을 넘어가면 접속이 끊어진다.
드론 한 대를 다른 드론에 보내는 명령 신호를 위한 중계소로 사용할 수 있다. 무인 항공기가 정상 운용 반경 내에 있는 한, 아주 멀리 있는 다른 무인 항공기와도 접속을 유지할 수 있다.
공중 중계소는 지상 통제소보다 훨씬 가시선이 길어서 같은 설비로 지면 가까이 또는 더 높은 고도에서 운항하는 드론을 제어할 수 있다.
지휘 본부
표준 운용 반경
확대 운용 반경

제원 : 에어로스타

길이 : 4.5m(15피트)
날개폭 : 8.5m(28피트)
높이 : 1.3m(4피트 3인치)
동력 장치 : 1 x Zanzottrra 498i 2행정 복서 엔진
최대 이륙 중량 : 220kg(485파운드)
최고 속도 : 200km/h(시속 126마일)
상승 한도 : 5,486m(18,000피트)
항속 거리 : 250km(155마일)
항속 시간 : 12시간

ㅡ타는 프레데터 또는 리퍼와 같은 다른 무인 항공기 ㅣ서 이행하기로 계획된 탐지 및 회피 시스템을 테스 ㅌ하는 데 사용되었다. 이런 적용 분야는 다른 시스템 ㅏ 통합할 필요가 없다. 그러나 네트워크 중심의 접근 ㄹ 선호하는 사람들에게는 헬리콥터, 전함 및 기타 비 ㅂ체와 통합될 수 있는 무인 항공기가 몇 가지 중요한 ㅣ점을 제공한다.

에어로스타는 많은 무인 정찰기와 마찬가지로 자료 ㄹ 지휘소로 실시간으로 보내고 필요에 따라 통제소에서 전파할 수 있도록 설계되었다. 통제소는 복수 드론의 운영 본부 또는 휴대용 탑재장비 통제소의 형태를 갖추고 있고, 목표 지역에 가까이 있는 통제소의 요원이 가까운 상공에 있는 무인 항공기에게 정보 수집 절차를 실행하도록 지시하여 그 당시 필요로 하는 정보를 정확히 얻을 수 있게 할 수 있다. 이렇게 하여 임무 단계의 계획 수립을 강화하고 지상군이 들어가기 직전에 해당 지역을 정찰할 수 있다.

무인 항공기 자체는 작동하기 쉽고 가능한 한 실수를 방지할 수 있게 설계되었다. 중요한 명령은 통제소에서 운용자에게 질의하는 방식으로 이루어져 잠재적인 위험이 예상되는 운항을 계속하거나 멈출 기회가 제공되지만, 대부분의 운항은 GPS 및 관성 항법 장치를 이용하여 자동으로 이루어진다. 열 센서와 전자 광학 센서 외에도 탑재장비에는 합성 개구 레이더 및 전자전 또는 지능형 패키지가 포함된다. 비행체에 여러 패키지를 탑재할 수 있으므로 필요하면 단일 임무 중에도 다양한

ㅣ : 2008년과 2009년에 이스라엘 군은 여단 수준에서 상황 인식과 전장 감시를 위해 헤론 무인 항공기를 통합하는 실험에 성공했다. 이 ㅡ라엘은 무인 항공기 비행 중대를 지휘 계통에서 상대적으로 낮게 배치함으로써 정보를 가장 필요로 하는 사람들에게 바로 적시에 정보 ㄹ 전파할 수 있었다.

능력을 제공할 수 있다.

에어로스타 드론 한 대를 다른 드론으로 보내는 명령 신호 중계기로 사용하여 에어로스타의 운용 반경을 확대할 수도 있다. 지상 통제소의 제어 범위가 가시선(line-of-sight)으로 제한되기 때문에 에어로스타는 운용자가 위성 연결을 사용하지 않고도 멀리 떨어진 드론을 '지평선 너머(over the horizon)'에서 제어할 수 있도록 해준다. 무인 항공기의 지향성 안테나는 지상 안테나로 교신이 유지될 수 있는 거리보다 훨씬 더 먼 거리 더 높은 고도에서 운항하는 다른 드론을 '볼' 수 있다. 이 중계시스템 덕분에 기지로부터 거리가 멀어질 수록 드론을 더 높은 고도에서 운용할 필요가 없다. 중계 신호를 이용하면 다른 방법으로는 조사할 수 없는 표적에 카메라를 들이대려 저공비행하는 드론도 제어할 수 있다.

헤론/하르팡

헤론(Heron) 무인 항공기는 1994년에 첫 비행을 했고 쌍둥이 꼬리 날개 조합과 추진 프로펠러를 사용한다 수출에서 상당한 성공을 이루어 전 세계 수많은 사용자가 채택하였다. 중고도 장시간 체공(Medium Altitud Long-Endurance, MALE) 무인 항공기로 설계된 헤론

위 : 하르팡 무인 항공기는 프랑스 군대가 이스라엘로부터 양산 중인 무인항공기를 구매하여 조달 격차를 메우기 위한 시도로 시작되었다. 헤론 드론을 수정하여 하르팡을 만들었는데, 하르팡은 교황의 리비아 방문을 위한 보안 제공과 리비아에 대한 군사 정찰 등의 다양한 임무를 완수했다.

제원 : 하르팡

길이 : 9.3m(30피트 5인치)
날개폭 : 16.6m(54피트 5인치)
동력 장치 : 1 x 로텍스 914F 터보차저 엔진
최대 이륙 중량 : 1,250kg(2,756파운드)
최고 속도 : 207km/h(시속 129마일)
상승 한도 : 7,600m(24,934피트)
항속 거리 : 1,000km(621마일)

은 신호 정보와 통신 도청 장비, 열화상 카메라와 전자 광학 카메라, 레이더 장비를 비롯한 다양한 임무 패키지를 탑재하고 있다. 헤론 드론은 전장 감시와 미사일 또는 로켓 공격 예고에서 포병 사격 조정에 이르기까지 다양한 임무에 사용되었다.

헤론은 가시선 무선 명령 또는 위성 인터페이스를 사용하여 지상 통제소에서 직접 제어하거나 자율 운전할 수 있다. 임무 패키지는 직접 제어하거나 사전 설정된 매개 변수에 따라 작동할 수 있다. 항법은 자동 이착륙 시스템을 갖춘 GPS로 이루어지고, 제어 신호가 손실되는 경우 무인 항공기는 기지로 돌아가서 자동 착륙하도록 설정된다.

헤론 드론은 가자 지구에서 시작하여 아프가니스탄과 다른 분쟁 지역에서 활동했다. 2008년과 2009년 가자 지구 이스라엘 방위군의 작전에서는 헤론 및 다른 무인 항공기를 전술 정찰과 전장 감시를 위해 광범위하게 사용했다. 이 작전은 지상군과 포병, 공군 및 해군 부대를 포함한 지원군 간의 긴밀한 협조로 이루어진 것이 특징이었다. 여러 병과 조직 간에 정보 및 정찰 자료가 신속하게 전달된 덕분에 복잡하고 혼란스러운 전투 상황에서도 신속한 대응과 효과적이고 긴밀한 지원이 가능해진 것이 그 일부다.

수많은 국가가 제안 받은 대로 헤론 드론을 구매하기로 결정한 반면에, 프랑스는 대신 하르팡(Harfang)이

ㅣ: 이스라엘 운영자는 때로 헤론 TP 무인 항공기를 헤론2 또는 에이탄이라는 이름으로 부른다. 헤론 TP는 일반적인 정찰 및 감시 업무 ㅣ에도 전략 미사일 방어 및 공중 급유 기능을 제공하기 위해 개발되었다. 고고도에서 운항할 수 있는 능력이 있어서 많은 상대방의 요격 능력을 뛰어넘을 수 있다.

라는 파생 기종을 개발하기로 했다. 이 무인 항공기는 당시 프랑스 군대에서 활동하던 RQ-5 헌터 부대를 대체하기 위해 개발되었다. 하르팡은 2006년 첫 비행을 했고, 2008년부터 활동을 시작했다. 그 후 하르팡은 아프가니스탄, 말리 및 리비아에서 프랑스의 작전을 지원했으며 2007년에는 교황이 프랑스를 방문하는 동안 보안 수단으로 배치되었다.

한편 헤론 TP 또는 에이탄(Eitan)이라는 이름을 가진 새 버전이 개발되었다. 에이탄은 헤론에 공중 급유 같은 능력을 추가한 기종이다. 더 높은 고도에서 운용할 수 있으며 차가운 대기 및 높은 고도에서 작전을 수행할 수 있도록 제빙 시스템을 갖추고 있다. 에이탄은 탑재장비용으로 몇 개의 장비 칸과 장비 부착점이 있어 다양한 임무에 맞춰 최적화된다. 무인 항공기에서 어떤 시스템은 다른 시스템과 다른 배치가 필요하기 때문이다.

에이탄 무인 항공기는 또한 헤론보다 더 강력한 엔진과 향상된 항공 전자 장비를 갖추고 있다. 상업 운항에서 사용하는 고도 이상인 최대 12,192m까지 비행할 수 있으며 최대 36시간까지 임무를 수행할 수 있다. 이 시간은 다른 에이탄 드론의 공중 급유로 연장될 수 있어 초장시간 비행이 가능할 수도 있다.

팬텀 아이

팬텀 아이(Phantom Eye)는 2012년에 첫 비행을 하였으며, 액화 수소 연료를 사용하는 최초의 무인 항공기

아래 : 팬텀 아이는 연비가 매우 우수한 액체 수소로 구동되는 최초의 무인 항공기이다. 이 덕분에 팬텀 아이는 한 번에 4일 동안 고고도를 유지할 수 있다. 이 항공기에 대한 경험은 항속 시간이 1주일 이상인 차세대 수소 연료 드론 개발에 사용될 예정이다.

다. 팬텀 아이의 쌍발 엔진은 재래식 지상 차량의 엔 에서 파생된 것인데 고고도에서 맞닥뜨리는 산소 부 환경에서 작동할 수 있도록 터빈식 과급기(터보차)가 장착되었다. 이 시스템은 탄소 배출량이 적은 것 로 유명한데 이것을 군용 장비에서 고려하기에는 이 하게 보일 수도 있다. 그러나 최근에는 환경에 대한 려가 군용 프로젝트의 자금 승인 여부에까지 영향을 치기 시작했고, 앞으로 국방 조달에 있어 점점 더 중 한 요소가 될 수 있다.

더 직접적으로는 연료 효율이 높아진 수소 동력 엔진이 지속적인 정보 수집과 그와 비슷한 장기 작전을 위한 드론을 제작할 때 중요한 고려사항으로 떠올랐다는 점이다. 팬텀 아이는 다양한 범위의 임무를 수행할 수 있는데 이 모두가 군용은 아니다. 팬텀아이는 탑재장비를 교체하면 환경 감시나 다른 과학 응용 분야에 사용할 수 있다. 그리고 드론의 중계 장치를 사용하여 끊임없이 통신이 연결되도록 해줄 수 있는 통신 중계 비행체로 제안된 적도 있다.

래 : 팬텀 레이는 이전의 X-45 프로젝트(미 해군의 항공모함 발진 무인 감시 및 타격 계획의 후보)과 팬텀 아이로 입증된 개념을 기반으로 기술 시연기다. 팬텀 레이는 항속 시간을 10일 이상으로 늘릴 수 있도록 팬텀 아이보다 더 큰 양력과 성능을 제안한다.

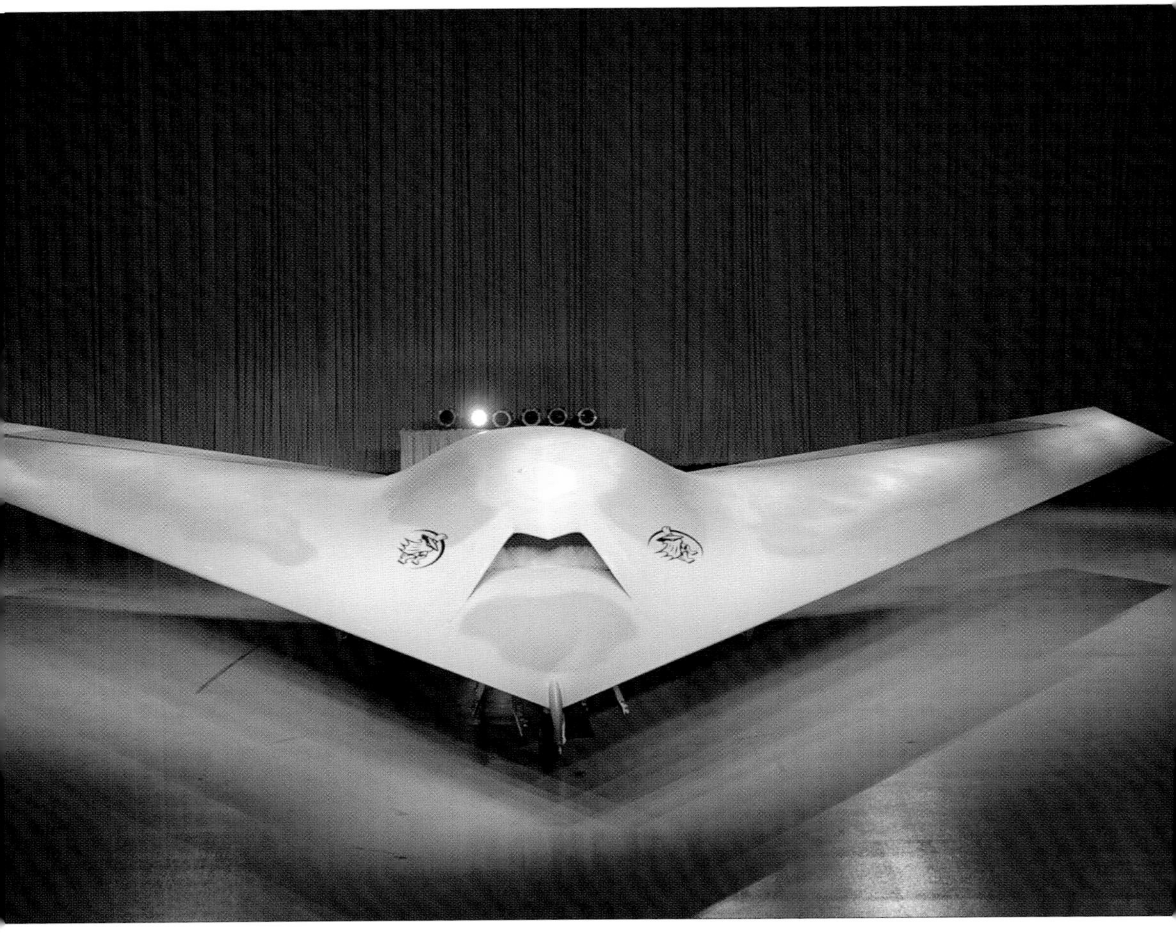

매우 높은 고도에서 피스톤 엔진을 작동시키는 데 따르는 어려움은 작지 않았다. 운용할 무인 항공기에 설치되기 전에 엔진은 고고도 조건과 똑같이 만들어진 지상의 시설에서 광범위하게 시험되고 개선되었다. 엔진은 밀도가 낮은 공기와 추운 환경에서 단순히 견딜 수 있는 능력이 있어야 할 뿐 아니라 아주 오랜 기간 동안 그렇게 유지할 수 있어야 했다.

팬텀 아이의 전체적인 모양은 스텔스 기능보다 효율성을 위한 것이다. 팬텀 아이는 19,812m(65,000피트)의 초고고도에서 운항할 수 있는데 이 고도는 요격이 거의 불가능하다. 설계자는 이를 염두에 두고 주로 탑재장비 용량, 고도 및 체공 시간에 집중했다. 그들은 피스톤 엔진을 장착한 항공기로 고도 신기록을 세운 초기의 무인 항공기 프로젝트인 콘도르(Condor)의 경험에 의지할 수 있었다. 콘도르는 또한 완전히 자율 비행을 하는 최초의 무인 항공기이기도 했다.

팬텀 아이는 필요한 경우에 수동으로 운전하도록 설계되어 있지만, 자율적으로 이륙, 착륙, 운항할 수 있으며 제어 통신이 끊길 경우 자동으로 안전하게 착륙할 수 있다. 지상 통제소와는 위성 연결을 통해 접속하고 무인 항공기의 실시간 자료가 지상 통제소에 수집되어 필요에 따라 다시 전파될 수 있다.

팬텀 아이의 센서 패키지에는 정찰 역할을 위해 전기 광학 및 적외선 센서가 포함되어 있지만 이외에도 다양한 장비 패키지를 탑재할 수 있다. 임무 지역에 머물 수 있는 기간은 대용량 연료 탱크를 추가하면 더욱 확대될 수 있다. 무인 항공기의 표준 체공 기간은 약 4일로 보도되고 있지만, 설계자는 설계가 안정되면 7-10일 또는 그 이상이 될 것으로 기대하고 있다.

팬텀 레이(Phantom Ray)라는 이름의 확장 버전은 2011년에 처음으로 비행했다. 팬텀 레이는 기존의 팬텀 아이에서 항속 시간을 더 늘리고 양력이 더 커지도록 설계되었다. 이 무인 항공기는 고고도 기술 및 기타 무인 항공기 기반 장비의 시험대로 제공되었다.

중거리 정찰 드론

중거리 드론은 절대적인 능력을 줄이는 대신 상대적으로 작은 크기를 얻는다. 이로 인해 휴대가 더 쉽고 적들이 탐지하기는 더 어려워지게 된다. 그렇다고 이것이 항상 유용성이 떨어진다는 것은 아니다. 작은 무인 항공기는 양력이 작고 탑재장비를 위한 공간이 작으므로 큰 드론과 같이 다양한 장비를 탑재할 수 없지만, 기술 발전에 따라 작은 공간에서도 많은 작업을 수행할 수 있다.

위 : 퓨리 1500 무인 항공기는 공압식 비행기 발사기를 이용하여 좁은 공간에서 발사할 수 있어 복잡한 지형, 물 가까이 또는 선박에서 운용할 수 있다. 회수 장치는 매우 작은 공간만 필요하므로 작은 선박에서 운용할 수 있다.

중간 크기 드론의 내부에서 이용할 수 있는 작은 공간에 대한 한 가지 해결책은 모듈식 장비를 사용하여 임무에 따라 센서와 장비 패키지를 바꾸는 것이다. 다른 대안은 한 가지 센서 패키지를 드론 구조에 통합하는 것이다. 이는 장비를 제거하거나 교체하기 위해 다른 장비에 연결하거나 센서 패키지에 접속할 필요가 없으므로 주어진 공간을 가장 효율적인 방식으로 활용할 수 있는 방법이다.

작은 드론을 설계하는 사람이 겪는 또 다른 문제는 일부 기내 장치에 충분한 전력을 공급하는 능력에 관한 것이다. 카메라는 많은 에너지가 필요하지 않지만 레이더와 통신 장비는 훨씬 더 많은 에너지를 소비한다. 전적으로 배터리로 구동되는 드론은 모터와 함께 그런 장비에 매우 오랫동안 전력을 공급할 수 없다. 반면에 연소 기관을 사용하는 드론은 비행하면서 발전을 할 수 있어서 연료가 소모될 때까지 시스템을 작동할 수 있다.

따라서 중거리 드론에는 최적의 크기가 있다. 사용할 수 있는 장비를 탑재할 수 있을 만큼 충분히 크지만, 수송과 이륙이 어려울 정도는 아니어야 한다. 설계자는 무인 항공기의 크기를 원하는 구성 요소에 맞게끔 조금 더 늘리거나, 기능을 더하려는 유혹을 받을 수 있지만, 그렇게 함으로써 무인 항공기를 의도된 역할

비해 너무 크거나 너무 비싸게 만들 우려는 늘 존재 기 마련이다.

퓨리 1500

리 1500은 '활주로가 필요 없는 항공기'다. 퓨리는 공 식 비행기 발사기로 발사하고 그물을 사용하여 회수 다. 일부 항공기 유형의 드론만큼 화려하지는 않지 , 소형 선박이나 다른 방법으로는 무인 항공기 작전 불가능할 만큼 좁은 곳에서 사용할 수 있다.

퓨리 1500은 중유 엔진으로 구동되는 3날개 프로펠 를 갖춘 첨단 삼각 날개 구성을 사용한다. 이것은 기 시스템용으로 상당히 많은 양의 전력을 생산하여, 리 1500은 자체 발전을 위한 '동급 최고'로 판매된다. 퓨리 1500 무인 항공기는 열화상 카메라 및 전자 광 카메라, 합성 개구 레이더(SAR), 전자 장비, 신호 정 및 통신 정보 장비를 갖추고 있어 다양한 정보 수집 임무를 수행할 수 있다. 전자 장치는 방해 전파 또는 기타 강한 무선 주파수 간섭과 같은 전자파의 영향으로부터 보호하기 위해 차폐되어 있다. 탑재장비 시스템은 '플러그 앤드 플레이' 기반으로 설계되어 필요에 따라 다른 패키지로 교체할 수 있다.

무인 항공기가 수집한 모든 자료의 처리 및 확산은 지상 통제소에서 다루고, 가시선 데이터 통신 또는 위성 통신을 통해 제어한다. 퓨리는 4,570m의 고도에 도달할 수 있고 페리 항속 거리(탑재 중량이 0일 때의 최대 안전 항속 거리:역자주)가 2,700km를 넘는다. 이것은 운용 반경이 아니라 드론이 직선으로 날아갈 수 있는 최대 거리다. 감시나 정찰 임무를 수행하는 데 약간의 시간이 걸린다고 가정하면 운용 반경은 이 숫자의 절반보다 작을 것이다. 최대 임무 수행 시간은 비행시간으로 약 15시간이다.

1500 이륙 및 착륙 절차

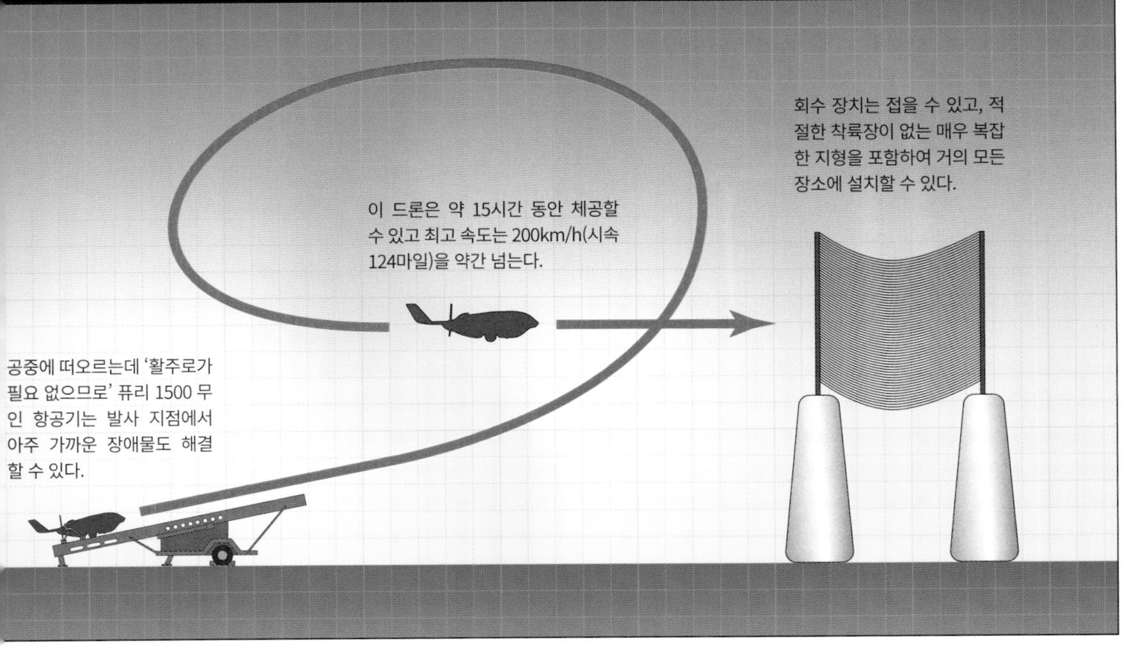

회수 장치는 접을 수 있고, 적절한 착륙장이 없는 매우 복잡한 지형을 포함하여 거의 모든 장소에 설치할 수 있다.
이 드론은 약 15시간 동안 체공할 수 있고 최고 속도는 200km/h(시속 124마일)을 약간 넘는다.
공중에 떠오르는데 '활주로가 필요 없으므로' 퓨리 1500 무인 항공기는 발사 지점에서 아주 가까운 장애물도 해결할 수 있다.

팔코

팔코 무인 항공기는 파키스탄 정부의 수요를 염두에 두고 이탈리아에서 개발되었다. 당시 파키스탄은 방어해야 할 영토 중 매우 넓은 지역이 사람이 살기 어려운 미개발 지역이라는 국토 안보상의 난제에 직면해 있었다. 아프가니스탄과 중동 사이에 놓인 지정학적 인을 감안할 때 이 나라가 영향을 받을 것은 불가피 다. 게다가 광대한 영토를 순찰하기에는 자산이 충 하지 않으므로 이들에게 드론은 경제적인 해결책이 수 있었다.

위 : 팔코의 두 날개 아래 있는 무기 장착점은 총 무게 25kg(55파운드)의 소형 무기를 탑재할 수 있다. 타격 능력은 그리 크지 않아서 대 모 전쟁보다는 반군에 대한 소규모 작전에 더 적합하다. 하지만 팔코의 운영자에게 반군 진압 작전에 유용한 추가 능력을 제공할 것이다

아래 : 팔코는 자율적으로 이륙할 수 있고 원시적 환경에서 단거리 지역 작전을 위한 장비를 갖추고 있다. 착륙은 일반적으로 재래식 방 으로 하지만, 이 무인 항공기는 필요에 따라 스스로 낙하산을 펴서 지상으로 돌아올 수 있다. 무인 항공기의 이착륙 장치와 설계 전반은 친 착륙에서 민감한 탑재장비를 손상하지 않으면서도 견딜 수 있을 정도로 견고하다.

코에 탑재된 화생방(NBC) 센서

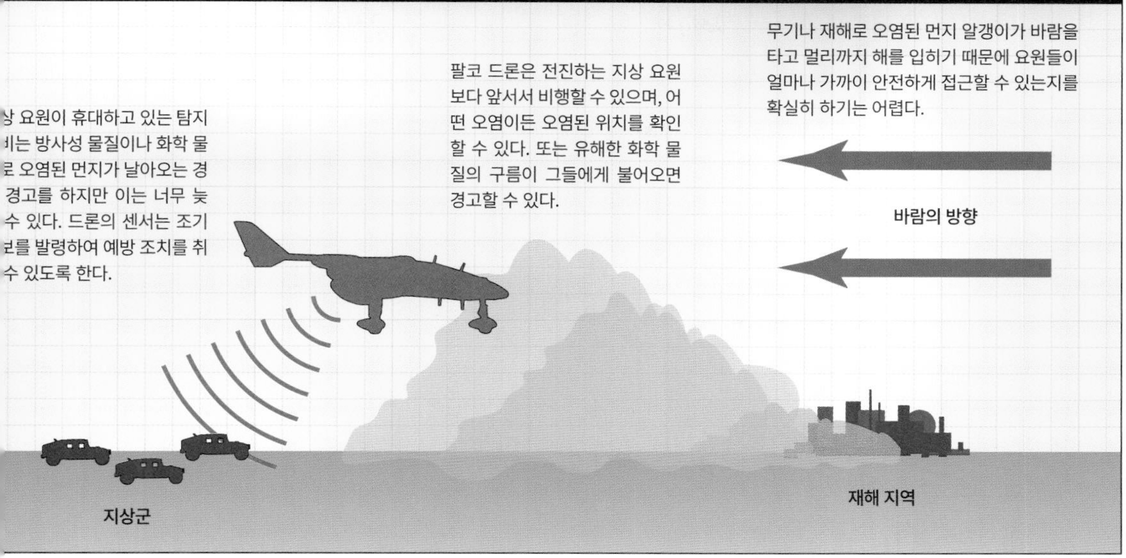
상 요원이 휴대하고 있는 탐지
기는 방사성 물질이나 화학 물
로 오염된 먼지가 날아오는 경
경고를 하지만 이는 너무 늦
수 있다. 드론의 센서는 조기
보를 발령하여 예방 조치를 취
수 있도록 한다.
팔코 드론은 전진하는 지상 요원
보다 앞서서 비행할 수 있으며, 어
떤 오염이든 오염된 위치를 확인
할 수 있다. 또는 유해한 화학 물
질의 구름이 그들에게 불어오면
경고할 수 있다.
무기나 재해로 오염된 먼지 알갱이가 바람을
타고 멀리까지 해를 입히기 때문에 요원들이
얼마나 가까이 안전하게 접근할 수 있는지를
확실히 하기는 어렵다.
바람의 방향
지상군
재해 지역

팔코가 현재는 무인 정찰기일 뿐이지만 각 날개 밑에 미사일을 탑재할 수 있는 무기 장착점을 한 개씩 갖추고 있다. 이 무기는 아마도 레이저 유도 정밀 무기일 것이고 팔코에게 제한된 타격 능력을 부여할 것이다. 일직이 이 무인 항공기는 국경 순찰에서 시작해 어업 보호 또는 밀수 억제까지 응용할 수 있는 군사 정찰용 비행체 및 보안 자산으로 제안되었다.

팔코의 센서 패키지에는 열 센서 및 전자 광학 카메라, 레이저 지시기 및 화생방 센서가 포함되어 있어 대상 지역의 대량 살상 무기나 유해 화학 물질 사용을 탐지할 수 있다. 또한 합성 개구 레이더 또는 해상 감시 레이더에 더해 전자전 장비도 탑재할 수 있다.

팔코는 파키스탄 영내 환경에서 맞춰 설계되었지만 매우 춥고 습한 북유럽 기후를 비롯한 다양한 환경에서도 시험을 거쳤다. 팔코는 원시적인 활주로에서 단거리 이륙하거나 공압식 비행기 발사기를 이용하여 이륙할 수 있기 때문에 상당히 혼란스럽고 복잡한 지형에서도 임무 수행에 거의 문제가 없다. 그리고 무인 항공기의 내부 시스템으로 자동 제어되는 기존의 바퀴로 착륙하는 방식을 통해 회수할 수 있다. 군사적으로는 '전술적 단거리 착륙' 모드를 구현할 수 있다. 이를 위한 공간도 충분하지 않다면 무인 항공기는 낙하산을 전개하여 지상에 수직으로 되돌아올 수도 있다.

Multispectral sensor view

위 : 팔코 지상 통제소는 무인 항공기로부터 실시간에 가깝게 자료를 수신하고, 정보를 동영상, 정지 화상 및 센서 판독 값의 형태로 지휘관에게 전달할 수 있다. 지상 통제소는 모의 훈련 장치로 사용되거나 사전 임무 계획을 위해 사용할 수 있다.

제원 : 팔코

길이 : 5.25m(17피트 2인치)
날개폭 : 7.2m(23 피트 6인치)
높이 : 1.8m(5피트 9인치)
동력 장치 : 가솔린 엔진 1개
최대 이륙 중량 : 420kg(926파운드)
최대 속도 : 216km/h(시속 134마일)
상승 한도 : 6,500m (21,325피트)
항속 시간 : 14시간

팔코 시스템의 배치는 일반적으로 4대의 항공기 통제소 및 자료 처리 단말기를 하나의 단위로 한다. 코의 제어 시스템에는 많은 드론 통제소와 마찬가지 훈련 또는 임무 계획을 위한 모의실험 장치 모드가 다. 제어는 가시선 통신으로 하고, 무인 항공기가 통 소에서 약 200km까지 작동할 수 있도록 거리가 제

중거리 정찰 무인기의 항속 시간 비교

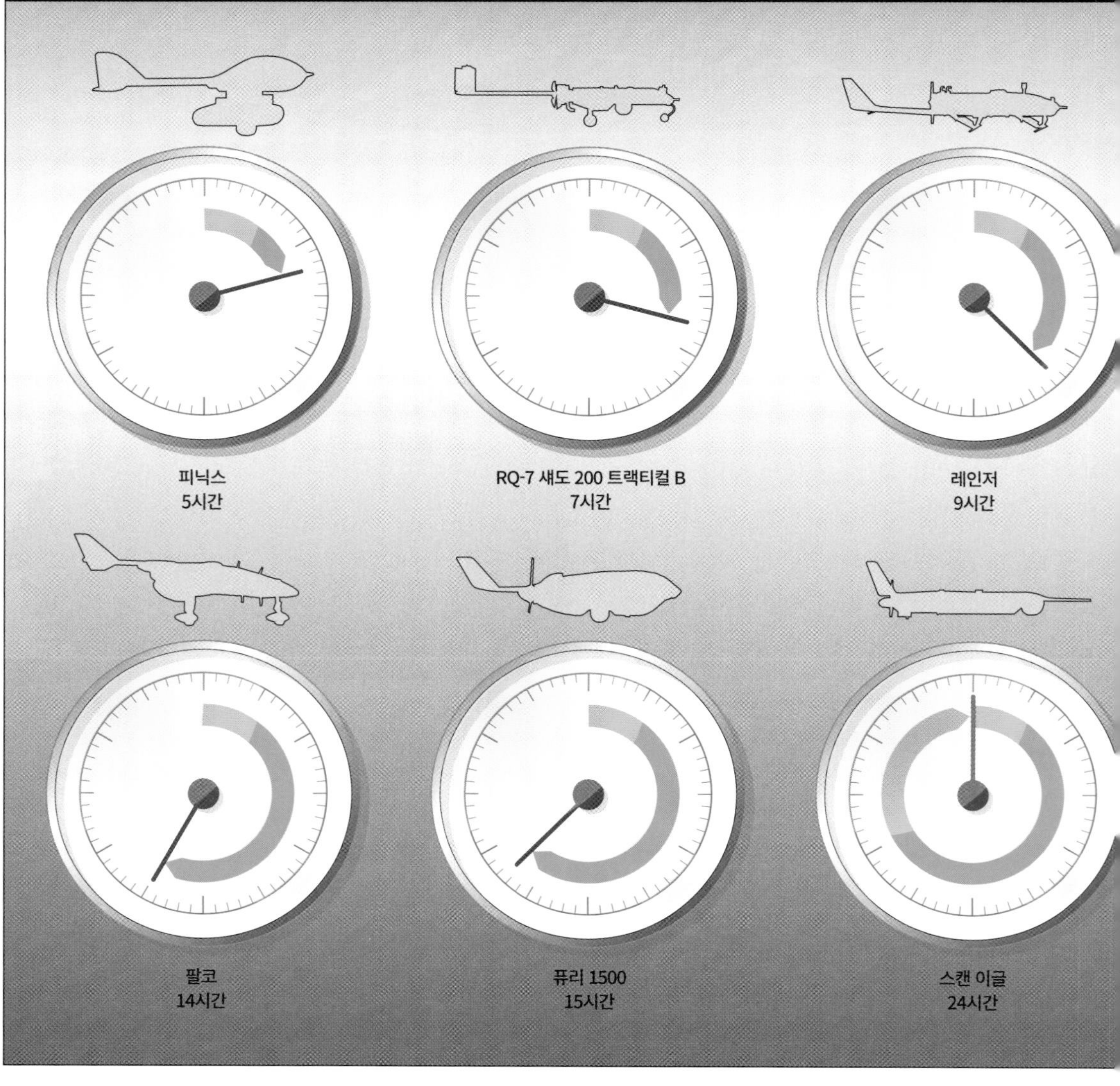

다. 임무 수행 시간은 최대 14시간으로 드론을 교대면서 끊임없이 일정 지역을 감시할 수 있고, 제어 범는 필요한 경우 드론 중계를 이용하거나, 통신 상태 유지한 채 다른 지상 통제소에 이관함으로써 무인공기 제어 범위를 확장할 수 있다.

팔코 드론은 유엔 평화 유지군이 사용한 최초의 무인공기이기도 하다. 팔코는 콩고 민주 공화국 지역의돌 억제 계획의 일환으로 이 지역에서 활동하는 민대에 대한 감시를 지원하기 위해 배치되었다. 나아 팔코 EVO라는 이름을 가진 팔코의 확장버전은 타 능력을 보유한 것으로 보이는 데, 이것은 더 큰 장비 탑재할 수 있고 임무 시간이 18시간 또는 그 이상으 연장되었다.

니스

닉스(Phoenix) 무인 항공기는 1986년에 첫 비행한 후 영국 육군에서 적극적으로 활약했다. 피닉스는 꽤 전형적인 쌍동체(twin-boom) 꼬리 구성을 사용했지만, 특이하게도 '견인' 프로펠러로 구동되었다. 프로펠러를 동체 전면에 배치하면서 전방 카메라 장착에 문제가 생겼다. 이 문제는 전방 카메라를 동체 중앙 아래의 포드에 탑재하여 해결되었지만, 그러면 착륙 시 카메라가 훼손되기 쉽다. 또한 어떤 종류의 도로에서도 활주식 이륙이 불가능하게 된다.

이륙 문제는 비행기 발사기를 사용하여 트럭에 장착된 레일을 따라 무인 항공기를 발사함으로써 해결되었지만, 착륙이 오히려 더 문제가 되었다. 해결책은 낙하산을 전개하여 드론이 등으로 착지하게 하고, 착륙 충격을 흡수할 수 있도록 등쪽 표면에 혹 모양의 구역을 추가하는 것이었다. 품위 없기는 하지만 이 장치 덕분에 매우 복잡한 환경에서도 피닉스 무인 항공기를 운용할 수 있게 되었다. 당시 영국 육군은 다음 주요 분쟁이

: 피닉스 무인 항공기는 크게 성공을 거두지 못했다. 이 드론의 복잡한 설계 때문에 아래에 매달린 센서 장비를 보호하기 위해 위를 아로 해서 거꾸로 착륙해야 했다. 공식적인 평결은 이 무인 항공기가 매우 유용하다고 증명되었다는 것이지만, 피닉스와 함께 일한 요원은 것에 대해 여러 가지 불쾌한 점을 말한다.

위 : 여러 면에서 제1차 세계 대전 당시의 항공기를 닮은 레인저는 공간 효율적인 설계를 사용하고, 여러 가지 '스텔스' 기능을 포함하고 다. 이것은 잔디, 얼음 또는 도로와 같은 평평한 공간에 착륙할 수 있도록 설계되었고, 만일 적절한 곳이 없는 경우 낙하산 착륙을 할 수 있다

북유럽의 도심 지형에서 발생할 가능성이 높다고 생각했기 때문에 이 점을 설계에 반영시켰다.

피닉스 무인 항공기는 실제로 1999년까지 임무를 시작하지 못했고, 코소보와 이후 이라크에서 활동했다. 피닉스는 그곳에서 상당한 손실을 입었는데, 그중 다수는 연료가 다 떨어질 때까지 운용자가 의도적으로 무인 항공기를 목표 지역에 머무르도록 한 결과였다. 잠재적으로 재사용할 수 있는 드론과 몇 분간의 추가 자료를 맞바꾸기로 한 결정은 비록 어려운 일이었지만, 영국 육군은 분명히 희생 가치가 있다고 생각했다.

피닉스는 적외선 카메라를 갖추고 있고, 항속 시간이 4-5시간, 상승 한도가 2,745m이었는데 실제 성적은 그다지 좋지 않았다. 영국 육군은 공식적으로 이 무인 항공기가 포병대 발견과 정찰에 유용했다고 주장하지만, 피닉스와 함께 일한 많은 사람들이 이 드론을 칭찬하지 않는다. 피닉스는 2006년에 퇴역하고 더 나은 디저트 호크(Desert Hawk) 무인 항공기로 대체되었다.

이후 퇴역할 무렵에는 남아있는 피닉스 드론 모두 사실상 사용하기 어렵다는 평가가 나왔다. 의도적으로 희생된 것들을 제외하고도 드론 중 다수가 격추되었거나 결함으로 추락하거나, 알려지지 않은 상황으로 인해 실종되었다. 불행하게도 피닉스는 임무를 위해 떠난 후에는 다시 돌아오지 않는 경향이 있었고 이것이 사용자들 사이에서 초라한 평판을 야기했다. 어떤 공학 수업에서는 수행하지 말아야 할 프로젝트의 사례로 피닉스 사례가 거론되었다.

위 : 레인저는 민간 공역에서 운용할 수 있도록 인증을 받은 최초의 고정 날개(항공기 모양) 무인 항공기이다. 레인저 무인 정찰기는 군사 임무 외에도 보안 작업에 사용할 수 있고, 화산 및 지진 감시를 포함한 다양한 재난 관리에 사용할 수 있다.

레인저

스위스 공군의 요구를 충족시키기 위해 스위스-이스라엘 공동 프로젝트로 개발된 레인저 (Ranger)는 1999년에 활동을 시작했으며, 이후 핀란드에서도 채택되었다. 레인저는 이스라엘 설계자들이 만든 스카우트(Scout)라는 이름의 초기 무인 항공기에 의지했다. '스텔스' 항공기와 같은 모양은 아니지만, 레인저는 작은 동체에 레이더 반사파를 줄이기 위해 복합 소재를 사용한다.

레인저 무인 항공기는 곧은 날개에 부착된 쌍동체 꼬리 부분과 날개 위에 있는 덩치 큰 동체로 이루어져 있다. 2행정 내연기관으로 구동되는 추진 프로펠러는 동체 후면에 위치하고, 전방 구역은 탑재장비용이다. 이 드론은 전기 광학 장비와 전방 관측 적외선 장비를 표준 사양으로 탑재한다.

오므릴 수 있는 터릿에는 추가 카메라와 열 센서가 들어 있고, 동체에는 합성 개구 레이더와 전자 정보 및 신호 정보 장비가 탑재되며, 때로 합성 개구 레이더 대신에 전자 정보 및 신호 정보 장비만 탑재되기도 한다. 또한 적절한 착륙 지점이 없거나 고장이 발생하는 경우 드론을 안전하게 내릴 수 있는 비상 낙하산이 탑재되어 있다. 레인저는 더 일반적으로는 스키드(skid)로 착륙하는데 잔디나 얼음, 또는 도로나 유사한 표면을 착륙장으로 사용할 수 있다. 프로펠러는 높게 장착되어 착륙 시 지면에서 떨어져 있다. 물론 레인저는 활주 이륙이 불가능하고, 최소한의 이륙 거리만 필요한 비행기 발사기를 이용해서 발사한다.

레인저는 정찰, 전자전, 전자 및 신호 정보, 포병대 위치 발견 기능을 제공하기 위한 다기능 비행체이며, 추가로 군사용 이외의 분야에도 사용된다. 레인저의 센서는 핵 방사선을 탐지할 수 있고, 홍수, 화재 및 지진과 같은 재난 정보를 제공하기 위해 사용되기도 한다.

레인저 무인 항공기는 약 180km 거리의 가시선 무선 통신을 사용하여 트럭에 설치된 이동식 지상 통제소에서 제어한다. 자료는 실시간으로 지상 통제소의 원격

위 : 레인저는 정찰, 전자전, 전자 및 신호 정보, 포병대 위치 발견 기능을 제공하기 위한 다기능 비행체이며, 추가로 군사용 이외의 분야에도 사용된다. 레인저의 센서는 핵 방사선을 탐지할 수 있고, 홍수, 화재 및 지진과 같은 재난 정보 제공을 위해 사용할 수 있다.

통신 단말기로 전송된다.

RQ-7 섀도

RQ-7 섀도(Shadow) 무인 항공기는 미 육군의 연대 수준에서 전술 정찰, 표적 획득, 피해 평가 및 전장 상황 인식에 사용된다. 미국 해병대와 오스트레일리아와 스웨덴 육군도 이를 채택했다. RQ-7은 2001년에 도입된 이래 아프가니스탄과 이라크에서 활동했으며, 현재 원래의 RQ-7A 모델은 모두 퇴역하고 더 성능이 뛰어난 RQ-7B로 교체되었다.

RQ-7은 쌍동체 꼬리와 추진 프로펠러 구성을 사용하고, 레이더, 전자 광학 및 열 센서, 통신 중계 장비 및

: RQ-7 섀도 시스템은 무인 항공기 3대와 분해 상태의 4번째 예비 무인 항공기로 구성된다. 한 부대는 무인 항공기와 발사대를 실은 경
량 2대와 인력 이동을 위한 트레일러 2대로 구성된다. 이 부대는 보급 없이 72시간동안 작전을 수행할 수 있다.

제원 : RQ-7 섀도 200 전술기
길이 : 3.4m(11피트 2인치) **너비 :** 3.9m(12피트 8인치) **높이 :** 1m(3피트 3인치) **동력 장치 :** 1 x UEL AR-741 208cc 로터리 피스톤 엔진 **최대 이륙 중량 :** 149kg(328파운드) **최고 속도 :** 207km/h(시속 129마일) **상승 한도 :** 4,570m(14,993피트) **항속 거리 :** 78km(48마일) **항속 시간 :** 7시간

초분광(超分光) 센서를 포함해 다양한 임무 패키지를 탑재한다. 표적을 자동으로 추적할 수 있으며 레이저 지시기를 탑재할 수 있다.

RQ-7B는 RQ-7보다 날개폭이 크고 꼬리 날개가 크다. 그리고 탑재 중량에 따라 무인 항공기의 항속 시간이 5시간 반에서 6시간 또는 7시간으로 향상된다. 이것은 고기동 다목적 군용 차량(High Mobility Multipurpose Military Vehicle, HMMMV)과 같은 경 차량에 장착된 레일에서 유압식 비행기 발사기를 사용하여 발사한다. RQ-7B는 정지거리가 약 100m만 되면 거의 모든 평평한 표면에 착륙할 수 있다. 공간이 아주 작은 경우 급제동용 갈고리를 사용하여 드론을 더 빨리 정지시킬 수 있다.

대부분의 운전은 자율적으로 이루어지지만 운용자는 임무 중 어느 시점에서든지 드론을 제어할 수 있다. 지상 통제소는 이동성을 고려하여 설계되었으며 전용 제어 장비를 만드는 더 위험한 과제를 시작하기보다는 RQ-7용으로 개발되어 적용되었던, 입증된 기술을 사용한다.

RQ-7 드론은 아파치(Apache) 또는 다른 공격용 헬리콥터와 함께 유인, 무인 혼합 팀의 일부로 사용되고 있거나 사용될 예정이다. 그간 RQ-7은 민간 공항에서

위 : 원래 RQ-7 섀도는 2002년에 활동을 시작했고, 2년 후에 개선된 섀도 B가 나왔다. 섀도 B는 추가 연료를 실을 수 있는 더 긴 날개를 가지고 있고 항속 시간을 약 6시간 늘렸다. 통신 중계 장비를 포함하여 개선된 센서와 전자 장치도 도입되었다.

운용할 수 있는 미연방 항공청(FAA) 인증서를 발급받은 최초의 군용 드론이었다.

RQ-7의 향후 개발에는 파이로스 소형 전술 폭탄(Pyros Small Tactical Munition)과 같은 소형 경량 무기를 사용하는 무장 버전이 포함될 수 있다. 이것은 GPS 또는 반능동형 레이저 유도장치로 유도되는 정밀한 공중 발사 폭탄이며, 반군 집단처럼 주로 비교적 적은 인원의 표적이나 길가에 설치된 급조 폭발물(IED)을 상대로 공격할 때 효과적일 것이다.

스캔 이글

스캔 이글(ScanEagle) 드론은 공중에서 물고기 떼를 추적하기 위해 개발된 무인 항공기의 군용 버전이다. 날개, 기수 및 추진 부분, 동체 및 전자장비 부분과 같이

제원 : 스캔 이글

길이 : 1.55-1.71m(5피트 1인치-5피트 6인치)
너비 : 3.11m(10피트 2인치)
동력 장치 : 1 x 2행정 3W 피스톤 엔진
최대 이륙 중량 : 22kg(48.5파운드)
최고 속도 : 111km/h(시속 92마일)
상승 한도 : 5,950m(19,500피트)
항속 시간 : 24시간

분리되어 있고 쉽게 교체할 수 있는 요소들로 구성되어 있어 손상된 부품을 신속하게 교체할 수 있다.

스캔 이글은 바퀴 달린 트레일러에 탑재되거나 소형 군함에 장착된 공압식 비행기 발사기로 발사된다. 어떤 평평한 표면이든 동체 착륙하거나, 날개 끝에 부착된 갈고리가 걸리도록 고안된 회수 장치로 날아 들어가는 식으로 귀환한다. 이 시스템은 정밀 GPS 유도 장치를 사용해야 할 만큼 높은 정밀도가 필요하지만, 미

아래 : 스캔 이글의 제어 시스템은 운용자가 마우스로 표적을 가리키면 무인 항공기가 자동으로 표적을 추적하도록 명령을 내릴 수 있는 간단한 포인트 앤드 클릭 접속(point-and-click interface)을 사용한다. 안정화된 센서 터릿은 무인 항공기의 비행 특성으로 인한 진동과 움직임을 제거하고 다양한 장비를 탑재할 수 있다.

스캔 이글의 고래 탐지

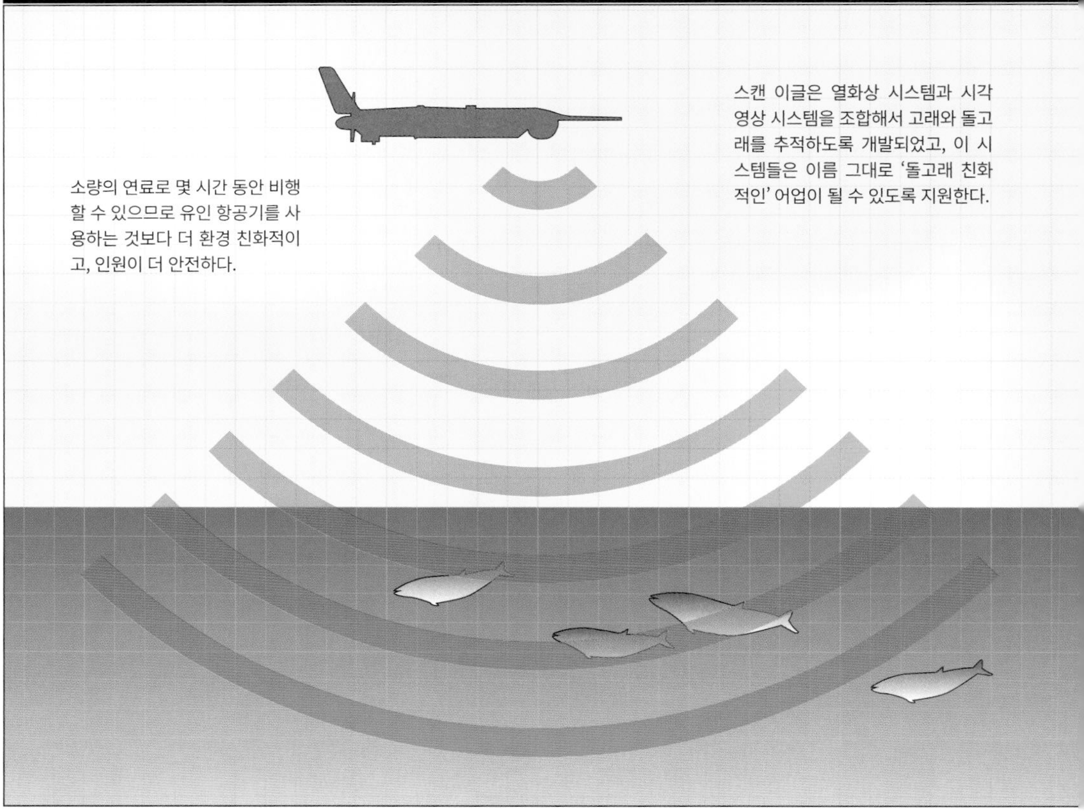

스캔 이글은 열화상 시스템과 시각 영상 시스템을 조합해서 고래와 돌고래를 추적하도록 개발되었고, 이 시스템들은 이름 그대로 '돌고래 친화적인' 어업이 될 수 있도록 지원한다.
소량의 연료로 몇 시간 동안 비행할 수 있으므로 유인 항공기를 사용하는 것보다 더 환경 친화적이고, 인원이 더 안전하다.

해군 함정 위에서 시도한 수백 건의 회수 시도를 만족시켰다.

추진은 후방에 장착된 프로펠러로 한다. 원래 기종은 표준 자동차 연료로 구동되지만 스캔 이글 2는 중유 엔진을 사용한다. 두 기종 모두 항속 시간은 24시간 정도로 비슷하지만 중유 엔진은 드론에 탑재된 장비용 전력을 더 많이 생산하고, 저장하기에도 더 안전하다. 초기에는 중유 엔진을 사용하면 운영 항속 시간이 감소하게 되어 새로운 점화 장치 기술을 개발해야 했다.

탑재장비는 카메라와 열 화상기를 장착한 지향성 터릿에 탑재된다. 그밖에 작은 합성 개구 레이더 장치가 스캔 이글에서 사용하기 위해 개발되었다. 생화학 탐지기, 레이저 지시기 및 자기 이상 탐지기를 포함한 다른 탑재장비들은 신속하게 교체하여 탑재할 수 있다.

스캔 이글은 전술 정찰용 비행체와 같은 일반적인 용 분야 외에 저격수의 위치 추적 역할에 시도되기도 했는데, 다른 장치와 함께 운용되면서 총소리의 출처를 찾았다. 이는 평화 유지 활동 수행시 중요한 역할이며, 항상 우호적이지는 않은 곳에서 기지 또는 호송대를 보호할 때도 마찬가지이다.

스캔 이글 드론은 영국, 미국, 오스트레일리아 및 다른 국가의 군대와 함께 전 세계에서 활동했다. 또한 해적, 납치범 및 마약 밀수범을 상대로 한 작전도 지원했다. 다른 응용 분야로는 멀리 알래스카의 해상 및 빙하

ㅓ : 스캔 이글 드론은 원래 민간 및 해상용으로 만들어졌지만 군대에서 육상 경험을 아주 많이 얻었다. 날개 끝의 갈고리는 회수 장치를 잡
ㄴ 데 사용되는데, 발사기 발사와 함께 이것으로 스캔이글이 소형 선박이나 매우 복잡한 지형에서 사용하기에 적합하게 되었다.

상태 관찰, 고래의 숫자와 이동에 관한 자료 수집 같은 활동이 있다. 이것은 물고기 관찰용 비행체에서 출발한 이 드론의 뿌리로 되돌아가는 것이라 볼 수 있다.

회전 날개 드론

회전 날개 항공기는 정확성과 제자리 비행 능력 면에서 장점이 있지만 이러한 장점은 종종 느린 속도와 체공에 들어가는 상당한 동력 소모량만으로도 상쇄된다. 회전 날개 항공기는 고정 날개 항공기보다 운항고도가 훨씬 낮다. 고정 날개 항공기가 여전히 충분한 양력을 얻을 수 있는 고도에서도 회전 날개 항공기는 공기가 너무 희박해서 자신을 지탱할 수 없기 때문이다. 일반적으로 같은 성능을 가진 회전 날개 항공기보다 고정 날개 무인 항공기를 만드는 것이 더 저렴하고 간단하며, 대부분의 임무에서 일반 항공기가 탑재 중량과 항속 시간 면에서 유리하다.

왼쪽 : 틸트 로터(tiltrotor) 항공기는 수평 비행에서 속도와 경제적인 측면에서 전통적인 항공기의 장점을 가지면서, 이에 더하여 제자리 비행과 수직 착륙이 가능하다. 이글아이(Eagle Eye) 무인 항공기는 미 해병대와 미 해안 경비대의 관심을 끌었는데, 둘 다 이런 종류의 항공기를 운용하는 것의 실제 장점을 확인했다.

회전 날개 항공기의 큰 장점은 수직 이착륙 능력이다. 고정 날개 항공기를 지원할 수 없는 선박에서 헬리콥터를 운용할 수 있는 것처럼 매우 좁은 공간에서 회전 날개 드론을 운용할 수 있다.

군용 회전 날개 드론의 대다수는 상당히 크고 중앙 회전 날개가 달렸다는 점에서 재래식 헬리콥터와 유사하다. 같은 축에서 한 쌍의 분리된 회전 날개가 서로 반대로 회전하는 이중 반전 회전 날개나 2대의 회전 날개가 서로 맞물려 회전하는 교차 회전 날개 등으로 복잡하게 보이기도 하지만, 전체적인 디자인은 재래식 헬리콥터와 유사하다. 작은 드론은 여러 세트의 회전 날개를 움직이기 위해 날개마다 자체 전원을 사용하는데 상당한 무게를 들어올리기 위해 강력한 엔진을 필요로 하는 큰 무인 항공기에는 이 방식이 효과적이지 않다.

회전 날개 드론은 이론적으로 화물 운반, 센서 또는 무기용 비행체 역할, 사상자 대피 등 유인 헬리콥터가

할 수 있는 일을 모두 다 할 수 있다. 사상자 대피는 군용뿐만 아니라 재난 대응에서도 아주 유용한 개념이다. 가까운 장래에 사상자 또는 생존자가 자동 구조 드론에 의해 위험에서 신속하게 벗어날 수도 있을 것이다.

이 드론이 적용될 분야 중 하나가 산악 구조 및 이와 유사한 사상자 구조 상황이다. 헬리콥터는 종종 구조대원이 위치를 알려주면 사상자를 데리러 가는데 사용된다. 드론이 같은 기능을 수행할 수 없다고 할 만한 실질적인 이유는 없다. 가입자에게 자기 주변에서 무슨 일이 일어나든지 전화를 걸어 피난을 요청할 수 있는 권한을 주는 (꽤 큰 비용일 가능성이 높다) '드론에게 전화하기' 같은 서비스를 상상하기란 어렵지 않다.

재난 구호 및 이와 유사한 인도주의 활동, 사상자 이송이나 보급 활동에 종사하는 군대는 드론을 이용하여 해안가의 사람들을 연안에 있는 해군의 대규모 의료 및 물류 기지와 연결할 수 있다. 드론을 이용하면 같은 임무를 반복해야 하는 조종사의 부담을 줄여주고, 악천후나 열악한 시계 속에서도 이착륙을 거듭 반복할 수 있을 것이다.

MQ-8 파이어 스카우트

헬리콥터는 도입된 이래 전함 위에서 매우 유용하다는

아래 : MQ-8A 파이어 스카우트는 기존 유인 헬리콥터를 기반으로 한 덕에 개발 비용을 크게 절감했다. 그것은 무인 항공기로서 움직이는 선박 위에 최초로 자율 착륙을 하는 역사를 만들었다. 이전에는 무인 항공기의 착륙은 원격 제어로 이루어졌다.

위 : MQ-8A는 미 해군을 위해 개발되었는데 해군의 관심을 잃은 후에도 작업이 계속되었다. 파이어 스카우트는 미 육군이 이미 개발된 MQ-8B를 주문하면서 구제되었다. 이 모델은 다른 기체를 기반으로 하였고, 유도 로켓 시스템을 탑재할 수 있다.

것이 증명되었다. 작은 공간에서 이착륙할 수 있어 고정 날개 항공기에 적합한 비행갑판을 갖출 수 없는 작은 크기의 함정에 수용할 수 있다. 헬리콥터는 무기 탑재량, 속도 또는 항속 거리 면에서 고정 날개 항공기보다 우수한 성능을 발휘할 수는 없지만 여러 가지 중요한 역할을 한다. 그중 일부는 일반 항공기가 할 수 없는 것이다.

해군 헬리콥터는 원격 센서용 비행체로 동작할 수 있으므로 전함으로 하여금 수상한 선박을 정찰하거나 스스로 공격받지 않고, 아마 전혀 탐지되지도 않으면서 미사일을 표적으로 유도할 수 있게 돕는다. 이로 인하여 헬리콥터와 그 승무원은 위험에 노출되지만 대신에 모선과 모선 승무원의 안전이 향상된다. 물론 헬리콥터가 원격 조종되는 비행체라면 그러한 임무는 인간의 생명을 위협하지 않으면서 수행될 수 있다.

MQ-8은 유인 헬리콥터에서 파생되어 완전한 헬리콥터만큼 부피를 차지하지만, 그에 상응하는 하중을 탑재할 수 있다. 탑승하는 사람이 없는 만큼 더 많은 공간과 들어 올리는 능력을 탑재 중량에 사용할 수 있다. 최초 버전인 MQ-8A는 2000년에 처음 자율 비행을 하였다. 하지만 사용자로 예정된 미 해군이 군의 요구에 못 미친다며 무인 항공기의 능력에 의구심을 표명하자 그에 맞춰 더 크고 개선된 MQ-8B가 개발되었다.

미 육군의 관심으로 개발이 계속되다가, 해군이 개선된 변형 기종에 대한 평가를 착수하기로 하였다. 2009년, 파이어 스카우트는 미 해군에서 사용하기 위해 생산에 들어갔고, 육군은 그다음 해 프로젝트를 포기하였다. 2012년에 해군 버전은 해상 감시 레이더가 탑재된 기종으로 개선되었다.

파이어 스카우트 무인 항공기는 정찰, 수색 및 전투 작전을 포함한 다양한 임무를 수행할 수 있는 다기능 비행체이다. 이 무인 항공기는 모듈식 탑재장비 시스템

ㅓ: 또 다른 기체를 기반으로 개발된 MQ-8C 파이어 스카우트가 미 해군의 관심을 되살렸다. 그것은 레이더용 비행체 역할에서 보급 임무를 위한 자율 비행과 인원을 위험에 처하게 배치하지 않고 카메라를 사용하여 수상한 선박을 발견하는 것까지 유인 헬리콥터의 역할을 대부분 수행할 수 있다.

제원 : MQ-8 파이어 스카우트

길이 : 7.3m(24피트)
주 회전 날개 직경 : 8.4m(27피트 6인치)
높이 : 2.9m(9피트 7인치)
동력 장치 : 1 x 롤스로이스 250-C20 엔진
최대 이륙 중량 : 1,430kg(3,153파운드)
최대 속도 : 213km/h(시속 132마일)
상승 한도 : 6,100m (20,013피트)
항속 시간 : 8시간

을 사용하여 부품 배열을 신속하게 변경하고 새로운 장치를 바로 받아들일 수 있다. 탑재장비 중에는 얕은 연안 해역에서 지뢰와 수중 장애물을 검색할 수 있는 AN/DVS-1 연안 전장 정찰 및 분석 시스템이 있다.

파이어 스카우트 무인 항공기는 다중 방향 반구형 터릿에 열화상 카메라와 광학 카메라를 탑재하고, 이와 함께 해상 감시 레이더, 신호 정보 및 전자전 패키지, 지상의 지뢰 탐지를 위한 지뢰 탐지 시스템을 비롯한 추가 센서 패키지와 레이저 거리 측정기를 탑재한다.

MQ-8B는 무기용 비행체로서 헬파이어 미사일과 GBU-44 바이퍼 스트라이크 유도 폭탄을 탑재할 수 있다. 파이어 스카우트의 짧은 날개에는 레이저 유도 70mm 히드라 로켓이 들어있는 포드를 장착할 수 있다. 파이어 스카우트는 이 무기들을 탑재함으로써 배처럼 작고 빠르게 움직이는 표적에 대한 단거리 정밀 타격 능력을 갖추게 된다.

무장한 소형 선박은 현대의 전장에서 매우 중대한 위협이다. 비무장 상선을 공격하는 해적활동을 위해서 사용될 수도 있지만 때로 군함 공격에도 동원되었다. 이런 소형 선박들이 그들의 무기 사정거리 안으로 접근하기 전에 요격해서 폭파할 수 있는 능력 즉 '킬 체인 구축' 능력이 있다면 해군의 방호 문제를 상당히 단순화시킬 수 있다.

세계의 해군은 점점 더 해안 가까이 있는 연안 해역에서 작전을 수행하고 있어 다양한 위협에 직면하고 있다. 미 해군은 연안 전투함을 포함한 다양한 함정으부터 부대를 방호하는 임무를 수행하기 위해 파이어 스카우트 무인 항공기를 단독으로 또는 유인 헬리콥터와 팀을 이뤄 사용할 계획이다. 민간 선박도 다수 포함될 수 있는 이런 혼란한 환경에서 작전할 때는 위협이 탐지되면 표적이 적군인지 아닌지 신속하게 식별하여 즉시 반응하는 일이 매우 중요하다. 교대로 작전을 수행하는 한 쌍의 MQ-8 파이어 스카우트로 모선에서 최대 110해리(204km)까지 떨어진 지역을 지속해서 감시할 수 있다.

MQ-8 파이어 스카우트는 미 해군 군함 위에 자율 착륙한 최초의 무인 항공기다. 착륙 및 이륙 작업 중에 조종사의 상호 작용이 필요하지 않으며, 모선이 기동하는 동안에도 이착륙이 가능하다. 이러한 능력 덕에 이 무인 항공기는 무인 보급기 역할까지 수행할 수 있는데, 이는 MQA-8A 확장 버전에서 계획되었던 역할이었다. 이 능력을 개발하는 과정에서도 역시 사고가 있었다. 2010년에 파이어 스카우트가 명령에 응답하지 않은 채 워싱턴 DC 상공의 비행 제한 구역에 진입한 것이다. 비록 무기는 탑재되지 않았지만 그럼에도 이 사고로 인해 인구 밀집 지역의 무인 항공기 허용에 관한 논쟁이 재연되었다.

파이어 스카우트 무인 항공기는 아프가니스탄에서 그리고 2011년 리비아 개입 중 사용된 것을 포함하여 다양한 역할을 수행해 왔다. 아프리카 서해안의 해적 진압 작전에서는 파이어 스카우트 드론을 관측 및 감시에 사용했는데 드론을 교대로 사용하여 일부 지역을 거의 끊임없이 관찰하기도 했다. 다른 MQ-8 운용자는 마약 밀수에 관여하는 고속 선박을 성공적으로 탐지하고 식별하여 요격으로 이끌었다.

MQ-8 파이어 스카우트는 한 가지 디자인에 그치지 않고 A, B, C 변형체를 다른 기체로 구축하였다는 점

이 독특하다. 맞춤형 무인 항공기가 아니라 유인 항공기가 자율 운전으로 전환한 것도 흥미롭다. 이러한 접근 방법은 일반적으로 무인 항공기 개발에서는 사용하지 않았지만 가까운 장래에는 이와 같은 전환 기종이 나타날 수 있다.

A-160 허밍버드

허밍버드(Hummingbird) 무인 항공기는 상업용으로 구할 수 있는 경량 헬리콥터의 전환 버전을 사용하여 처음 개발되었고, 1998년에 시작되었다. 이런 프로젝트의 경우 대개는 비정상적으로 발생할 수 있는 일들을 처리하기 위해 조종사를 탑승시키는 것과 달리 이 프로젝트에서는 곧바로 무인 시험으로 개발을 진행하였다. 최초의 시험용 드론은 사고로 잃었지만 결과는 후에 A-160 허밍버드가 될 무인 항공기에 관한 추가 시험을 의뢰할 만큼 충분히 유망했다. 매버릭(Maverick)이라는 이름의 소수의 시험용 드론은 미국 해군이 작전용으로 인수하였는데, 세부 사항은 공개되지 않았다.

A-160 허밍버드는 2001년 말 처음 비행을 시작했으며, 더 많은 시험기가 손실되었지만, 이 프로젝트에서 다양한 고도에서 효율적인 비행 특성을 얻기 위해 가변 속도 회전 날개를 사용하는 혁신적인 회전 날개 항

아래 : A-160 허밍버드는 상황에 따라 회전 날개 작동을 조정할 수 있다. 이것은 속도가 빨라지면 이에 따라 자동차의 기어를 변경하는 것과 비교되었고, 기존 회전 날개 드론보다 성능과 항속 시간이 크게 향상되었다.

제원 : A-160 허밍버드

길이 : 10.7m(35피트)
주 회전 날개 직경 : 11m(36피트)
동력 장치 : 1 x 프랫 앤드 휘트니 캐나다 PW207D
최대 이륙 중량 : 2,948kg(6499파운드)
최고 속도 : 258km/h(시속 160마일)
상승 한도 : 6,100-9,150m(20,000m-30,000피트)
항속 거리 : 2,589km(1,609마일)
항속 시간 : 18시간 이상

공기를 생산했다. 회전 날개의 회전 속도를 변경함으로써 A-160은 작전 위치에 따라 연료 효율을 최적화하거나 양력을 최대화할 수 있다. 2008년 허밍버드 무인 항공기는 18시간을 넘게 비행하고도 연료를 조금 남기고 착륙하여 회전 날개 항공기 중 가장 긴 비행 기록을 세웠다. 허밍버드는 또한 최고 고도 6,100m까지 제자리 비행할 수 있는 능력을 보여주었다.

A-160 허밍버드는 미 육군, 미 해군 및 미 해병대에서 수송 드론 및 센서용 비행체로 활동하기 위해 평가를 받았다. 열대 우림과 같이 어수선한 지형에서 표적을 발견하기 위해 나뭇잎을 관통하는 레이더가 개발되었다. 미 특수부대는 본보기로 몇 대를 도입했고, 아마도 특히 허밍버드의 저속 회전 날개가 매우 낮은 음향 특성을 생성하기 때문에 확실히 더 많이 사려고 계획하고 있다. 소음은 헬리콥터를 비밀 작전에 사용할 때 제기되는 주된 단점 중 하나이므로 조용한 드론 헬리콥터는 이런 환경에 적합하다.

회전 날개와 변속기는 혁신적인 설계지만 그 구성은 평범하다. 허밍버드는 4개의 날개로 구성된 주 회전 날개와 방향 조종을 위한 꼬리 회전 날개를 사용한다. 동체는 주로 탄소 섬유로 구성되는데, 가벼우면서 레이다

위 : APID-55 무인 항공기는 1990년대 초에 개발을 시작하여 2008년에 처음 비행했다. 사막부터 북극의 환경에서까지 작동하도록 설계되었으며, 다른 소형 회전 날개 드론과 마찬가지로 이륙 또는 착륙 시 필요한 공간이 매우 작다.

회전 날개 드론의 최대 이륙 중량 비교

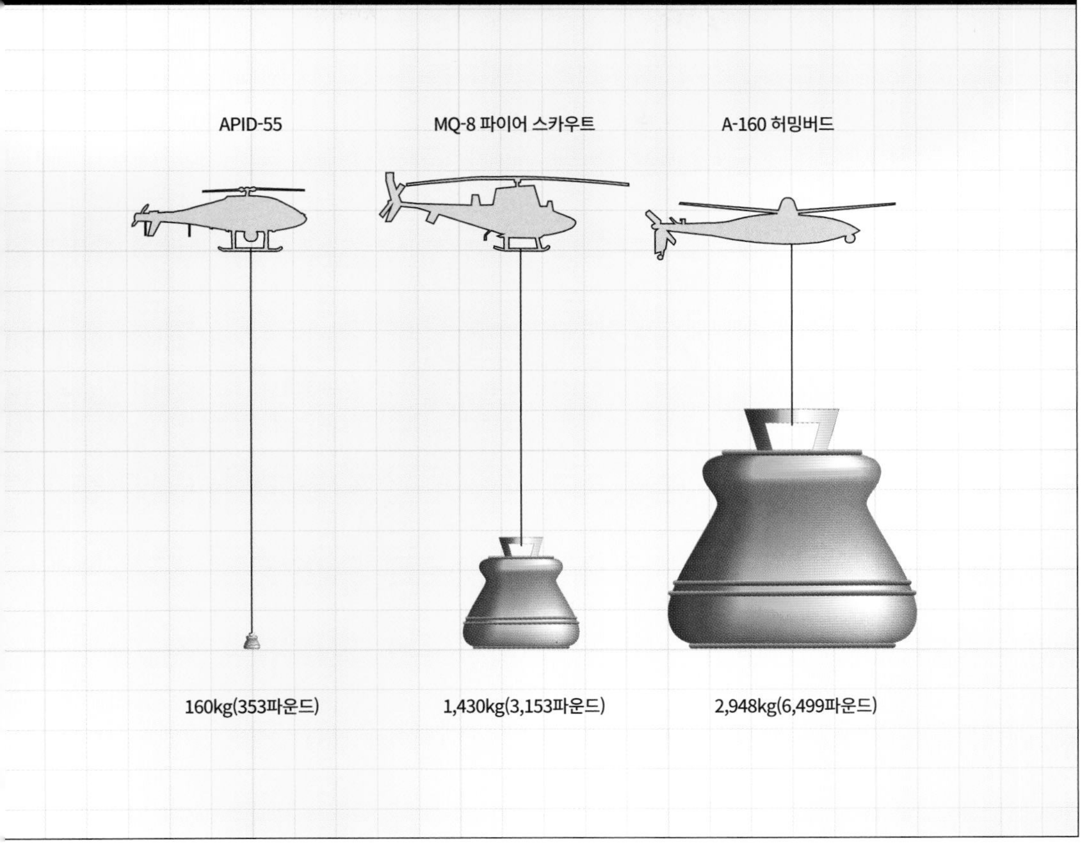

ㅏ사파를 적게 생성한다.

탑재 장비에는 열화상 및 전자 광학 카메라, 합성 개ㅜ 레이더 및 레이저 지시기가 포함된다. 전자전 및 통ㅣ 패키지도 탑재할 수 있다. 이륙, 착륙 및 항법을 포함ㅏ 대부분의 기능은 자율적이며 엔진과 변속기의 모든ㅊ면이 비행 시스템에 의해 자동으로 처리된다.

ＡPID-55 제품군

ＡPID-55 소형 회전 날개 항공기 무인 항공기는 1990년ㅐ에 개발을 시작하여 2008년에 처음 비행했다. 이 무ㅣ 항공기는 화재, 수색 및 구조와 같은 비상사태의 감시와 과학·환경 관찰을 포함한 군용 및 비군사용 운영을 염두에 두고 개발되었다. 군용으로는 정찰 및 순찰, 국경 감시 작업을 위해 설계되었으며 지뢰 탐지 작업을 수행할 수 있다.

APID-55는 티타늄, 알루미늄 및 탄소 섬유와 같은 경량 금속으로 제작되었으며, 종래의 주 회전 날개와 꼬리 회전 날개 구성을 사용한다. 그리고 6시간 비행 가능한 연료를 지닌 내연기관으로 구동된다. 크고 빠른 APID-60은 바퀴 대신 스키드를 착륙 장치로 사용한다.

NATO의 물류 정책에 따라 다른 모든 수송수단과 같은 연료를 사용하기 위해 APID-60을 중유 엔진 버전으

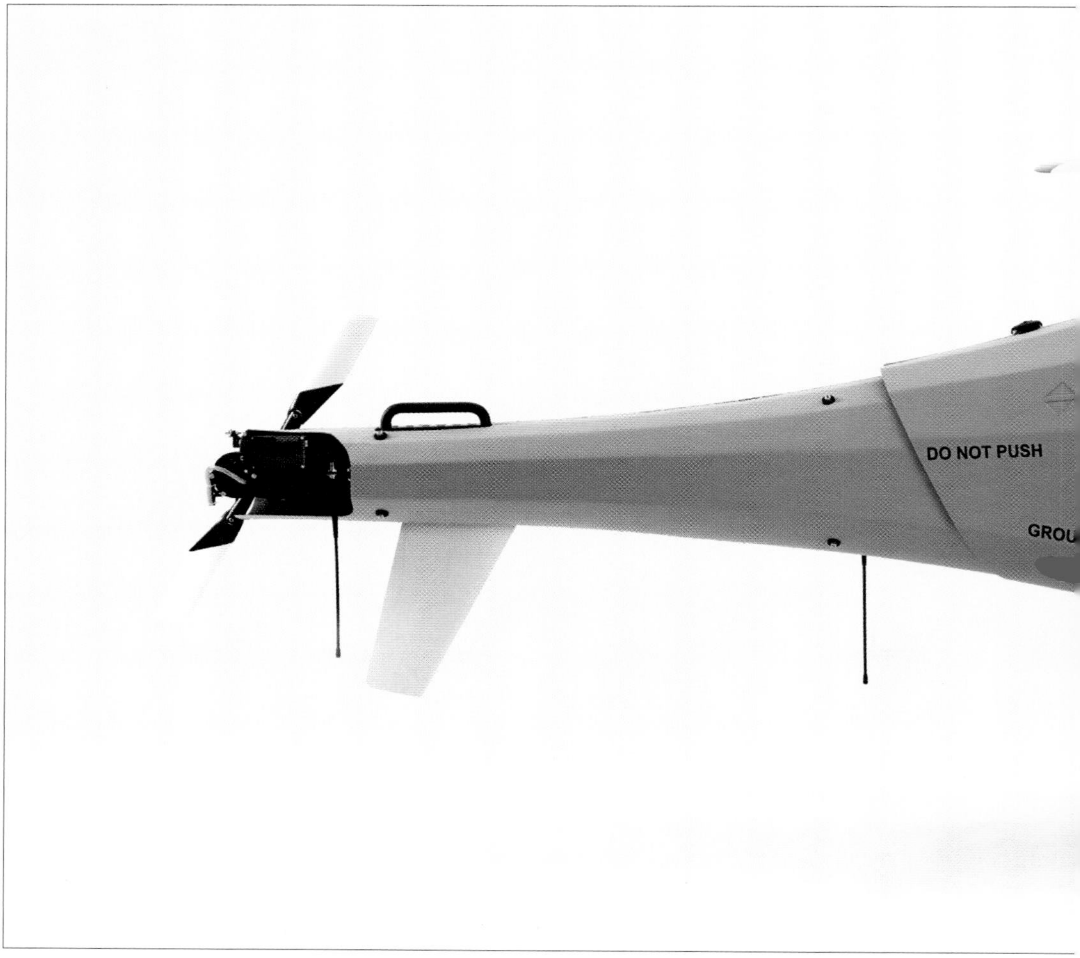

로 개선할 계획이 있다. 작은 항공기에 적합한 중유 엔진을 만드는 데 어려움이 적지 않은데 주로 소형 엔진의 무게 대비 출력 문제 때문이다.

APID-55 및 APID-60은 다양한 감시 및 정찰 임무에 적합한 안정적인 전자광학 카메라와 열화상 카메라를 탑재하고 있다. 항법은 주로 사전에 설정된 경유 지점과 GPS 유도를 사용하여 대부분 자율적으로 진행된다. 경유 지점들은 운용자가 비행 중에 수정할 수 있고, 탑재장비는 지상에서 원격으로 조작할 수 있다. APID는 GPS 장치와 레이저 스캐너 외에도 적외선 및 기압 고도계를 탑재하고 있으며, 뜨거운 사막에서 북극까지 환경시험을 성공적으로 마쳤다.

APID-55는 처음에는 아랍 에미리트 연방 방위청의 요구를 충족시키기 위해 개발되었지만 매우 다재다능한 드론임이 입증되었다. 잠재적인 사용자는 세관 및 국경 보호 기관(중국 세관이 다수의 APID 무인기를 구매하는 것으로 보도되었다)에서 송유관 검사를 원격으로 수행하고자하는 석유 회사와 군대에 이르기까지 다양하다.

위 : APID-60은 APID-55의 개선된 버전으로 최고 속도가 20km/h(시속 12.4마일)로 더 빠르다. 전자광학 및 적외선 카메라가 담긴 짐벌이 장착된 센서 터릿은 동체 아래 착륙 장치 사이에 탑재된다. 내장 기기는 GPS 수신기, 적외선 및 기압 계측기가 있다.

수송 및 다목적 드론

아마추어들은 전술에 매료되지만 전문가들은 물류에 목숨을 건다는 말이 있다. 보급이 없다면 어떤 군사적 노력도 서서히 멈출 수밖에 없다. 일상적인 작전에만 종사하는 경우에도 군대는 엄청난 양의 음식, 군화, 의류, 도구 및 유지 관리 부품을 비롯하여 끊임없이 교체해야 하는 온갖 종류의 잡다한 품목들을 소모한다. 현대의 모든 군대에는 '이빨'에 해당하는 전투 부문을 지원하는 기다란 '꼬리' 부문이 있다.

왼쪽 : 대부분의 보급품은 지상에서 트럭으로 이송되는데 그것은 매복에 취약하다. 호송하고 경로를 안전하게 유지하는 데 많은 추가 자원이 필요하다. 드론을 사용하는 신속하고 저렴한 항공 보급 작전은 지원 인력을 위험에 노출하지 않는 실행 가능한 대안을 제공할 수 있다.

오늘날 전장에서 조달과 주문은 대부분 자동화되어 있지만, 필요한 곳에 물품을 보낼 때는 사람이 트럭으로 일일이 보내주는 전통적인 방식을 여전히 선호하는 것으로 보인다. 하지만 이 일은 많은 인력을 필요로 하고, 인원을 매복이나 길가의 급조 폭발물(IED) 공격의 위험에 노출시키기도 한다. 또한 피곤한 트럭 운전사가 사고를 당하거나 혼란 중 다른 방향으로 잘못 갈 가능성도 있다. 최근의 역사에는 미군이 반군 점령 지역에서 호송 중 비참한 결과를 맞은 사건이 종종 있어 왔다.

군 장병들에 대한 보급을 위해 현장에서 자동화 시스템을 사용한다는 개념은 흥미롭다. GPS 유도 수송 드론은 운전대를 잡고 잠이 든다든지 길을 잘못 들어서는 일이 없다. 몇 달에 걸쳐 같은 도로를 따라 같은 트럭을 운전하다보니 지겨운 나머지 발악할 지경에 이르러 지

수송을 거부하겠다고 우기지도 않는다.

물류 중 일부를 드론이 수행할 수 있다면 아마 틀림없이 사람은 그 일에서 해방되어 아직은 기계가 할 수 없는 작업을 수행하게 될 것이다. 나아가 지원 부문을 자동화시킨다면 아마도 더 많은 전투 부문을 성장시킬 수 있을 것이다.

에어뮬

에어뮬(AirMule)은 2000년대 중반 레바논 분쟁에서 생겨난 요구를 충족시키기 위해 이스라엘에서 개발되었다. 당시 군부대는 전투 지역 밖으로 사상자를 수송하고, 헬리콥터가 작전을 수행할 수 없는 복잡한 도심 지역에서 보급을 받을 수 있는 빠르고 효율적인 수단이 필요했다.

에어뮬 무인 항공기는 혁신적인 내부 회전 날개 장치를 사용하여 기존의 헬리콥터에 비해 매우 작은 공간에서도 움직일 수 있다. 차대의 바닥에 있는 두 개의 커다란 하향 팬으로 떠 있을 수 있고, 추진과 방향 조종을 위해 더 작고 조종 가능한 팬 한 쌍을 갖추었다. 비행체의 폭은 고기동성 다목적 차량(HMMMV)의 폭보다 약간 크고, 바깥 면에는 움직이는 부품이 없으므로 주변에서 활동하는 인원이 회전 날개로부터 위협을 받지 않는다.

위 : 에어뮬은 동체 위에 펼쳐지는 회전 날개가 아닌 내부의 팬을 사용하는 혁신적인 항공기다. 이것 덕분에 헬리콥터가 들어갈 수 없는 공간으로 들어갈 수 있다. 잠재적으로 이 능력이 유용한 분야는 군용, 민간용 모두 비상상황 시의 사상자 대피다.

에어뮬 무인 항공기는 다양한 수송 작업을 위해 설계되었다. 이 작업에는 군용 및 비군사용 사용자를 위

아래 : 에어뮬 무인 항공기는 단일 임무에서 500kg(1,100파운드)의 화물을 운용 반경 50km(31마일) 내에서 운반할 수 있다. 설계자는 이론적으로 한 대가 24시간당 6,000kg (13,200파운드)의 능력을 갖춘 에어뮬 여러 대를 사용하여 지속해서 보급과 사상자 대피 작업을 수행하는 보급 부대를 상정한다.

한 사상자 대피, 보급품 전달 및 일상적인 인력 이송이 포함된다. 악천후에서 기능할 수 있고 최대 풍속 50노트(93km/h) 환경에서 제자리 비행할 수 있다. 작은 크기와 낮은 특성은 주로 군용 사용자에게 장점이지만, 민간 및 상용 운영자에게도 저소음은 중요한 요소다.

에어뮬은 항속 시간이 약 2~4시간이고 최대 3,660m까지 비행할 수 있다. 에어뮬은 변속기 또는 회전 날개의 기능 장애가 발생할 경우 또는 하나 있는 엔진 고장 시에는 낙하산 시스템이 자동으로 전개되도록 설계되어 있어, 항공기를 최대 운항 고도까지 어떤 고도에서도 안전하게 내릴 수 있다. 제어 신호가 손실되면 무인 항공기의 비행 시스템이 항공기를 자동으로 착륙시킨다.

에어뮬은 정찰 자산은 아니지만 환경에 대한 많은 정보를 요청받는다. 그래서 두 개의 레이저 고도계와 항법과 표적 지시를 위한 레이더 장치, GPS 및 관성 항법 장치를 갖추고 있다. 제어는 지상 통제소에서 수동으로 할 수 있고, 필요에 따라 무인 항공기가 자율적으로

에어뮬 무인 항공기와 벨 AH-1 코브라 헬리콥터의 차지하는 공간 비교

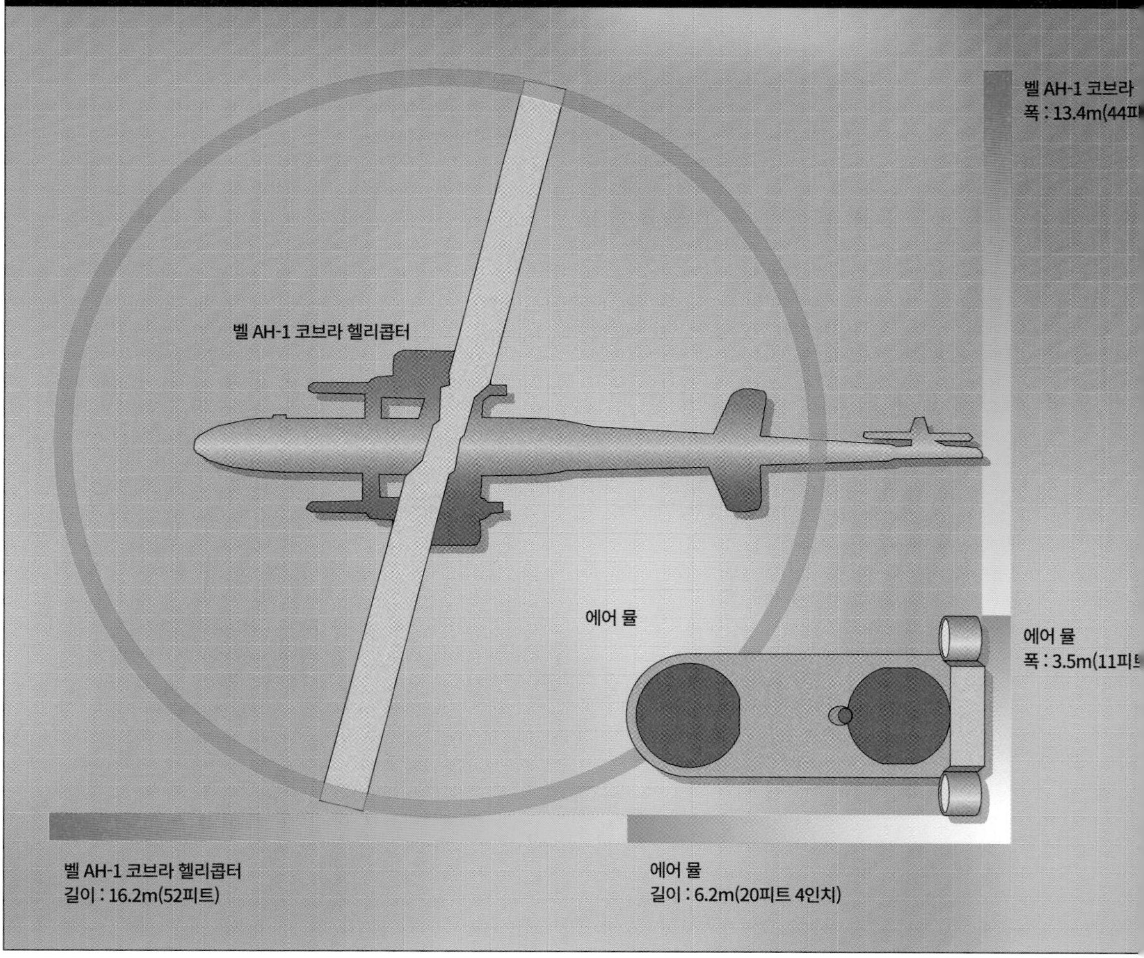

제원 : 에어뮬

길이 : 6.2m (20피트 4인치)
너비 : 3.5m (11피트 6인치)
높이 : 2.3m (7피트 7인치)
주 회전 날개 직경 : 1.8m (6 x 5피트 11인치)
동력 장치 : 1 x 터보메카 아리엘 2 터보 샤프트 터빈
최대 이륙 중량 : 1,406kg (3,100파운드)
최대 속도 : 180km/h (시속 112마일)
상승 한도 : 3,660m (12,000피트)
항속 시간 : 2-4시간

작동할 수 있다.

에어뮬의 설계자는 전장에서 주요 전투 부대를 유지하면서 사상자 또는 후면으로 이동해야 하는 인원을 데려올 수 있는 대규모 물류 작전을 상정한다. 에어뮬은 조종사나 운전사의 피로를 줄이면서 지뢰와 길가의 급조 폭발물(IED)에 대한 위험을 줄일 수 있는 이점이 있고, 승무원의 안전을 지키면서 고위험 임무를 수행할 수 있다.

케이맥스

케이맥스(K-Max)는 유무인 혼용기(Optional Piloted Vehicle, OPV)다. 이것으로 알 수 있듯이 자율적으로 운항할 수도 있고, 조종사가 탑승할 수도 있다. 케이맥스는 처음부터 '항공 트럭'으로 설계되어 잘 검증된 회전 날개 항공기 설계를 기반으로 해서 개발되었다. 조종사가 아래에 매달린 화물을 볼 수 있도록 설계된 조종석과 같은 일부 기능은 자율 작동과 관련이 없지만, 자율 작동을 손상시키지는 않는다.

케이맥스는 싱크로콥터다. 서로 맞물리지만 부딪치지 않는 두 세트의 회전 날개를 가지고 있으며, 같은 축선에서 반대 방향으로 회전한다. 이것은 전통적인 회전 날개 항공기가 직면한 핵심 문제인 주 회전 날개에 의해 생성된 회전력을 제거한다. 이 회전력 때문에 항공기가 제자리에서 회전할 수 있으므로 반드시 꼬리 회전 날개로 균형을 잡아야 한다. 하지만 싱크로콥터는

아래 : 케이맥스의 짝을 이루는 회전 날개는 서로 맞물리지만 같은 동력원으로 구동되기 때문에 충돌할 수 없다. 싱크로콥터 배치는 꼬리 회전 날개와 이와 관련된 기계장치가 필요 없으므로, 중량을 줄이고 전통적인 헬리콥터보다 뛰어난 안정성을 제공한다.

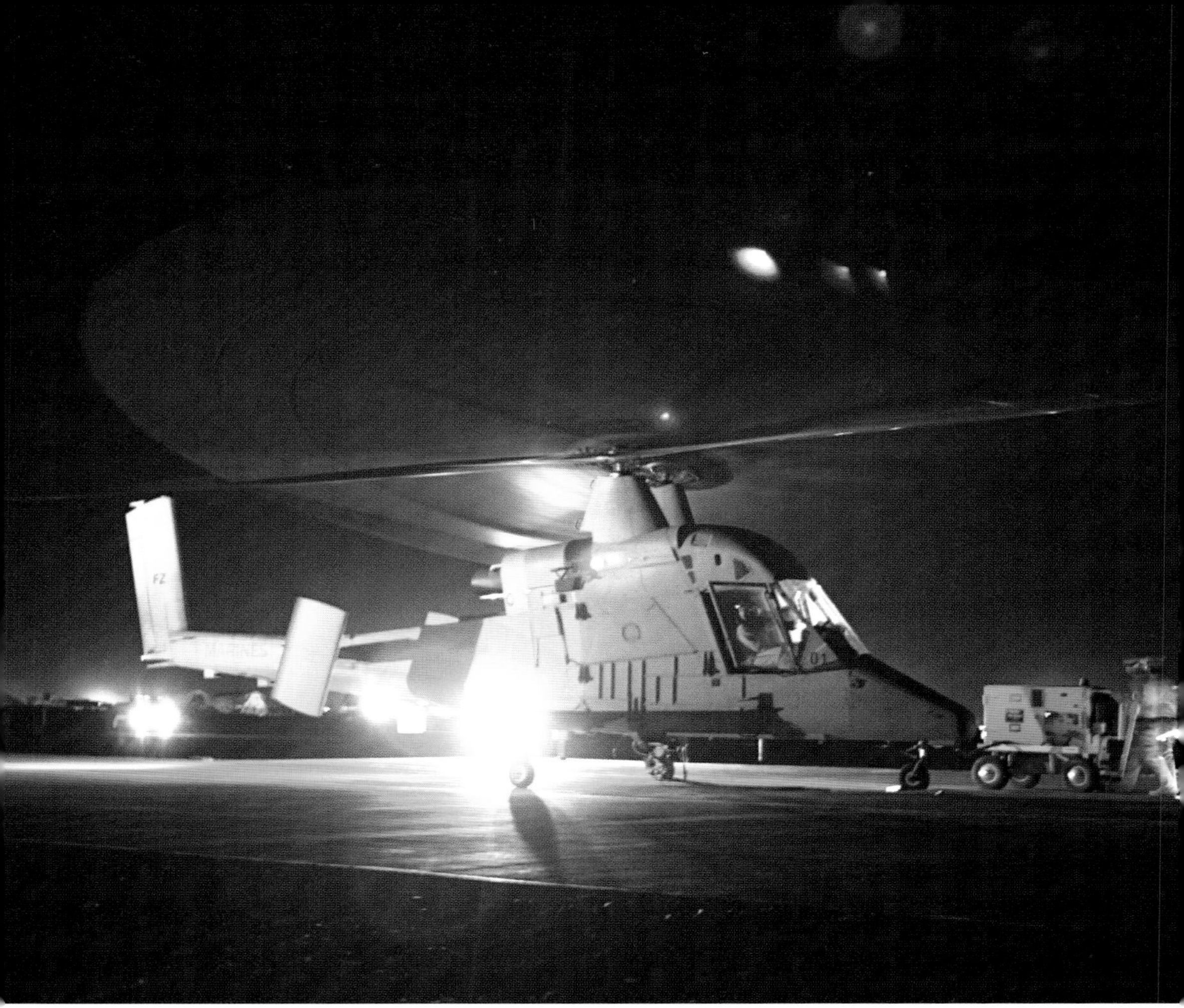

위 : 무인 헬리콥터의 응용 분야는 화물 수송만은 아니다. 무인 항공기는 원격 지역으로 센서 패키지 또는 통신 중계 장치를 전달할 수 있고
무인 지상 차량에도 전달할 수 있다. 직접 손으로 하는 조작을 필요로 하는 임무의 경우, 케이맥스는 조종사가 정상적으로 비행할 수 있다

꼬리 회전 날개도, 그와 관련된 동력 전달 장치도 필요로 하지 않는다.

싱크로콥터는 엔진 크기에 비해 강한 양력을 공급하고 제자리 비행할 때 매우 안정적이다. 이로 인해 항공기 아래에 매달려있는 화물의 정확한 위치 확인이 중요할 수 있는 벌목 산업 같은 데서 수송 작업에 널리 사용된다.

케이맥스 싱크로콥터의 자율 운전(또는 조종사 탑승) 버전은 아프가니스탄에 시범 배치되어 '날아가는 트럭' 역할을 맡았다. 대형 화물을 비용 대비 효율성이 뛰어난 지상 트럭처럼 운반할 수는 없지만 케이맥스 드론은 지상 급조 폭발물(IED) 공격의 영향을 피하는 데는 효과가 있었다. 이것은 정기적인 보급이 필요한 己 부대의 주요 고려 사항이다. 식량 배급을 전달하는 것처럼 간단한 일도 트럭 운송조에게는 위험한 여행이다

케이맥스 유무인 혼용기는 2011년부터 2014년까지 아프가니스탄에서 일상적인 보급 임무를 수행하여 한 곳에서 하루 평균 약 5회 비행하였다. 야간 비행이 많았는데 케이맥스는 악천후와 무거운 화물의 흔들림이 함께 작용하여 추락하긴 했어도 적의 공격을 당하지 않았다. 사고에도 불구하고 그 계획은 대체로 성공작이라는 평가를 받았다.

이 글을 쓰는 시점에서 미 육군 또는 미 해병대가 자율 수송기 조달을 진행할지는 불분명하다. 하지만 이

▌: 케이맥스 무인 항공기는 무거운 짐을 매달아서 운반하도록 설계된 헬리콥터를 기반으로 하고 있다. 이로 인해 조종사나 제어 시스템에
가지 문제가 발생한다. 강한 바람에 화물이 흔들리는 것은 이런 항공기가 부닥칠 수 있는 가장 어려운 시나리오 중 하나이다.

ㅓ념은 실행 가능하며 유망한 것으로 보이고, 케이맥 는 아프가니스탄 분쟁의 특징이 된 노상 급조 폭발물 ED) 공격에 안전함을 입증했다. 미 해병대 또는 수륙 동 작전을 수행하는 부대의 경우 연안 상륙함과 물류]박으로부터 보급품을 전달하는 능력은 매우 중요하 . 케이맥스를 통한 자율 보급은 조종사의 피로를 줄 고 인력 손실을 줄인다는 이점이 있다. 마찬가지로 립될 가능성이 큰 전초 부대와 기지에 자동 보급을 는 것은 일상적인 보급 과정에서 불필요한 사상자를 방하는데 효과적일 수 있다.

그러나 현재는 유무인 혼용 헬리콥터에 대한 명확하 분명한 요구가 없다. 여러 국가에서 이 개념에 관심을 표명해 왔고, 능력을 향상하기 위한 작업이 진행 중이다. 강화중인 능력에는 자동화된 위협 회피 시스템과 수송기가 비행하는 동안 과제를 다시 부과할 수 있는 기능이 포함될 수 있다. 자율 수송 드론을 편대로 보내든 교대로 보내든 그 숫자를 통합하는 작업은 매우 유용한 것이라 전망되고, 이는 또한 현재 개발 중인, 탑재 화물을 자동으로 갈고리로 걸어 올리는 장치에 의해 보강될 것이다. 아프가니스탄에서의 작전은 무인 수송기가 험난한 환경에서 작동할 수 있으며, 실제로 작동함을 결정적으로 입증했다. 다음 의문은 이런 틈새시장의 필요성이 실질적으로 존재하는지, 그러한 요구를 비용 효율적으로 수행할 수 있을지 여부이다.

캠콥터 S-100

오스트리아에서 설계한 캠콥터(Camcopter) S-100은 독일 해군과 아랍 에미리트 연방 군대의 다목적, 중고도, 중거리 회전 날개 무인 항공기에 대한 수요를 충족시키기 위해 개발되었다. 중국, 이탈리아, 러시아 등 다른 나라들도 캠콥터 S-100을 채택했다.

캠콥터 S-100은 두 가지 시스템을 갖춘 지상 통제소를 이용하여 해상의 선박에서 운용하도록 설계되었다. 하나는 임무 계획과 무인 항공기 제어를 처리하는 시스템이며 다른 하나는 자료 검색 및 탑재장비 제어를 처리하는 시스템이다. 임무 계획 시스템은 위험 지역 이나 비행 금지 구역을 추적할 수 있는데, 예를 들어 대공 무기가 배치된 구역 같은 위험 지역은 회피 대상으로 표시한다.

캠콥터는 자율적으로 또는 제어 시스템의 조이스틱을 사용하여 직접 조종하여 비행할 수 있다. 또한 수직 이착륙 시스템과 자동 기지 복귀 모드가 있다. 캠콥터는 기지에서 약 180km 반경 내에 운용할 수 있고 최대 6시간까지 비행할 수 있다.

캠콥터는 전자광학 센서와 열 센서 외에도 합성 개구 레이더(SAR)와 레이저 화상 레이더(LIDAR) 시스템을 탑재하고 있다. 지뢰나 매설된 급조 폭발물(IED)을 검색하는 데 사용할 수 있는 지하 투과 레이더도 탑재할 수 있다. 탑재장비는 2개의 장비 칸 또는 측면에 장착된 무기 장착점에 탑재할 수 있고, 추가로 항공 전자 장치를 위한 보조 항공 전자 장치 칸이 있다. 다른 상위 등급은 연료 용량이 확대되었고 화물을 아래에 매달아 운반하는 기능이 포함되어 있어 캠콥터 무인 항공기를 배달 드론으로 사용할 수 있다. 중유 엔진도 사용할 수 있는데 이는 NATO의 물류 절차에 부합하는 한편 연료 저장 장치의 안전성을 높인다. 이 점은 선박에 무인 항공기를 배치하려는 사용자에게 특히 중요하다.

제원 : 캠콥터 S-100

길이 : 3.1m(10피트 2인치)
높이 : 1.12m(3 피트 6 인치))
주 회전 날개 직경 : 3.4m(11피트 2인치)
동력 장치 : 로타리 엔진
최대 이륙 중량 : 200kg(440파운드)
최대 속도 : 240km/h(시속 150마일)
상승 한도 : 5,496m(18,000피트)
항속 시간 : 탑재 중량 34kg(75파운드)에서 6시간, 선택사양으로 항속 시간을 10시간까지 연장할 수 있는 외부 연료 탱크 추가

캠콥터 S-100은 최종 사용자의 요구에 따라 다양한 역할을 수행할 수 있다. 지금까지는 주로 해군의 지지를 받아 이탈리아 전함에서 운용하는 첫 번째 무인 항공기가 되었다. 지뢰와 급조 폭발물을 탐지하는 능력은 반군들이 그와 같은 무기를 사용하고 있는 아프가니스탄과 이라크 같은 환경에서 작전을 수행하는 육군에게 매력적이다.

캠콥터와 같은 무인기가 공중 카메라용 비행체 역할을 하는 것보다, 예를 들어 폭동을 해산시키기 위해 최루 가스를 뿌리는 것처럼 법 집행에서 더 적극적인 역할을 수행할 수 있다는 제안이 나오기도 했다. 이는 법 집행 요원을 위험에 노출시키지 않는 장점이 있지만 사회관계에서는 쟁점이 될 수 있다. 날아가는 상어를 닮은 시커먼 드론이 지상의 군중에게 최루 가스를 떨어뜨리는 모습은 정부의 억압을 연상시켜 역풍을 부를 수 있고, 또는 정반대로 대중을 안심시키는 작용을 해 매우 인상적으로 보일 수도 있다. 많은 것이 관점에 달려 있지만, 확실한 것은 논쟁의 여지가 있고 상당히 열띤 토론을 야기할 수 있다는 사실이다.

l : 캠콥터 S-100의 설계자는 하나 이상의 시장 틈새시장을 겨냥하고 있다. 군용 외에도 이 무인 항공기는 밀수 방지 또는 불법 국경 통과 방지와 같은 국가 보안 분야에 적용할 수 있고, 기름 유출 사고 시 오염 확산을 감시하는 데 사용할 수도 있다.

소형 정찰 무인 드론

소형 정찰 무인 드론은 기본적인 센서 배열을 사용하여 전술 정찰을 수행하도록 설계되었다. 물론 소형 드론으로 얻을 수 있는 것은 제한적이지만, 이는 많은 사람들의 접근을 허용하는 적은 비용으로 보상될 수 있다. 무인 항공기에 탑재된 카메라는 상당한 이점을 주는데, 가시선 시계를 막고 있는 혼잡한 지형에서 대 반군 작전을 수행할 때 특히 그렇다.

왼쪽 : 데저트 호크와 같은 소형 무인 항공기의 성능은 대형 장거리 드론에 비해 제한적이지만 값싸고 조작하기 쉽다. 소형 무인 항공기는 적당한 투자로 다른 방법으로는 얻기 어려운 공중 정찰 능력을 지상군에게 제공한다.

고가의 고성능 무인 정찰기가 전략적으로 중요한 정보를 얻을 수 있고 무장 드론이 이에 대응할 수 있는 반면, 작은 무인 정찰기는 지상의 지역 부대를 위한 '전력 증강자'에 가깝다. 이런 종류의 작은 드론은 기지 근처의 잠재적인 침입자나 근접한 매복을 경고할 수 있으며, 눈에 띄지 않는 적 쪽으로 지상 순찰을 안내할 수 있다. 또한 항공기나 대포의 타격에 따른 피해 규모를 측정하거나 가까운 곳에서 벌어지는 일에 대한 정보를 적시에 제공함으로써 단기 임무 계획을 지원하는데 사용할 수 있다.

따라서 작고 가끔은 우스꽝스럽게 보이는 드론이지만 잘 다루면 그 효과는 상당하다. 그것들은 자체로는 상대적으로 제한된 가치를 지니지만 지상 작전에 통합되면 효과와 효율을 증가시킬 수 있으며, 이 드론이 없었다면 가능하지 않았던 경고 덕에 때때로 재앙을 예방할 수 있다.

저트 호크

딸막한 장난감 비행기를 닮은 데저트 호크(Desert awk)는 보안과 단거리 정찰 작전을 염두에 두고 설 되었다. 전기 구동 추진 프로펠러를 사용하며 신축성 는 고무줄을 사용하여 손으로 발사한다. 데저트 호크 최대 항속 시간이 약 한 시간으로 임무를 마치면 어 평평한 면이건 그 위에 동체 착륙한다.

데저트 호크 무인 항공기는 바퀴가 없지만 대신 케 라 섬유로 만든 스키드를 사용한다. 케블라는 가볍 튼튼하며 주로 팽창된 폴리프로필렌으로 구성되어 있는데 상당히 거친 착륙을 감당할 수 있다. 착륙 속도가 낮아 운용자는 활주로 없이 비교적 좁은 공간에서 드론을 착륙시킬 수 있다. 또한 데저트 호크는 불량한 비행 환경을 놀라울 정도로 잘 견디는데, 이는 강한 바람과 난기류가 일상적인 환경에서 작전을 수행할 때 요긴한 능력이다.

데저트 호크는 적외선 및 전자광학 시스템을 비롯한 센서 패키지와 야간 투시 장비를 사용하여 어두운 곳에서 영상 촬영이 가능한 레이저 조명 장치를 탑재하고 있다. 추가 장비를 설치할 때 꽂으면 작동하는 모

래 : 지상군이 운반할 수 있는 장비의 양은 물론 한정되어 있지만 데저트 호크 무인 항공기와 통제소는 공간과 무게를 거의 사용하지 않는 그래서 장비를 갖추었을 때, 다른 어떤 장비를 유지하는 것을 포기하였다 해도 더 가치 있을 만큼 지상군의 효율성이 커진다.

왼쪽 : 소형 무인 항공기 작전은 원래 좀 화려하지 않으므로 정보가 없는 관 자가 이것을 값비싼 장난감 비행기를 치고 있는 것에 불과하다고 생각하는 도 무리가 아니지만, 이 드론들은 사용 에게 매우 실질적인 이점을 제공할 수 는 중요한 군용 장비이다.

듈 구조를 갖추고 있으며, 신호정보(SIGINT) 및 통신 정보(COMINT) 패키지 또는 합성 배열 레이더를 탑재할 수 있다.

드론의 제어는 노트북 컴퓨터를 이용한 접속을 통해 신호를 전송하고 항공기로부터 영상을 수신하는 방식으로 이루어진다. 대부분의 비행 운전은 GPS 항법장치를 사용하여 자동으로 이루어지고 필요한 경우 운용자가 명령을 입력한다. 2003년에 처음으로 비행한 데저트 호크는 영국 육군에서 포병 부대용으로, 미 공군에서 기지 방호용으로 채택했다. 기지 방호 역할은 매우 인력 집약적이며, 물리적인 순찰을 제공해야 할 필요성은 시간이 지남에 따라 약화될 수 있는데, 특히 매우 더운 환경에서 그렇다. 이 경우 보안 수준을 유지하거나 강화하는 한편 가능한 한 카메라나 기타 전자적인 수단을 사용하여 인력에 대한 요구를 줄인다.

데저트 호크 무인 항공기는 최대 10km 떨어진 곳에서 휴대용 미사일 발사기를 지닌 요원을 식별할 수 있는 것으로 입증됨에 따라 기지 방호에 특히 유용했다 이로써 반군들이 이륙하거나 착륙하는 항공기에 '매 한 스팅어 미사일'을 발사하기 위해 기지 근처에 자 를 잡아야 할 필요가 크게 줄어들었다. 마찬가지로 리 떨어진 곳에서 무기의 존재를 확인할 수 있다면 갑 부대나 보급 호송대에 대한 매복을 더 일찍 탐지 고 회피하거나 역습할 수 있다.

RQ-11 레이번

RQ-11 레이번(Raven)은 1999년에 다른 이름으 처음 등장하였다가 나중에 현재 형태로 발전하였다 2005년에 단거리 전술 정찰을 위해 미 육군에 채택 었으며, 그 이후로 많은 국제적 운영자들과 미군의 다 른 병과들에 채용되었다.

레이번은 점차 흔히 볼 수 있는 드론이 되었으며, 늘날 세계 여러 국가에서 사용되고 있다. 높은 날개 추진 프로펠러를 갖춘, 모형 항공기를 닮은 상당히

위 : RQ-11 레이번 시스템에서 무인 항공기 부품은 총 비용의 약 15%를 차지한다. 제어 시스템과 지상 안테나는 훨씬 비싸지만 다행스럽게도 거의 교체가 필요 없는 부품이다. 적의 영역 내에서 작전을 수행하는 무인 항공기는 적어도 잠재적인 소모품으로 간주해야 한다.

:한 모양이다. 이것은 소형 전기 모터로 구동되는데 0-90분의 항속 시간 동안 비행하기에 충분한 배터리 †력을 갖추고 있다.

탑재장비로는 전방 및 측면 관측 전자광학 카메라 또 : 열화상 카메라가 있으며, 이는 통제소로 자료를 재 †송한다. 이 무인 항공기는 자율적으로 운항하거나 아니면 운용자가 약 10km 거리까지 직접 제어할 수 있다. 자동 착륙 시스템이 있고 비상시에는 하나의 명령으로 자율 착륙하라는 지시를 할 수 있다.

시간이 지나면서 레이번 짐벌(Raven Gimbal)을 포함하여 레이번의 개선 버전들이 등장했다. 레이번 짐벌은 적외선 및 시각 카메라를 모두 탑재할 수 있는 짐

위 : 2006년에 개선된 RQ-11B 버전이 출시되었을 때까지 3,000대가 넘는 RQ-11A 레이번 무인 항공기가 제작되었다. 레이번은 대체 어느 곳에서나 지면 가까이서 엔진을 정지하고 떨어져 착륙할 수 있다. 그것은 충분히 가볍기 때문에 손상되지 않고 또 손으로 던져서 사할 수 있다.

벌이 장착된 센서 터릿을 사용한다. 사용자는 전송되는 자료를 즉시 다른 종류로 바꿀 수 있고, 무인 항공기는 선택된 표적에 맞추어 비행경로를 자율적으로 조정할 수 있다. 다른 프로젝트에는 날개의 윗면에 태양 전지 패널을 추가하는 것이 포함되어 있다. 이것을 사용하여 기내의 전자 장치에 전원을 공급하면 배터리 소모가 줄고 항속 시간이 늘어난다.

미 공군 활동에서 레이번 드론은 한 쌍의 드론과 제어 장비를 배낭에 넣은 2명의 운전팀이 함께 배치된다. 이 드론은 사용 준비를 신속하게 마칠 수 있고 운용자가 던져서 발사하는 식으로 수동 발사할 수 있다. 레이번은 상대적으로 낮게 비행하여 150m를 넘지 않기 때문에 발견되면 소화기의 사격에도 취약하다. 그렇지만 이런 종류의 드론은 매우 유용한 것으로 증명되었고 가격이 싸서 활동 중 어느 정도 훼손되거나 유실되어도 벌충하기에 충분한 수량을 구입할 여유가 생긴다.

제원 : RQ-11 레이븐

길이 : 91.5cm(3 피트)
날개폭 : 1.37m(4.5피트)
동력 장치 : Aveox 27 / 26 / 7-AV 전기 모터
무게 : 1.9kg (4.2파운드)
최대 속도 : 48-96km/h(시속 30-60마일)
항속 거리 : 10km(6마일)
상승 한도 : 30.5-152.4m(100-500피트)
항속 시간 : 60-90분
발사 방법 : 손으로 던져서 발사

에어로바이런먼트 퓨마

퓨마(Puma) 무인 항공기는 또 다른 '장난감 비행기' 유형의 드론으로 2개의 날개가 달린 견인 프로펠러를 사용한다. 다만 민간용 모형 비행기와는 달리 군대의 환경에서 발생할 수 있는 불리한 조건에 맞게 설계되었다. 모형 비행기 애호가는 악천후로 인해 특정한 날에 비행하지 않기로 결정할 수 있지만, 군대는 항상 정찰 자료가 필요하므로 어려운 조건에서도 운항할 수 있는 드론이 필요하다.

퓨마는 손으로 발사하고, 발사 후에는 추진을 위해 연료 전지 시스템을 사용하며, 임무 중 여백의 시간에 충전할 수 있다. 기체 및 기타 시스템은 악천후에 드론을 운항할 때도 살아남을 수 있도록 강하게 설계되었다. 퓨마는 평평한 지상이나 물 위에 동체 착륙할 수 있다.

항속 시간은 속도와 조건에 달려 있지만, 퓨마 무인 항공기는 시험비행에서 연료전지를 탑재하고 2시간 정도 충전식 배터리를 사용하여 5시간에서 9시간 정도 비행한다. 퓨마에 탑재된 방수 전자 제품 패키지에는 적외선 및 전자광학 카메라, GPS 항법장치가 있다. 자료는 최대 운용 반경 15km까지 실시간으로 지상 통제소에 전달된다. 지상 통제소는 영상에서 정지 화상을 추출하고, 다른 사용자에게 자료를 재전송할 수 있다. 퓨마 드론은 미국 특수 작전 사령부 (SOCOM)가 사용하기 시작했다. 표적 식별, 전술 정찰 및 피해 평가에 사용되지만 밀입국 방지 및 국경 순찰 임무, 해상 감시, 수색 및 구조를 포함해서 광범위한 사용이 가능하다.

위 : RQ-20A 퓨마 AE의 'AE'는 '모든 환경(all environment)'을 의미한다. 이 소형 무인 항공기는 물위나 어떤 평평한 지상에라도 착륙할 수 있고, 이륙에는 단지 몇 발짝 뛰어 무인 항공기를 공중에 던지기에 충분한 공간만 필요하다. 퓨마의 구조는 군사 환경에서 살아남을 만큼 견고하다.

아래 : 퓨마는 날개 아래의 '수송 칸'에 탑재장비를 탑재할 수 있다. 이것은 내부 센서 패키지와 별도로 짐벌이 장착된 열화상 및 전자광학 카메라를 탑재하고 있고, 임무 개요에서 요구하는 대로 통신 릴레이를 재빨리 추가하거나 제거하게 해준다.

제원 : 퓨마 AE

길이 : 1.4m (4 피트 6 인치)
날개폭 : 2.8m (9.2피트)
동력 장치 : 배터리
무게 : 6.1kg (13.5파운드)
최고 속도 : 37-83 km/h (시속 23-52마일)
항속 거리 : 15km (9.3마일)
상승 한도 : 152m (500피트)
항속 시간 : 3.5 시간 이상
발사 방법 : 손으로 던져서 발사, 레일 발사 (선택)

와스프

와스프(Wasp)는 미 육군을 위해 주로 경로 정찰, 전술 정찰 및 부대 방호 임무용으로 개발 된 아주 작은 무인 정찰기다. 부대 방호는 주요 임무가 아니지만 모든 군 부대의 지속적인 관심사이다. 말하자면 어떤 실제 군 부대도 집에 안전하게 되돌아갈 것을 기본적인 임무로 해서 출격하지 않았다. 그것이 주된 목적이었다면 집에 머무르는 것이 더 나은 선택일 것이다.

군대의 우선적인 임무는 언제나 적을 공격하고 재난에 직면한 생존자를 구하는 일이지만, 자신을 가능한 한 안전하게 유지하고 무의미한 사상자를 피해야 함에 유념할 필요가 있다. '부대 방호'는 부대에 제기된 위험을 최소화하고 전개되는 모든 상황에 신속하게 대응하는 일이다. 이러한 노력에서 전술 정보는 중요한 도구다.

와스프 무인 항공기는 분대 수준에서 전술 정찰을 제공함으로써 부대 방호 임무를 지원한다. 이를 위해 무인 항공기는 분대원이 휴대할 수 있는 다른 장비의 양이나, 신속하게 이동하고 자신의 무기를 사용할 수 있는 능력을 줄이지 않으면서 운반할 수 있을 만큼 작아야한다. 따라서 이 역할을 수행할 드론은 매우 작아야만 하고 따라서 무거운 탑재 중량이나 긴 항속 시간은 불가능하다. 또한 비싸지 않아야 하고 신속하게 전개할 수 있어야 한다.

와스프는 지상에서 발사되어 약 45-90분 동안 체공할 수 있으며, 작동 반경은 약 5km이다. 자율적으로 운전하고 사용자 유도 없이 착륙할 수 있다. 수상 착륙할 수 있는 버전은 현재 개발 중이다. 탑재장비는 자료를 제어 장치에 실시간으로 보내는 시각 카메라와 열화상 카메라로 구성된다. 이 제어 장치는 퓨마와 다른 무인 항공기가 함께 사용하는 경량의 공동 지상 통제소다. 무인 항공기는 예를 들어 많은 작전이 발생하는 어지러운 도심 지형 때문에 지상 통제소와의 접촉이 손실되면 안전하게 자동 착륙하도록 설정된다.

드래곤 아이

드래곤 아이(Dragon Eye)는 넓은 날개 위에 있는 2개의 전동 견인 프로펠러로 구동되는 소형 쌍발 무인 항

왼쪽 : 와스프 초소형 무인 항공기는 레이븐, 퓨마 및 스위프트 무인 항공기와 같은 제어 시스템을 공유한다. 작은 크기임에도 불구하고 열화상 및 전자광학 카메라와 같은 유용한 기기를 탑재할 수 있으며 필요한 경우 탑재장비를 신속하게 교체할 수 있다.

정찰 무인기의 항속 시간 비교
PD-100 블랙 호넷
최대 25분
알라딘
30-60분
드래곤 아이
45-60분
티호크
1시간 이내
데저트 호크
1시간
와스프
45-90분
매버릭
45-90분
RQ-11 레이번
60-90분
퓨마 AE
3.5시간 이상

위 : 드래곤 아이 무인 항공기는 단단한 물체와 부딪치면 산산조각이 나고, 다행히도 구성부품이 손상되지 않고 유지된다면 나중에 다시 조립할 수 있도록 설계되었다. 하나나 그 이상의 구성 부품이 고장 난 경우에도 모듈 구조로 되어 있어서 쉽게 교체 작업을 할 수 있다.

공기이다. 꼬리 날개가 없는 대신 큰 날개의 모양과 크기에 의존한다. 중앙 동체는 장비 공간을 최대화하기 위해 넓고 땅딸막하게 만들어졌다.

드래곤 아이는 주로 도심지역 군사작전(MOUT) 수

제원 : 드래곤 아이

길이 : 0.9m(3 피트)
너비 : 1.1m(3 피트 6 인치)
동력 장치 : 1회용 배터리
무게 : 2kg(4.4파운드)
최대 속도 : 35km/h(시속 22마일)
항속 거리 : 5km(3마일)
상승 한도 : 142m(499피트)
항속 시간 : 45-60분
발사 방법 : 손 발사 또는 고무줄

행에 필요한 경량, 소형, 전술 정찰용 드론에 대한 미 해병대의 필요에 맞춰 만들어졌다. 드래곤 아이는 배낭으로 운반되고 약 10분 안에 비행 준비가 된다. 손 또는 신축성 있는 고무줄을 사용하여 발사되면, 이후 드론은 GPS 유도와 운용자가 설정한 일련의 경유 지점을 사용하여 사전에 계획된 임무를 수행한다.

드래곤 아이는 가능한 한 간단하게 조작하도록 설계되었으며, 사용자 교육은 일주일도 걸리지 않는다. 이것은 측방 감시 저조도 카메라를 써서 약 10km의 운용 반경에 걸쳐 운용자에게 실시간 영상을 보내면서 전술 정찰을 수행한다.

드래곤 아이는 강하고 가벼운 소재를 사용하여 튼튼

위 : 드래곤 아이 무인 항공기는 일단 고무줄을 사용하여 발사되면 운용자가 설정한 일련의 경유 지점들을 통과한다. 경유 지점은 무인 항공기가 비행하는 동안 재설정할 수 있으므로 운용자가 드래곤 아이를 원하는 지점으로 안내하거나 조기에 기지로 데려갈 수 있다.

하게 설계되었다. 그 구조는 생존성을 위해 설계되어 구성 부품이 파손되기 보다는 주로 분해된다. 표준 드래곤 아이 패키지에는 두 대의 무인 항공기와 지상 통제소가 포함되고, 가장 손상되기 쉬운 부품을 교체할 수 있도록 교체용 항공기 기수가 두 개 있다.

현재 항속 시간 45-60분을 연장하고자 동력 장치를 개선하고, 그와 함께 다른 센서와 자동 착륙 시스템을 갖춘 상위 버전을 만들기 위한 계획이 있다. 그동안 드래곤 아이는 군용 이외의 추가 응용분야를 찾고 있었다. 그러다가 2013년에는 화산 인근에서 살거나 일하는 사람들의 안전을 개선하기 위한 프로젝트의 하나로 화산 연기를 연구하는데 사용되었다.

이러한 환경에서 심각한 위험 요소 중 하나는 매우 많은 양의 이산화황을 포함하고 있는 '화산 안개'다. 이를 연구하기 위해 유인 항공기를 사용하는 것은 대단히 위험한데 일부는 승무원에게 영향을 미치고 일부는 항공기 엔진이 대기 조건 때문에 막힐 수 있기 때문이다. 유인 항공기나 지상팀에는 매우 위험한 이런 지역이라도 전동 드론에는 아무런 문제가 없으므로 드래곤 아이를 보내 자료를 수집할 수 있었다.

알라딘

알라딘(Aladin) 무인 항공기는 독일 육군이 단거리 전술 정찰용으로 사용하기 위해 개발하였다. 이 드론은 견인 프로펠러로 구동되는 단순한 넓고 단순한 날개 모양을 가지고 있고 상자 2개로 수송할 수 있으며, 5분 안에 비행 준비를 마칠 수 있다. 손으로 또는 신축성 있는 고무줄을 사용해서 발사하며 운용 반경은 15km이다.

일단 무인 항공기가 발사되면 운용자가 항로의 지점을 새로 고치기로 선택하지 않는 한 GPS 항법장치의 경유 지점을 따라 사전에 설정된 경로로 비행한다. 탑재장비는 열화상 카메라와 여러 대의 카메라가 포함되어 있어 전방과 하방 및 측방을 관측할 수 있다. 임무 항속 시간은 배터리 수명에 의해 제한되어 30-60분의 범위인데 소규모 부대의 전술 정찰에는 충분하다.

혁신적인 잠수함 발사 버전도 개발되었다. 이것은 △개의 알라딘 드론과 개폐식 마스트에 설치된 발사 장치로 구성된다. 잠수 중인 잠수함은 발사 장치를 수면 위로 펴고 무인 항공기를 발사하여 지역 정찰을 수행할 수 있다. 드론을 실제로 회수할 가능성은 없고 소모품으로 간주해야한다.

발사 잠수함은 통신 마스트가 확장된 상태에서 얕은 깊이에 머무르면서 실시간 자료를 수신하는 동안 무인 항공기를 안내할 수 있고, 또는 한동안 더 깊숙이 운행하다가 지역 상황에 대한 자료를 수신하기 위해 다시 나올 수 있다. 무인 항공기를 사용하면 내륙 상황을 정찰하고자 수면으로 부상한 잠수함이 제공하는 돛보다 높은 유리한 지점에서 주변 경관에 대한 시야를 얻을 수 있다.

아래 : 알라딘은 무인 항공기 2대와 지상 통제소 1대가 포함된 패키지로 배치된다. 알라딘은 2005년부터 독일 육군에서, 또 2006년부터 네덜란드 육군에서 활동해왔다. 두 군대 모두 단거리 공중 정찰 및 감시를 위해 아프가니스탄에서 알라딘을 사용했다.

아마도 이 드론의 가장 유용한 역할은 잠수함이 전개한 특수 부대의 팀을 위한 것일 것이다. 무인 항공기는 대상 지역에 대한 최신 정찰 자료를 제공할 수 있으므로 팀이 안전하게 작전을 전개하도록 지원하고 위험을 예고할 수 있다. 마찬가지 방식으로 해변에서 작전을 수행하는 팀의 복귀를 지켜보고 귀환 과정 내내 안전하게 안내하도록 지원할 수 있다.

매버릭

매버릭(Maveric) 드론은 넓고 높은 외형의 날개와 후방에 장착되어 전기 모터로 구동되는 추진 프로펠러를 사용한다. 소형 정찰 드론의 경우에 상당히 일반적이기도 한데, 어쨌든 매버릭은 이처럼 특이한 외형을 지니고 있다. 매버릭 제조사가 "생물학적으로 위장된" 것이라 설명하듯 이 무인 항공기를 새로 오인하기를 바라는 것이다.

아래 : 알라딘은 처음부터 불리한 환경에서 주간 및 야간 작전을 수행하도록 설계되었다. 특별한 요구 사항은 아프가니스탄의 산에서 겪게 되는 상황에 대처하고 신속하게 선회할 수 있는 능력이었다. 알라딘은 몇 분 안에 설치할 수 있고 배터리를 교체하여 다른 임무를 준비할 수 있다.

소형 정찰 무인 항공기의 항속 거리 비교

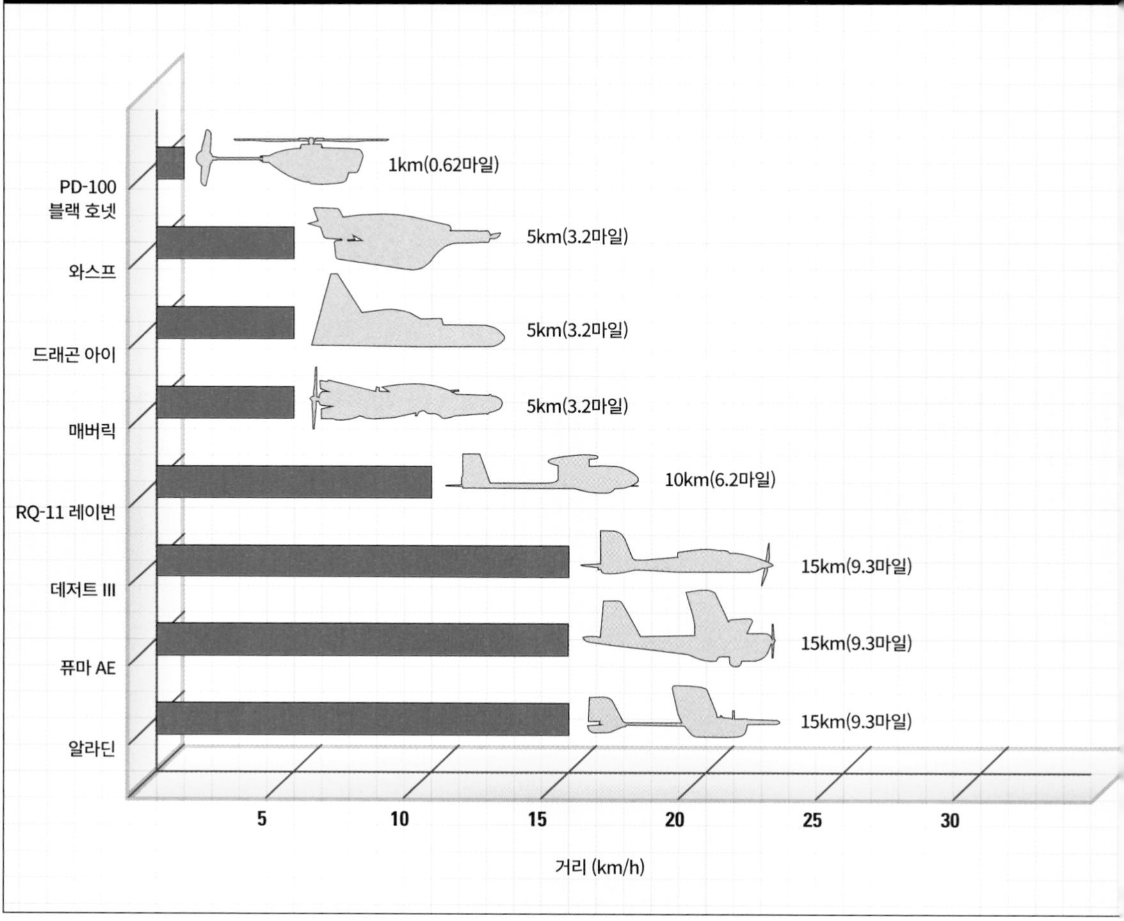

소형 무인 항공기에 대한 주요한 탐지 위협은 시각적으로 발각되는 데 있다. 지상 가까이 날아다니는 이렇게 작은 물체는 레이더에 감지될 가능성이 적고 열 특성도 미미하다. 적이 소형 화기로 드론을 추락시킬 가능성이 거의 없을지라도, 탐지되었다는 것은 적이 표적을 관측하는 중이며 드론 운용자가 주변에 있음을 눈치챘다는 뜻이 된다. 매우 가까운 거리라면 매버릭이 관찰자를 속일 수 없을 것이다. 새에게는 프로펠러가 장착되어 있지 않기 때문이다. 그러나 적당한 거리에서 새 모양을 하고 전체적으로 마치 새처럼 행동하는 비행 물체는 완전히 사람들의 주목을 피할 수 있을 것이다.

매버릭은 손으로 발사하고 그물을 사용하거나 바닥에 동체 착륙하여 회수한다. 항속 시간은 약 45-90분이며, 배터리를 교체하는데 1분도 채 걸리지 않으며, 운용자가 서있는 곳 어디에서나 다시 발사할 수 있다. 기체는 손상 없이 구부릴 수 있는 견고하고 가벼운 재질로 제작되었다. 이것은 추락이나 충돌 시 드론을 보호할 뿐만 아니라 드론을 튜브 모양의 용기로 운반하여 분 내에 전개할 수 있게 한다.

표준 매버릭 드론은 전방을 향한 카메라와 두 번째

: 매버릭은 날개를 접어 튜브에 넣어 운반하고 꺼냈을 때 날개를 편다. 일단 공중에 던져지면 설정된 경로를 따라 날아가고 전방 감시 카라를 사용하여 자율적으로 장애물을 피할 수 있다. 충돌이 발생하였을 때 이 무인 항공기 설계는 손상에 매우 강하다.

ㅣ서를 동체 포드에 장착한다. 매버릭은 다른 카메라 ㅌ는 열 센서를 측면 방향으로 장착하거나, 추가 센서 ㅣ 포함한 착탈식 짐벌을 장착할 수 있다. 동체, 꼬리, ㅓ방부와 화물칸은 모두 모듈로 되어 있고 대부분의 구 ㅡ물에 탄소 섬유가 사용된다.

전방 관측 카메라는 자동 충돌 감지 및 회피에 사용 ㅣ며 멀린(Merlin) 지상 제어장치로 자동 제어한다. 지 ㅏ 제어장치는 영상을 수신하여 카메라 흔들림 효과를 ㅓ감시키며 약 5km 떨어진 거리에서 운용자의 명령 ㅡ 전송한다. 매버릭은 명령 도달 거리를 넘어 비행할 ㅡ 있으며 제어장치와 접속이 복구될 때까지 영상을 저 ㅑ한다.

제어는 간단하여 손에 쥐고 수동 제어를 할 수 있는 ㅗ형 장치를 사용하거나, 비행 모드 선택을 위해 경유 ㅣ점을 이용하는 더욱 자동화된 운전을 사용한다. 드론 ㅣ 자동으로 자신의 높이와 속도를 유지하며 운전자가 드론이 다음에 어디로 가길 원하는지 알려주는 간편 비행 모드도 있다. 매버릭은 '돌아다니기', 경유 지점을 순환하기, 또는 표시된 지점으로 '모이기'를 설정할 수 있다. 또한 드론이 이전에 결정된 지점으로 날아가도록 지시하는 '홈' 모드도 있다.

매버릭은 전술 정찰, 상황 인식, 전투 피해 평가 등의 소형정찰 드론의 일반적인 과제를 수행할 수 있으며, 적이 이 드론의 능력을 제대로 인식하지 못하는 데 따른 추가 이점이 있다. 즉 매버릭에 관측된 반란군이 주의를 기울이지 않은 채 무기를 노출하거나 자신이나 자신의 활동을 은폐하지 않을 가능성이 있다.

은밀하게 감시를 수행하는 능력은 또한 매복을 세우거나 기습을 할 때도 도움이 될 수 있다. 그렇지 않고 적이 단거리 정찰 드론의 존재를 알게 되면 동시에 그들은 아군이 자기 구역 내에 있고 무언가 막 일어날지 모를 비밀 정보를 눈치 챌 수 있기 때문이다. 정찰 드론을

위 : 매버릭은 '생물학적으로 위장된' 것으로 묘사되어 왔는데 마치 새처럼 보인다는 뜻이다. 이 무인 항공기는 사실상 아무런 소음이 없기 때문에 전혀 알아차리지 못할 수도 있다. 만약 알았다 해도 군용 무기처럼 보이지 않기 때문에 관측자가 그것을 쉽게 무시할 수도 있다.

사용하는 것은 매우 중요하지만, 적이 발견하여 알게 되면 양날의 검이 될 수 있다. 대부분의 소형 드론은 발견하기가 어려운데 매버릭은 새로 위장하고 있어 더욱 알아보기 어렵다.

티호크 (타란툴라 호크)

티호크(T-Hawk, Tarantula Hawk, 타란툴라 호크) 드론은 특이하게 프로펠러가 아니라 덕트 팬(ducted fan)을 이용하여 상승한다. 제자리 비행하면서 응시하는 능력을 통해 사용자는 지상에 접촉하지 않고도 구역을 면밀하게 검사할 수 있다. 이것은 폭발물 처리(EOD) 작업이나 미심쩍은 급조 폭발물(IED)를 수색할 때 매우 유용하다.

티호크 드론은 매우 작아서 배낭에 휴대할 수 있다. 항속 시간이 1시간 조금 못 되지만 그 정도로도 넓은 지역을 담당하기에 충분할 만큼 빠르게 비행할 수 있다. 군용 응용 분야 외에도 다양한 보안 역할에 적합하고 민간 재해 관리에도 사용되었다.

2011년에 티호크 드론은 후쿠시마 원자력 발전소의 손상 내역을 평가하는 데 사용되었다. 이 무인 항공기는 발전소 내부에서 작동했기 때문에 방사선 위험이 높을 것으로 의심되는 지역의 훼손 상태를 원격으로 검사할 수 있었다.

PD-100 블랙 호넷

블랙 호넷(Black Hornet)은 크기가 매우 작아 나노 무인 항공기(NUAV)라고 불린다. 2012년 말 시리즈 생산에 들어갔고, 비슷한 시기 또는 2013년 초반에 영국군에 납품되었다.

블랙 호넷은 정보 수집, 감시 및 정찰과 같이 더 큰 무인 항공기와 동일한 임무를 수행하지만, 항속 거리는 약 25분 동안 지속되는 충전식 배터리의 수명에 의해 제한된다. 이 드론은 주머니에 넣을 수 있고 무게는 16g에 불과하다. 2개의 드론과 제어 장치를 포함한 전체 장치는 1킬로그램 미만이다.

짧은 항속 시간이라는 블랙 호넷의 단점은 고정 날개

항공기 유형의 드론이 감당하지 못하는 영역에서 작전 수행이 가능한 초소형 드론을 만들기 위해 감수한 것이다. 이 드론은 실내와 같이 어지러운 환경에서 정밀하게 기동할 수 있도록 설계되었으므로 숨어 있는 적 요원을 찾기 위해 건물의 방들을 점검하는 데 사용할 수 있다.

도심 전투 환경에서 사용하려고 하는 이런 종류의 드론은 신속한 전개가 가능해야 한다. 블랙 호넷은 1분 안에 공중에 떠있을 수 있어 요원이 곧 진입 직전 목표 공간을 신속하고 비밀스럽게 정찰하거나 사격에 노출되지 않고 저격병을 수색할 수 있다. 블랙 호넷의 회전 날개는 사실상 소음이 없고 광학적으로나 또는 현재 사용 중인 어떤 센서로도 발견될 것 같지 않다.

야외 작전도 가능하다. 이 드론의 크기와 모양은 바람을 잘 견디고 벽이나 다른 장애물 위로 수직 상승할 수 있다. 또는 창문을 통해 들여다보거나 내다볼 수 있다. 고정 날개 무인 항공기라면 할 수 없는 일이다.

블랙 호넷은 매우 작지만 저조도 영상 또는 정지 영상을 생성할 수 있는 3대의 카메라를 탑재하며, 그것을 조종하여 대상을 확대 촬영할 수 있다. 조이스틱과 디스플레이 장치를 통해 제어가 가능하고 가시선을 따라 약 1,000m까지 직접 제어할 수 있다. GPS 유도를 사용하여 무인 항공기가 자율 운전할 수 있는 일련의 경유 지점을 만들 수도 있다.

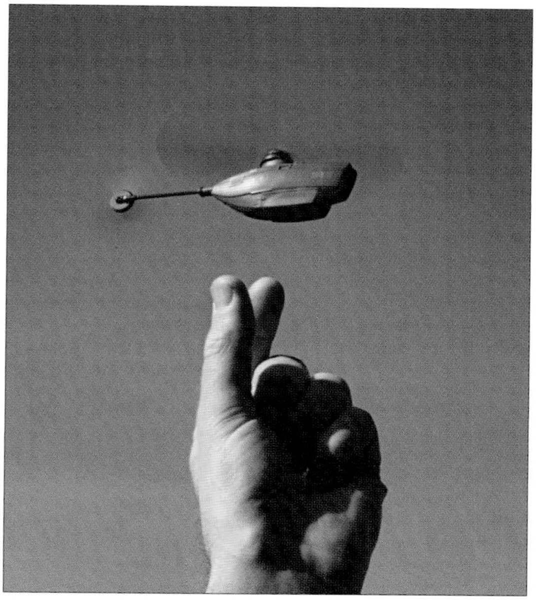

위 : 블랙 호넷 무인 항공기는 '나노 무인 항공기(NUAV)'다. 즉 초소형 무인 항공기(Micro Air Vehicle)라고 불리는 소형 무인 항공기보다 훨씬 작다. 크기가 작아 탑재할 수 있는 무게와 드론의 항속 시간이 제한되지만, 블랙 호넷은 최대 25분 동안 지속되는 임무에서 여전히 카메라를 탑재할 수 있다.

왼쪽 : 개인 정찰 시스템으로 설명되는 블랙 호넷은 제어 시스템 한 대와 항공기 2대 패키지로 제공된다. 무인 항공기는 자율적으로 진행할 경로가 간단하게 설정되므로 비행하는 데는 기술이 필요 없지만 무인 항공기를 사용하여 좋은 효과를 얻으려면 훈련이 필요하다.

위 : 도심 지형은 전투 요원에게 매우 위험한 환경이다. 군대가 저격병에 노출되지 않고 앞서 정찰하는 능력은 생명을 구하고 임무의 능률을 향상시킨다. 매우 작은 드론을 사용하면 적이 알아차리지 못할 수도 있다는 장점이 있다.

PD-100 블랙 호넷 작전

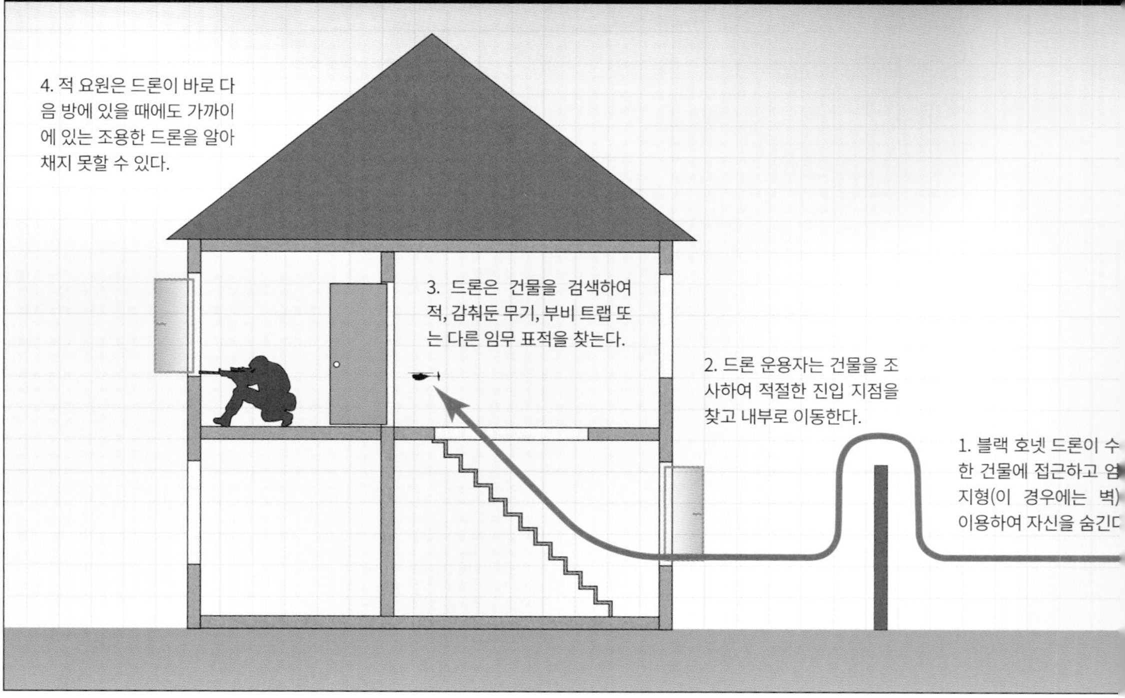

4. 적 요원은 드론이 바로 다음 방에 있을 때에도 가까이에 있는 조용한 드론을 알아채지 못할 수 있다.
3. 드론은 건물을 검색하여 적, 감춰둔 무기, 부비 트랩 또는 다른 임무 표적을 찾는다.
2. 드론 운용자는 건물을 조사하여 적절한 진입 지점을 찾고 내부로 이동한다.
1. 블랙 호넷 드론이 수
한 건물에 접근하고 엄
지형(이 경우에는 벽)
이용하여 자신을 숨긴

순항 미사일

다수 정의에 따르면 순항(크루즈) 미사일은 드론의 한 형태다. 전형적인 미사일의 경우 추진 시스 이나 관성에 의해 하늘 높이 떠 있게 된다. '순항 미사일'이라는 용어는 그런 방식이 아니라 항공기 항 원리에 따라 미사일이 날아간다는 데서 나온 것이다. 순항 미사일의 경우 수직 안정판은 안정판 자 동시에 조종면이고, 날개는 양력을 공급한다. 이 구조에서는 항력이 생성되어 미사일을 감속시 는 반면 엔진에서 나오는 추력은 미사일을 앞으로 밀게 만들어 위로 뜨기보다 날아가게 하므로, 미 일은 훨씬 더 적은 연료로 공중에 떠 있을 수 있다.

왼쪽: 초기의 순항 미사일은 원격 핵무기 전 시스템으로 개발되었고, 오늘날까지 많은 사 들이 '순항 미사일'과 '핵무기'를 같은 것으로 긴다. 사실은 오늘날 대부분의 순항 미사일 재래식 탄두를 가지고 있고, 항공기와 잠수 수상함에서 발사될 수 있다.

이것은 순항 미사일이 재래식 미사일보다 훨씬 더 먼 거리를 이동할 수 있고, 목표 지역으로 가는 도중에 중요한 동작을 취할 수 있음을 의미한다. 실제로 순항 미사일을 방공 기지 주변의 상당히 복잡한 비행경로를 통해 순항하도록 설정할 수 있다. 순항 미사일은 항공기보다 상대적으로 작으므로 특히 저공비행을 할 때 탐지하기가 더 어렵고, 아주 먼 거리에서도 큰 탄두를 매우 정밀하게 유도해 보낼 수 있다.

순항 미사일은 고정식 또는 이동식 지상 발사대, 수함 또는 항공기에 이르기까지 다양한 발사 플랫폼 서 발사된다. 이렇게 이동성이 뛰어나므로 적의 영 가까이, 또는 예기치 않은 방향에서 적 영공으로 침 할 수 있을 발사 지점 가까이 미사일을 운반할 수 있

항 미사일의 비행경로

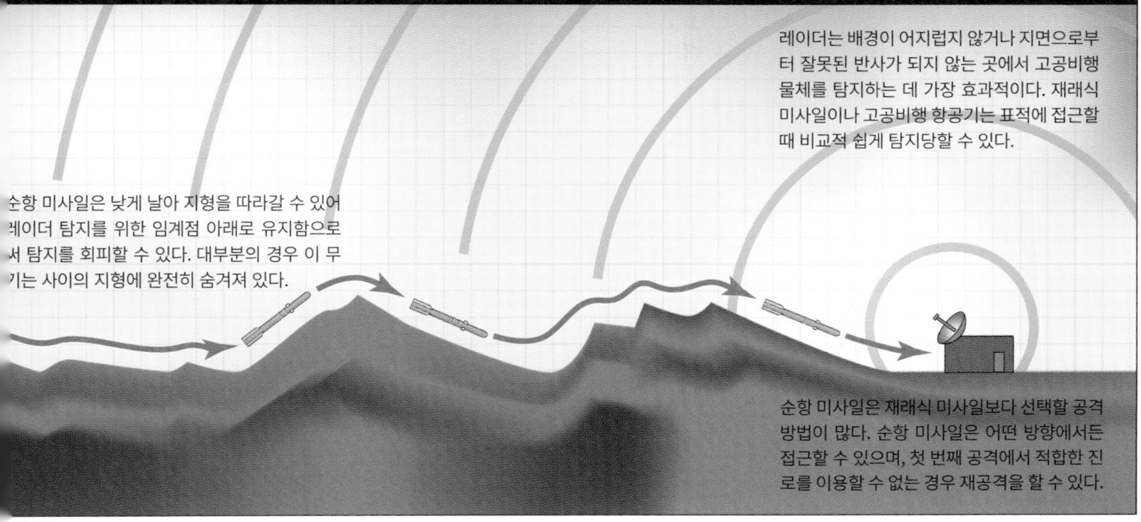
레이더는 배경이 어지럽지 않거나 지면으로부
터 잘못된 반사가 되지 않는 곳에서 고공비행
물체를 탐지하는 데 가장 효과적이다. 재래식
미사일이나 고공비행 항공기는 표적에 접근할
때 비교적 쉽게 탐지당할 수 있다.
순항 미사일은 낮게 날아 지형을 따라갈 수 있어
이더 탐지를 위한 임계점 아래로 유지함으로
서 탐지를 회피할 수 있다. 대부분의 경우 이 무
기는 사이의 지형에 완전히 숨겨져 있다.
순항 미사일은 재래식 미사일보다 선택할 공격
방법이 많다. 순항 미사일은 어떤 방향에서든
접근할 수 있으며, 첫 번째 공격에서 적합한 진
로를 이용할 수 없는 경우 재공격을 할 수 있다.

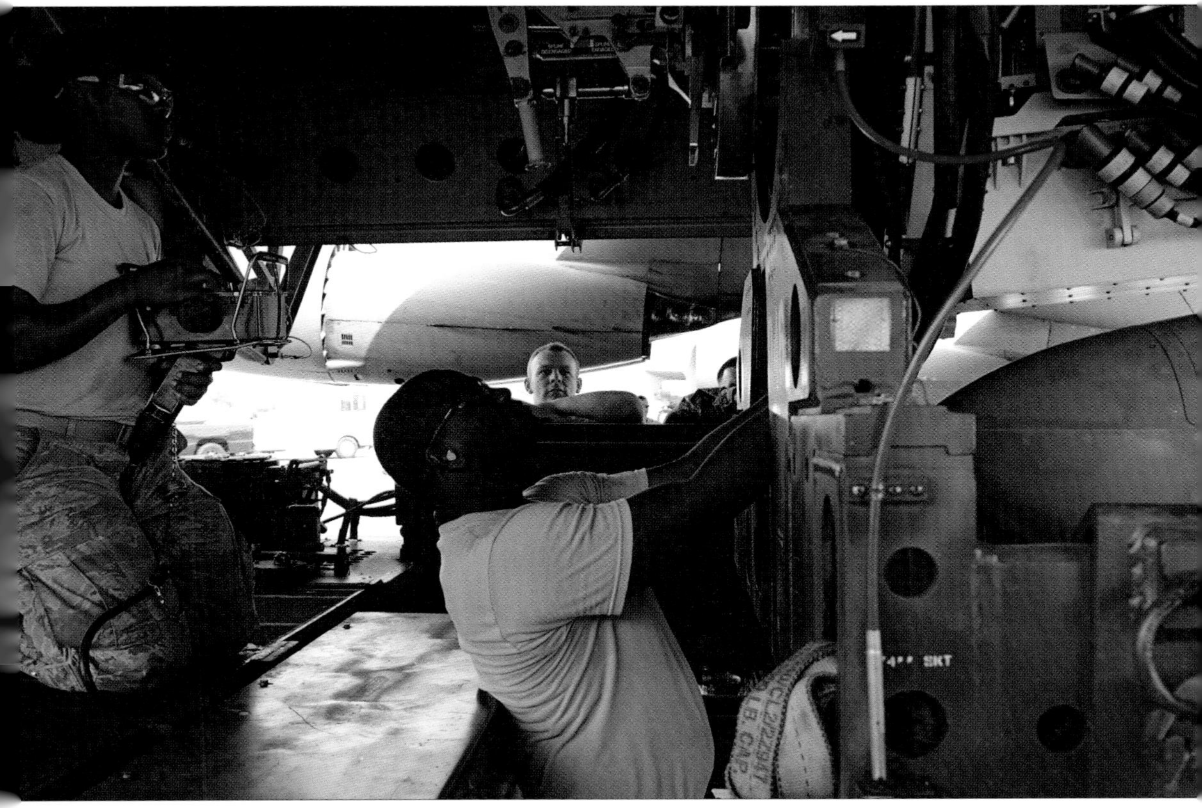

: 대형 항공기는 수많은 미사일을 탑재할 수 있고 넓게 분산된 표적에 발사할 수 있다. 리볼버 권총의 회전 실린더와 비슷한 기능을 하는 전식 디스펜서(dispenser)는 B-52 및 다른 중폭격기가 폭탄 칸에 많은 양의 미사일을 운반할 수 있도록 개발되었다.

위 : 구식 항공기인 B-52 '하늘을 나는 요새'는 주로 순항 미사일 공격 능력 때문에 효과적인 공격용 비행체로 남아 있다. 날개 아래의 파일런에 탑재된 무기는 폭탄 칸에 있는 다른 무기들로 보충할 수 있으므로 B-52 한 대가 적의 영공에 들어가지 않고 여러 표적을 타격할 수 있다.

AGM-86

AGM-86 공중발사 순항미사일(Air Launched Cruise Missile, ALCM)은 핵 공격 비행체로 개발되었다. 원래 전략 핵 공격은 폭탄 투하 임무를 띠고 적 영공을 침투하는 폭격기가 담당한 분야였다. 지상 기지 또는 잠수함에서 발사할 수 있는 탄도 미사일의 출현은 핵 공격 능력을 강화하였지만, 초강대국 핵무기의 상당 부분은 계속 폭격기에 의한 투하에 의존했다.

레이더 탐지와 지대공 미사일의 형태로 향상된 방공은 폭격기의 임무를 갈수록 위험하게 만들었다. 한때는 지대공 지역의 교전 범위 위로 비행하는 것이 가능했지만, 이 격차는 더 발전한 미사일에 의해 막혔다. 저고도

돌진(dash)' 침투와 스텔스 폭격기가 새로운 가능성을 제시했지만 폭격기 승무원들이 기대하는 생환 가능성은 커지지 않았다.

고공비행하는 특수 요격기도 개발되었고 때로는 초대형 장거리 공대공 미사일로 무장하기도 했다. 이 특수 항공기는 제공력 수준이 떨어지는 전투기였지만 애초 그렇게 되도록 만들어진 것은 아니었다. 폭격기는 가능한 모든 수단으로 차단당했기 때문이다. 원거리 폭격기 편대를 요격할 수 있는 대공 핵미사일까지도 개발되었다.

이러한 환경에서 핵폭탄 폭격기가 적의 영공에 침투하여 폭탄을 투하할 수 있다고 상상하는 것은 비현실적이다. 그럼에도 핵 공격 임무를 지원하기 위해 설치된 승무원들과 지원 기반 시설과 함께 많은 수의 항공기가 존재했다. 이들 폭격기가 핵미사일 발사 비행체로 전환될 수 있다면 그들은 기존의 역할을 계속하며 생존할 수 있을 터였다.

AGM-86은 미국의 B-52 폭격기 비행대에 탑재하도록 설계되었다. 날개 아래 파일런에 6발을 탑재할 수 있고, 회전발사기의 폭탄 칸에 8발을 더 탑재할 수 있었다. 이것은 폭격기에게 강력한 원격 공격 능력과 추가적인 전술적 또는 전략적 선택권을 제공했다. 폭격기는 미사일을 배회 지점으로 옮겨 공격 명령을 기다리는 한편 마지막 순간까지 공격을 중단할 수 있는 능력을 갖추고 있었다.

AGM-86A로 명명된 초기 미사일은 개발 버전이었다. 약간 확장된 모델인 AGM-86B는 핵 전달 시스템으로 생산에 들어갔다. 일단 발사되면 관성 유도와 지형대조 유도(TERCOM)의 조합을 사용하여 저고도로 비행하도록 설계되었다. 이 시스템은 미사일 레이더 고도계의 자료와 사전 입력된 지면 지도를 비교하여 지상의 등고선과 정확하게 일치시킬 수 있었으며, 정확도를 높이고 요격이 힘든 저고도 비행을 가능하게 하였다.

1970년대 중반 미사일이 도입될 당시만 해도 핵무기는 주요한 물리적 충돌에서 언제나 사용가능했고 핵탄두 투하는 전략 폭격기의 주요 임무였다. 그러나 시간이 지남에 따라 종래의(즉 비핵) 군사적 충돌이 계속 발생하였고, 공중 발사 순항 미사일에 재래식 타격 능력을 부여키로 하는 결정이 내려졌다.

그 결과가 AGM-86C 및 D 모델이다. 둘 다 재래식 탄

위 : B-52 폭탄 칸에서 AGM-86 재래식 공중 발사 순항 미사일이 발사된다. 순항 미사일을 사용한 원격 공격은 1991년 걸프전 초기에 주요 사령부와 통제 센터를 타격하여 큰 효과를 거두었는데, 적은 대응할 수 있는 기회가 거의 없었다.

두를 사용했는데, AGM-86C는 폭발과 2차 파편 효과를 창출하기 위해 표준 장약을 탑재하였다. 그러한 무기는 '경화'되지 않은 구역 표적 즉, 상당히 큰 반경 안의 인력, 통신 장비, 조명 구조물 및 일반 차량에 대해 매우 효과적이다. 탱크나 다른 장갑차조차도 충격 지점 가까이에 있다면 파괴되겠지만 이런 종류의 무기는 벙커나 지하 구조물을 공격하는 데는 효과적이지 않다.

AGM-86D는 관통 탄두를 탑재하도록 설계되었다. '벙커 파괴자(bunker-buster)'라고도 불리는 관통 탄두는 장갑판을 씌워 폭발하기 전에 땅, 암석과 콘크리트까지 깊이 뚫을 수 있다. 이런 무기가 쓸모가 있으려면 표적을 정확하게 타격할 수 있어야 하는데, 그 정도의 정밀도는 GPS 유도로 가능하게 되었다.

AGM-86C와 D는 공중 발사 순항 미사일(ALCM)에서 재래식 공중 발사 순항 미사일(Conventional Air-Launched Cruise Missile, CALCM)로 다시 명명되어 1991년부터 계속 이라크에서 전쟁에서 사용되었고, 1999년에는 발칸 지역에서 사용되었다. 최초의 작전 사용은 1991년 사막의 폭풍(Desert Storm) 작전 초기에 있었다. B-52 폭격기가 미국에서 이라크 상공까지 날아 와서 핵심 표적에 정밀 순항 미사일 공격을 가했다.

이 극도로 긴 비행은 그 이전까지 항속 시간과 비행 거리 측면에서 모두 역사상 가장 긴 항공 임무였던 1982년 포클랜드 전쟁의 '블랙 벅(Black Buck)' 폭격보다 길었다. 1982년에는 벌컨(Vulcan) 폭격기가 영국 기지에서 포클랜드 제도까지 날아가서 폭탄과 대레이더 미사일을 사용하여 상대적으로 작은 공습을 하고 되돌아갔다. 이와 비교하면 1991년의 공습은 여러 배 많은 폭탄을 투하하여 훨씬 더 큰 효과를 냈으며 전쟁 과정에 대한 효과도 훨씬 더 중요했다. 이는 주로 최종 투하한 AGM-86C 재래식 공중 발사 순항 미사일(CALCM)의 능력 때문이었다.

공중 발사 순항 미사일 개념의 변형 중 하나가 AGM-136 태시트 레인보우(Tacit Rainbow) 미사일 개발 프로젝트였다. 이는 결국 취소되었지만 몇몇

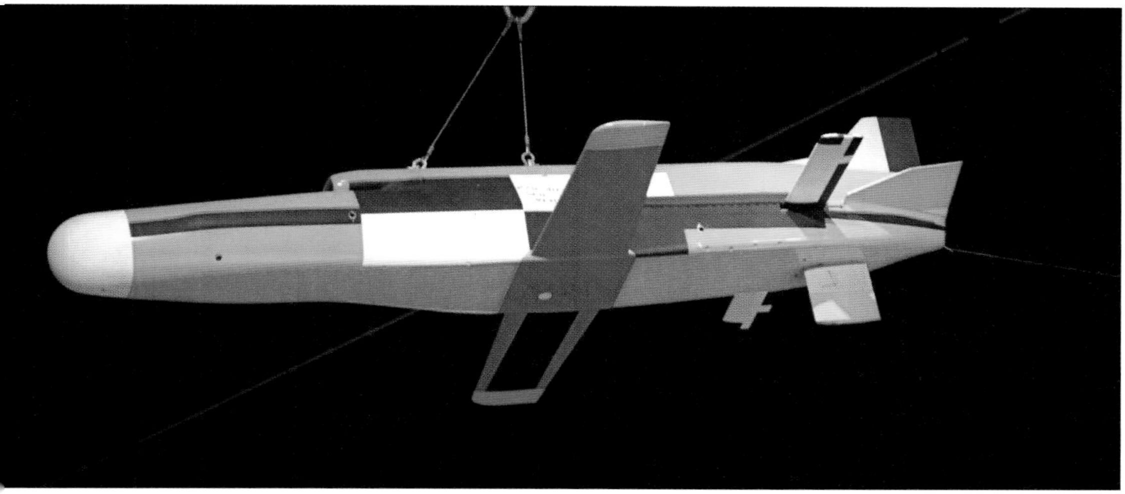

시 : AGM-136 태시트 레인보우 미사일은 본질에서 드론이었고, 수상한 표적 근처 어딘가로 날아간 다음 적의 방공 레이더가 자신의 위치를 드러낼 때까지 기다리면서 배회하였다. 이 무기는 탐지된 레이더 방출을 토대로 공격할 것인지 아닌지 결정을 내릴 수 있었다.

매혹적인 개념을 보여주었다. 항공 자산의 핵심 사명 중 하나는 적 방공망 제압(SEAD:Suppression of Enemy Air Defences)이고 이는 대 레이더 미사일(HARM:Homing Anti-Radiation Missiles)로 수행된다. 이 경우에 언급되는 '방사선(Radiation)'은 적들의 추적에 의해 또는 방공 레이더에서 방출되는 레이더 신호다. 이 신호가 감지되면 대 레이더 미사일을 발사하여 신호를 향해 곧장 나아가서 레이더를 파괴할 수 있다.

그러나 이 임무를 수행하려면 아군 항공기가 적 방공 구역 내로 진입하여 지상에서 발사되는 미사일 공격에 스스로를 노출시켜야 한다. 이와 관련 태시트 레인보우(Tacit Rainbow, 미국 공군과 해군이 공동 개발한 대 레이더 미사일-역자 주)가 하나의 대안으로 제시되었는데, 이는 보통 끈질긴 대 레이더 미사일(PARM:Persistent Anti-Radiation Missile)이라 불리는 것이다. 개념은 이렇다. 항공기에서 발사한 이 미사일이 수상한 표적이 예측되는 대체적인 구역으로 날아가서 적 레이더가 방사되기를 기다리면서 공중에서 배회한다. 그러다가 일단 레이더가 방출되면 AGM-136은 거의 즉시 공격한다. 이 임무를 제대로 수행하려면 목표 지역으로 나아갈 수 있고, 적절한 방출을 기다리는 동안 대기하는 양상으로 날다가, 방사선 방출을 식별하면 공격을 시작하여 스스로를 표적으로 유도할 수 있는 무기가 필요하다. 이 모든 능력을 갖추기 위해 좋은 센서와 의사 결정 가능한 전자 장치의 결합이 필요했으며 이는 당대 기술 수준을 넘어서는 과제였을 수도 있다. 이 프로젝트는 1991년에 끝났지만, 재래식 항공기에 의한 타격 외에 적의 방공망을 제거할 수 있는 방법으로는 오늘날 첨단 스텔스 드론의 가능성이 남아 있다.

제원 : AGM-86

길이 : 6.29m(20피트 9인치)
날개폭 : 3.64m(12피트)
지름 : 62.23cm(24.5인치)
동력 장치 : 윌리엄즈 리서치사의 F-107-WR-10 터보팬 엔진
무게 : 1,417kg(3,150파운드)
최고 속도 : 885km/h(시속 550마일)
항속 거리 : AGM-86B : 2,400km(1,500+ 마일)

왼쪽 : 작지만 놀라울 정도로 정교한 드론은 지난 몇 년간 인기 있는 오락 종목이 되었다. 무선 조종 항공기와 헬리콥터가 일종의 틈새 취미였던 것에 비해 드론은 더 많은 매력을 끈 것 같다. 아마도 간단한 조작으로 쉽게 비행하는 드론의 능력 덕택일 것이다.

비군사용 드론

Non-Military DRONES

비군사용 드론

군대 밖에서 무장 드론을 실제로 적용할 수는 없지만, 드론이 지닌 다른 능력들은 다양한 산업 분야에서 유용하다. 가장 기본적이고 저렴한 기능 중 하나인 카메라 또는 열 센서를 탑재할 수 있는 무인 항공기의 능력은 다양한 분야에 응용된다. 그러나 카메라가 장착된 드론이 외딴 지역으로 들어가서 당사자가 공표를 원하지 않는 사진을 찍는데 사용된다면, 이는 논란의 소지가 있다.

왼쪽 : 농부들은 단순하지만 견고한 무인 항공기에서 많은 용도를 발견했다. 이 드론의 카메라는 맨눈 검사로 할 수 있는 것보다 훨씬 더 넓은 지역의 상태를 관찰하는데 사용할 수 있다. 또한 작업 드론은 농장을 위험으로부터 보호하기 위해 견고한 상자가 필요하다.

과학적 관점에서 연구의 주요 장벽 중 하나는 자금이다. 원격 또는 항공사진을 필요로 하는 과제는 많은 비용이 들고, 예측할 수 있는 기간 내에 훌륭한 재무적 성과를 낼 가능성이 높지 않은 과제로 자금을 얻기 어려울 수 있다.

드론을 사용하면 야생 동식물 관찰 및 기후 관찰에서부터 고고학에 이르는 광범위한 과제의 비용을 크게 줄일 수 있고 그래서 과제가 가능하게 만들 수 있다. 지상에서는 역사적으로 중요한 장소가 그저 자연 환경으로 보일 수 있지만 공중에서는 초목의 형태나 배열 때문에 분명하게 보이는 경우가 많다. 연속적인 드론 비행을 통해 상당히 넓은 지역의 지도를 그릴 수 있고, 고고학자에게 어디를 파야 하는지를 알려주거나 그 지역에 대해 더 상세한 탐사를 시작할 자금을 조달할 수 있

ㅓ로마퍼 옵션 E

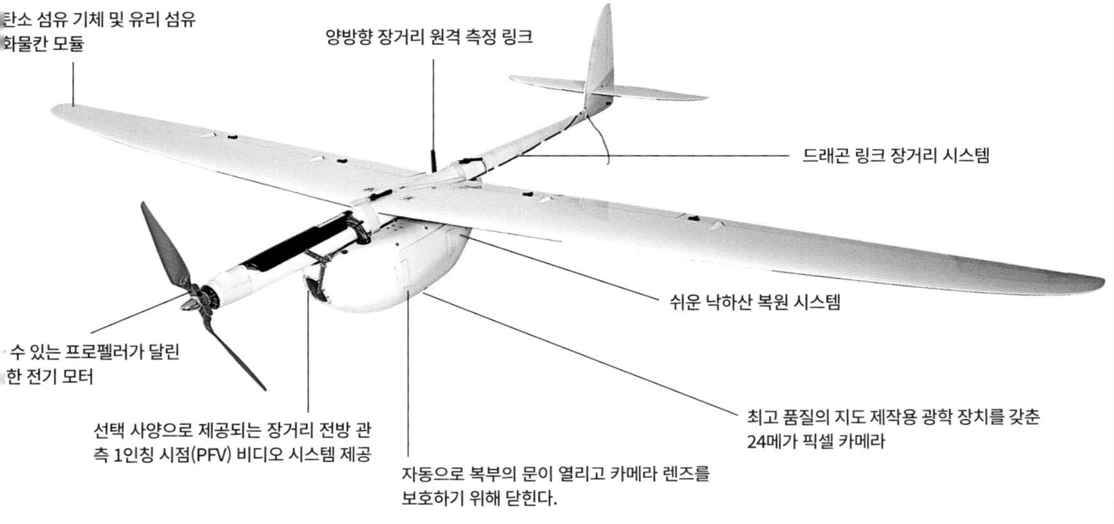

ㅣ 지원할 수 있다.

같은 이유에서 주기적인 항공사진 촬영은 꽤 넓은 지ㅕ에서 모래 언덕 이동과 연안 침식을 관찰하는 데 사ㅎ될 수 있다. 기존의 방법으로 그렇게 하려면 비용이ㅎ이 들지만 드론 기반으로 과제를 수행하면 상대적으ㄹ 경비를 덜 들이고도 중요한 자료를 수집할 수 있다. ㅎ과 수로 연구에도 똑같이 적용된다. 반복되는 비행을ㅎ해서 상태가 어떻게 변하는지 그리고 얼마나 빨리 변ㅏ는지를 보여줄 수 있는데, 그에 반해 스냅 사진은 기ㄴ해야 특정한 날의 상태를 보여줄 뿐이다.

ㅂ 집행

ㅏ메라는 보안과 법을 집행하는 목적으로도 유용하다. ㅐ규모 보안대를 고용하는 것보다 드론과 고정 카메라ㅕ 대를 사용하여 대규모 사유지나 보안 구역을 감시하ㄷ 것이 훨씬 경제적일 수 있다. 일상적으로 자주 사용ㅏ지 않는 외진 곳을 감시하는 경우 직접 방문하기보다ㄷ 가끔씩 드론을 보내는 것으로 충분할 것이다.

이러한 접근은 불법 거주자 또는 기타 원치 않는 입주자가 자신의 토지로 들어오는 것 또는 다른 이유로 토지를 옳지 않게 사용하는 것을 우려하는 토지 소유자에게 유용할 수 있다. 자동차 바퀴 자국, 식물이 납작하게 눌린 지역 및 손상된 벽과 울타리는 누군가가 허락 없이 내 토지를 사용하고 있다는 단서를 제공한다. 신속하게 대응하면 원하지 않는 거주자를 내보내려는 합법적인 시도에 도움이 되지만, 반면에 이미 외딴 지역의 조용한 구석에서 상당 기간 살아온 사람들은 이전시키기 더 어려울 수 있다.

드론 카메라는 교통 위반을 기록하는 일부터 무질서한 군중이나 전면적인 폭동을 감시하며 법을 집행하는 일에 이르기까지 광범위하게 이용된다. 하늘에 떠 있는 카메라는 현장의 관리자에게 무슨 일이 일어나고 있는지에 대한 '큰 그림'을 제공하며 관리자가 드론으로 관심 장소를 확대하여 사건을 기록하면 이를 증거로 제출할 수 있다. 보안 요원이나 경찰관에게 사건을 알리거나 용의자가 현장을 떠난 뒤 용의자를 추적하도록 안내

무인 항공기(드론)의 적용 분야

드론은 다양한 임무에 사용될 수 있으며, 그중 많은 것들은 종래의 방법보다 비용이 덜 들고 위험 부담도 작다. 드론이 해낼 수 있는 분야로 다음을 들 수 있다.

- 고고학 조사
- 보안 - 감시, 군중 감시 및 제어
- 법 집행 - 감시, 교통 관찰, 수색 및 구조, 도주하는 범죄자 추적
- 임업 연구를 위한 지도 제작
- 항공 검사 및 감시
- 접근이 제한적이거나 환경 재해의 영향을 받는 지역에서의 자료 수집
- 기상학 - 폭풍 감시, 빙하 지도 제작, 전반적인 자료 수집
- 인도주의적인 사명 - 접근하기 어려운 지역의 약품 및 백신 배달
- 농업 및 축산 자료 수집 – 농작물에서 해충 탐지, 수확량 측정, 농약 살포, 가축 계수
- 환경 감시 - 불법 채광, 불법 벌목, 보호 지역 침범, 과도한 사냥
- 소방 - 산림 및 화재 감시, 위험 관리
- 야생 동식물 보호 - 동식물 추적

위 : 법 집행 기관은 헬리콥터를 오랫동안 사용해 왔지만, 이것이 기관의 예산 중 많은 부분을 차지하기 때문에 헬리콥터가 담당하는 범위를 그대로 유지할 수가 없다. 스콜피오 30과 같은 더 작은 무인 항공기 버전은 헬리콥터 운용비용의 일부만으로 유인 헬리콥터의 많은 기능을 제공한다.

하는데 드론의 이점을 이용할 수 있다.

법원 소송에서 동영상 또는 사진 증거의 필요성이 점점 커지는 추세다. 이는 사진을 입수할 가능성이 커지면서 생긴 필연적인 결과로, 앞으로 동영상이 더 일반적으로 수집되면 그것 없는 소송은 미흡해 보일 것이다. 그런데 사건을 감시하는 능력은 필요한 경우 증거를 입수할 수 있다는 것을 보장한다. 경찰 드론이 근처에 있다는 사실은 또한 억지력으로 작용할 수 있으며, 경찰이나 보안 요원에게 씌워진 거짓 혐의를 벗겨줄 수 있다. 드론은 TV 및 영화와 같은 촬영 응용 분야에서도 유용하다. 공중에 있는 카메라는 헬리콥터를 빌리거나 비계(飛階)를 만들지 않고도 지상에 있는 촬영조가 얻을 수 없는 각도로 촬영할 수 있다. 이것은 막대한 예산을 가진 영화 회사는 별로 고려하지 않을 수도 있지만 소규모 제작사의 경우 달리는 해내기 어려운 작업을 가능케 하는 옵션이 될 수 있다.

상업 운송

드론은 상업 운송에서도 유용하다. 이미 작은 소포가 이런 방식으로 배달되고 있으며 시간이 지나면 큰 화물 운송도 실용화될 것이다. 외딴 지역으로 배달하는 경우 기술적 문제가 따르며, 도심 환경에서 배달 드론을 운용하는 데는 법의 장벽도 따른다.

큰 포장물이나 혹은 가게에 필요한 물건 전부를 드론으로 가게 앞이나 옥상에 내려놓는 것이 더 편리할 수 있다. 드론은 또한 배달 트럭으로 교통체증을 뚫고 와서 목적지 주변에 주차하고 배달할 경우 부딪히는 어려움을 피할 수 있다.

그러나 드론에게 도심 환경은 다른 드론과 충돌할 가능성은 고사하고 다양한 위험 요소로 가득하다. 충돌 회피를 위한 또는 안전 운전을 위한 기술 문제도 중요하며 마지막으로 이 모두를 극복한다 해도 다양한 법적 문제가 남아 있다.

대부분의 잠재적인 도심 배달 드론 운영자에게는 적합한 신뢰성을 갖춘 드론을 구입하고 유지하는 비용과 함께 면허가 장애로 부각될 수 있다. 이 방안은 적어도 가까운 장래를 대비해 경제적 여유가 있는 사람들에게만 유효할 것이다.

재해 지역

드론은 재난 관리에서 관측용으로 사용되고, 보급품 전달 및 사상자 대피 임무용으로도 사용될 수 있다. 열화상 카메라와 광학 카메라는 재난을 추적 관찰하고 생존자를 찾는 데 매우 중요하다. 다시 말해서 공중에 떠 있다는 것은 대응을 조정하기에 유리한 조건이 된다. 미래에는 소방차와 일부 경찰 대응 차량이 드론을 탑재하여 사용자가 신속하게 상황을 평가하고 나서 요원을 잠

ㅣ: 최초의 정규 무인 항공기 배달 서비스가 2014년에 설립되었다. 소형 쿼드콥터 드론이 북해의 주이스트(Juist) 섬에 소포를 운반하고, ㅣ역의 택배업체가 그것들을 받아 섬 주민 2000명에게 최종 배달한다.

재적인 위험 속으로 보낼 수도 있다. 소형 정찰 드론은 소규모 군대에 유용한데 소방대원과 기타 대응요원을 보조할 때도 마찬가지로 효과적일 것이다.

향후에는 가구 및 이와 유사한 대형 품목의 일상적인 배송이 가능해지겠지만 오늘날 재난 상황에서는 자동 배달 시스템이 사용된다. 현장의 지휘 차량에서 배달 드론을 소방차나 구급차로는 옮길 수 없는 부피가 큰 보급품을 배달하도록 설정할 수 있다. 드론은 또한 산불 진화를 위해 물을 떨어뜨리는 데 사용될 수 있다. 수송 드론은 조종사 피로가 문제가 되지도 않고 끝없이 임무 비행을 할 수 있기 때문에 이러한 상황에서 유용하고 24시간 내내 변함없이 일정한 작업 속도를 유지할 수 있다.

수중 드론

오락용 드론 비행이 점점 인기를 얻고 있는가 하면 이와 유사한 목적을 만족시키는 수중 선박이 있다. 일부는 꽤 비싸고 '중대한' 용무에 사용되기도 하지만 일반적으로는 드론으로 수중에서 강을 탐사하고 인터넷에 영상을 올리는 것이 가능해지고 있다.

대부분의 수중 드론은 오락용으로는 너무 비싸다. 군용 및 법 집행 용도로는 항만 보호 및 지뢰 탐지가 포함되고, 과학 및 상업 운영자는 해저 지도 작성, 야생 동식물 관찰, 송유관 검사 및 이전에 다이버 팀이 필요했던 모든 작업에 수중 드론을 사용할 수 있다.

따라서 드론의 비군사용 응용 분야는 군용 부문보다 잠재적으로 훨씬 광범위하지만 연구를 주도하는 군용 예산이 없기 때문에 진전이 빠르지 않다. 그러나 군용으로 사용하기 위해 개발된 기술이 다른 응용분야에 사용되는 경우는 많다. 작년의 전투 드론이 내년의 자동 연구 비행기가 될 수도 있다.

위 : 앵무새 AR 드론은 오락용으로 고안되었다. 그것은 휴대용 제어반이나 전화기로 제어한다. 탑재된 카메라의 영상은 사용자의 휴대 전화로 실시간 재생되므로 영상 또는 정지 화상을 가져와 공유할 수 있다.

미 항공 우주국(NASA)의 드론

미 항공 우주국(NASA)은 다양한 용도로 무인 항공기를 이용한다. 종종 승무원들은 위험을 무릅쓰고 실험용 항공기에 탑승하기 전에 원격 조종 또는 자동 비행으로 시험하는데, 어떤 탐사 개념은 너무나 위험해서 드론이 유일하게 안전한 선택일 수 있다. 그러나 일부 드론은 전혀 다른 이유로 사용된다. 무인 항공기는 승무원의 항속 시간을 훨씬 상회하는 기간 동안 하늘에 머무를 수 있어 원칙적으로 항속 시간에 구애받지 않고 관측할 수 있다.

위 : 나사의 패스파인더는 값 비싼 고고도의 항공기 또는 위성에 대한 대안을 만드는 프로젝트의 하나로 개발되었다. 이전에는 로켓 추진력을 통해서만 도달할 수 있었던 고도까지 장비를 탑재하고 태양 발전 항공기가 오랫동안 계속 머무를 수 있음을 보여주었다.

드론은 종종 유인 항공기보다 값싸게 전자 기기 또는 센서 시스템의 시험대로 사용된다. 드론은 시험 장비를 탑재하기에 충분한 크기면 되고, 작은 무게를 들어올리기에 충분한 연료만 사용하면 된다. 따라서 드론을 이용한 공중 시험은 실제 크기의 항공기에 시스템을 설치할 때보다 훨씬 적은 비용으로 수행할 수 있다.

유인 항공기가 갈 수 없는 장소에 가거나 적어도 비용이 크게 들지 않는 드론도 있다. 초고고도는 일반적으로 초고가의 특수 항공기만 머무를 수 있는 위치다. 높은 고도에서 사람이 탑승할 필요가 없고, 따라서 사람을 지원하는 시스템도 필요하지 않은 무인 항공기는 유인 항공기에 비해 훨씬 가볍게 만들 수 있다. 이것은 다시 들어 올릴 무게가 줄어들어 항공기가 소형 엔진과 적은 연료로 작동한다는 것을 의미한다.

나사(NASA)는 이 개념을 극한까지 이용해서 높은 고도에서 오랫동안 작동할 수 있는 초경량 드론 항공기를 만들었다. 이전에는 로켓 추진력을 사용하여 항공기를 들어 올리는 원시적인 방법으로만 필요 고도에 도달할 수 있었으므로 비용이 많이 들었고 기술적으로도 복잡했지만, 임무를 위한 탑재 중량은 그리 크지 않았다

패스파인더 / 패스파인더 플러스

패스파인더는 미국 탄도 미사일 방어 기구(현 미사일 방어청)에 의해 시작된 군용 프로젝트에 기원을 두고 있다. 탄도 미사일을 격추시키기에 가장 이상적인 시점은, 그것이 중간 비행 중이거나 표적에 접근할 때 보다 발사되는 순간이다. 표적을 더 쉽게 선정할 수 있고 무기와 탄두의 잔해가 표적에서 멀리 떨어진 곳이 아닌 표적지에 떨어질 것이기 때문이었다. 이 일을 위해 전구 작전용 즉응기체 개발 사업(Responsive Aircraft Program for Theatre Operations, RAPTOR, 렙터)이라는 이름의 고고도 장시간 체공 드론이 개발되었다. 랩터(RAPTOR) 드론은 미사일 연기의 뜨거운 에너지를 살피기 위해 정교한 열 감지 장비를 사용하여 적의 영토 위를 돌아다닌다. 랩터(RAPTOR)에 장착된 초고

아래 : 패스파인더에 더 긴 중앙 날개 부분을 추가해서 수정한 패스파인더 플러스가 만들어졌다. 패스파인더 플러스는 날개가 더 길며 태양 전지가 개선되었고 8대로 구성된 모터 시스템을 다시 도입하였다. 원래의 엔진보다 더 강력하기 때문에 탑재장비 용량이 증가했다.

나사 드론의 실용 상승 한도 비교

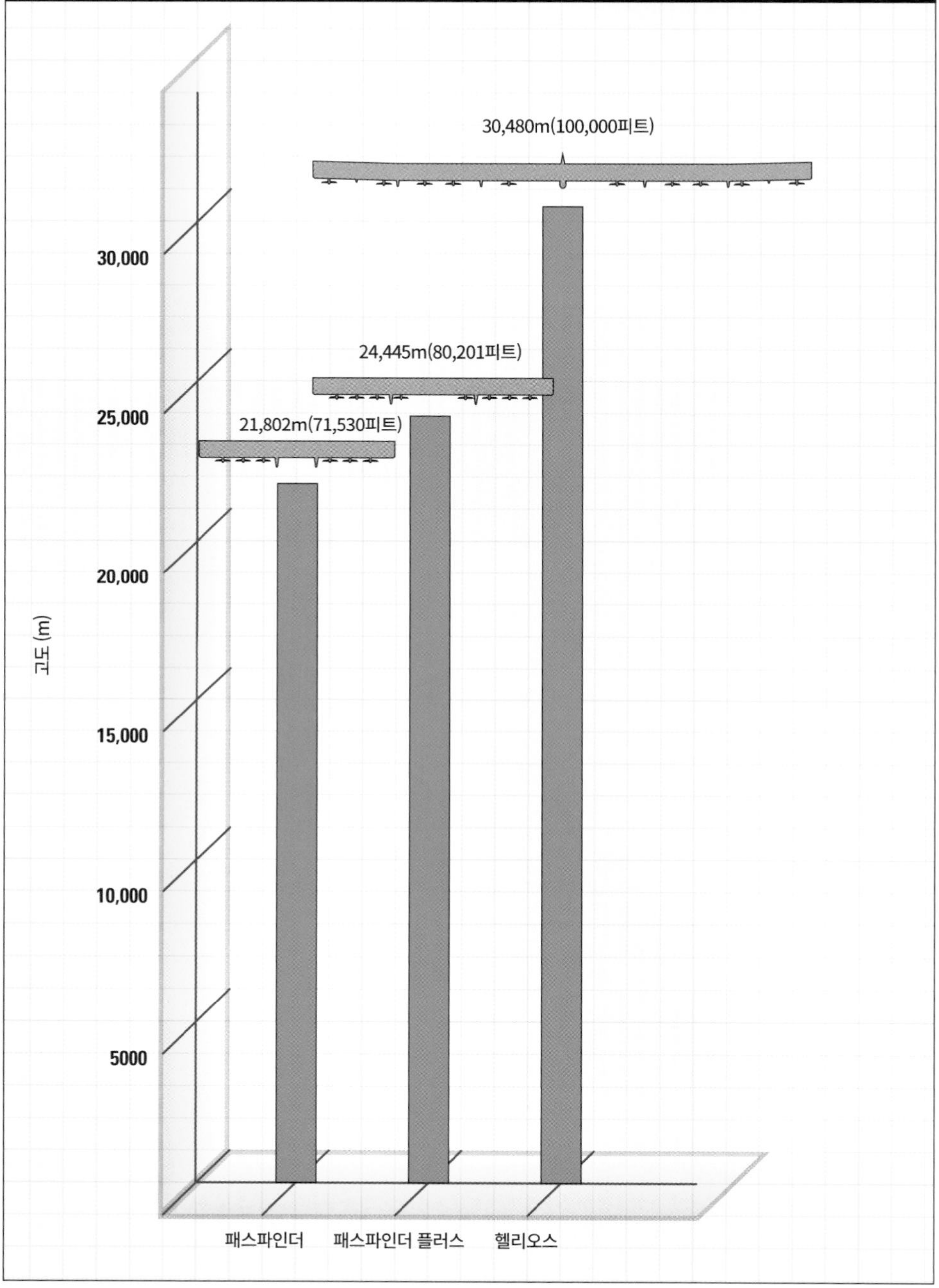

속 탈론(Talon) 미사일은 적 미사일이 감지되면 발사 순간에 날아가 파괴한다.

랩터/패스파인더(RAPTOR/Pathfinder)라는 지원용 무인 항공기는 프로젝트 초기부터 탈론(Talon) 미사일

제원 : 패스파인더

길이 : 3.6m(12피트)
날개폭 : 29.5m(98피트 4인치)
총 중량 : 약. 252kg(560파운드)
속도 : 약 27-32km/h(시속 17-20마일) 순항
상승 한도 : 21,802m(71,530피트)
동력 장치 : 6개의 전기 모터
항속 시간 : 약 14-15 시간, 일광
예비 배터리로는 2-5 시간으로 제한됨

제원 : 패스파인더 플러스

길이 : 3.6m(12피트)
날개폭 : 36.3m(121피트)
총 중량 : 약 315kg(700파운드)
속도 : 약. 27-32km/h(시속 17-20마일) 순항
상승 한도 : 24,445m(80,201피트)
동력 장치 : 8 개의 전기 모터
항속 시간 : 약 14-15시간, 일광
백업 배터리로는 2시간에서 5시간으로 제한됨

이 장착된 랩터 드론을 지원하기 위해 개발되었다. 랩터/패스파인더는 날개 윗면의 태양 전지로부터 전력을 공급받지만 밤새 고도에 머무르기 때문에 충분한 전력을 만들 수 없었다. 이 프로젝트는 성공하지 못했고 두 대의 무인 항공기는 실험 목적으로 나사(NASA)에 갔다. 랩터/탈론(RAPTOR/Talon)은 기존의 구성이 고고도의 과학 작업에는 적합하지 않았기 때문에 주로 엔진용 시험대로 사용되었지만, 랩터/패스파인더는 더 오래 쓰일 기회를 발견했다.

현재의 패스파인더(Pathfinder)는 동명의 이전 미사일 방어 드론에 장착된 여덟 개의 모터 중 두 개를 제외시켰지만 그 외에는 변동이 없었다. 1997년에 프로펠러 구동 항공기로 고고도 비행을 한 새로운 세계 기록을 세웠고, 나사에서 다양한 실험에 사용된 후 패스파인더 플러스(Pathfinder Plus)로 개선되었다. 패스파인더 플러스는 패스파인더의 21,802m 고도 기록을 깨고 24,445m까지 상승했다.

패스파인더는 전기 모터에 의해 추진되는 경량의 다소 연약한 항공기였다. 설계 당시에는 8개의 모터가 있었다. 나사가 패스파인더를 인수할 당시 2개가 제거되었지만 패스파인더 플러스로 개선하는 동안 복원되었다. 그 엔진들은 결국 추가 센서용 공간이 필요함에 따라 다시 제거되었다. 모터는 초기에 배터리로 구동되었지만, 1996년부터 태양 전지 패널이 날개의 윗면에 추

(NASA) 드론의 날개 길이 비교

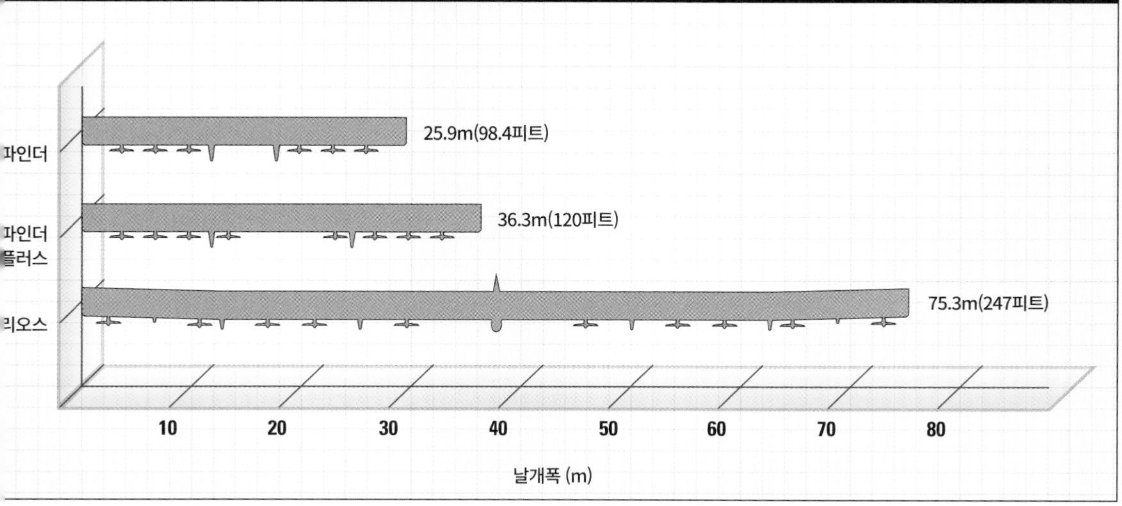

가되었다. 날개만으로 항공기 대부분을 구성하는데, 날개 아래쪽에는 돌출된 두 개의 짧은 수직 부분과 장비를 탑재할 수 있는 곤돌라 한 쌍이 있다.

패스파인더는 태양광 발전 드론으로 수행 가능한 작업을 확인하고 관련된 기술을 조사하기 위한 실험 프로젝트였다. 이러한 드론의 용도로는 고고도의 대기 연구와 공중 통신의 중계 지점 등이 포함된다. 이는 위성 통신이 하는 일을 그 비용의 아주 일부로 하는 것이다. 패스파인더의 경험에서 배운 교훈은 이후 센츄리온(Centurion)이라 명명된 개념으로 구체화된 작업 과정에 반영되었다.

센츄리온 / 헬리오스

패스파인더 플러스 다음으로 센츄리온(Centurion)이란 이름을 가진 유사한 범용 디자인의 더 큰 버전이 뒤따랐다. 이는 나사의 환경연구 항공기 및 센서 기술(Environmental Research Aircraft and Senso Technology, ERAST) 프로젝트의 일부로, 통신 용도로 사용할 수 있는 대기권 의사(擬似) 인공위성 기술 개념을 증명하고 해당 기술을 개발하고자 설계된 것이었다. 얼핏 패스파인더의 더 큰 버전처럼 보이지만 탑재 용량을 늘리기 위한 재설계가 포함되었다. 센츄리온은 대형 날개와 더불어 패스파인더의 8대와 4대의 장비 곤돌라에 14대의 엔진을 장착하여 고도 30,480m(100,000피트)에 도달함으로써 ERAST 프로젝트에서 중요한 단계에 돌입하도록 고안되었다.

하지만 막상 시험 날짜가 닥치고 보니 발사는 지연되었고 센츄리온 무인 항공기가 상승을 완료하기 위한 일

위 : 나사(NASA)의 센츄리온은 패스파인더 및 패스파인더 플러스 제품군에서 앞으로 진화된 단계이며, 같은 일반적인 디자인을 사용하지만 더 많은 부분으로 구성된 더 긴 날개를 가지고 있었다. 센츄리온은 모터 14대와 날개 밑에 있는 탑재장비 포드 4개를 갖추고 있었는데 패스파인더 플러스는 각각 8대와 2개였다.

광 시간이 충분하지 않았다. 날이 어두워지면 태양 전지는 무력화되고 그 시점에서 에너지를 저장할 수단이 없기 때문이다. 어쨌든 이 무인 항공기는 29,413m 고도에 도달했는데 이는 좋기도 하고 나쁘기도 한 것이었다. 한편으로 이것은 새로운 운항 기록이라는 놀라운 업적을 달성한 것이었다. 다른 한편으로 이는 프로젝트의 목표에 미치지 못한 것이다. 하지만 목표에 충분히 근접하였으므로 두 번째 시도를 하기에는 비용 대비 효율성이 떨어진다고 여겨졌다.

센츄리온 개발 사업은 2003년 항공기가 비행중에 파괴될 때까지 계속되었다. 대기조건 때문에 내구성 약한 이 항공기가 뒤틀려 버렸고 긴 날개는 진동을 거듭하였다. 날개 위쪽의 과도한 공기 흐름으로 인해 태양 전지 부분과 날개 윗면의 부품이 분리되었다. 센츄리온은 추락하면서 부서졌지만 대부분의 구성 요소는 복구되었다. 패스파인더 플러스는 센츄리온을 잃고 나서 2년 더 현역에 남아 있다가 2005년에 퇴역했다. 그렇지만 센츄리온은 항상 헬리오스(Helios)라는 더욱 야심찬 프로젝트의 시제품으로 간주되었다. 결국 헬리오스는 새롭고 더 큰 버전으로 앞서갔다. 헬리오스는 주로 날개 사이의 연결 부위 아래에 포드가 달린 긴 날개로 구성되는데, 이는 전임자인 센츄리온과 같은 범용 디자인 개념이 적용된 것이다.

헬리오스에는 방향타가 없다. 헬리오스는 한 날개에 있는 모터의 출력을 약간 늘리는 방법으로 수평 회전한다. 이때 비행 중 날개가 자연스럽게 구부러지거나 휘어지는데 이는 바깥쪽 엔진이 동체 안쪽 위치에 있는 엔진보다 높다는 것을 의미하며 이로써 상하요동(pitch)을 제어할 수 있다. 더 높이 있는 모터를 가속하면 기수가 조금 내려가고 낮은 모터를 가속하면 반대 효과가 나타난다. 또 헬리오스에는 꼬리 날개 뒷전에 승강타가 있어 추가로 상하요동을 제어한다.

나사(NASA)드론의 총중량 비교

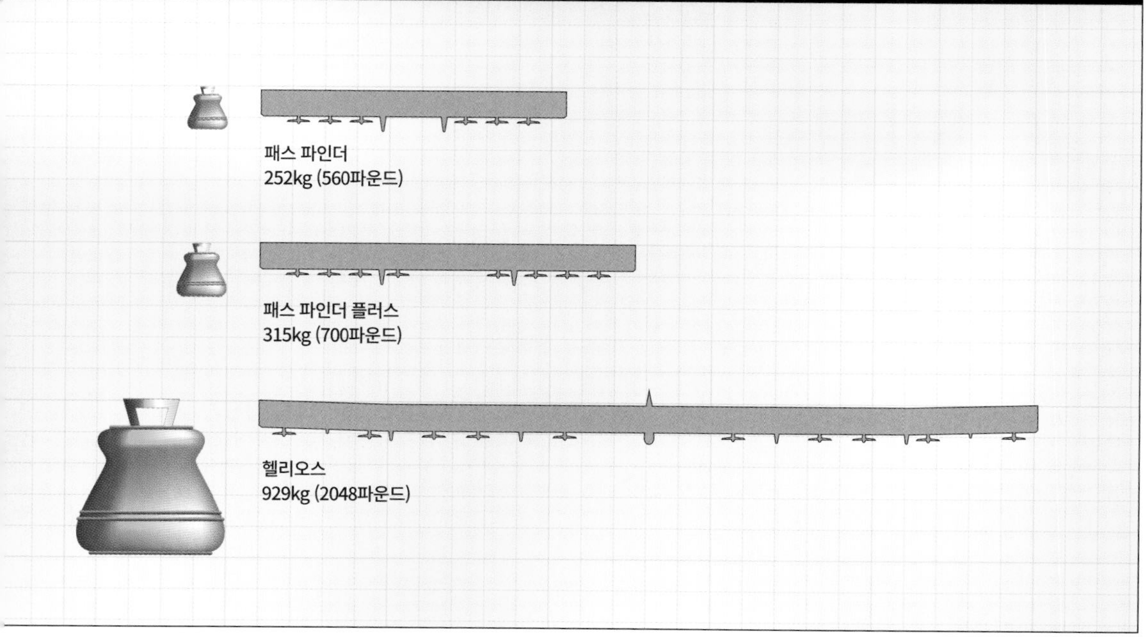

헬리오스 역시 목표 고도 30,480m를 넘기지 못했는데 이것은 센츄리온이 비 로켓 구동 비행체로 달성한 고도의 세계 기록을 여전히 보유하고 있음을 의미한다. 어쨌든 이 프로젝트는 '대기권 위성' 개념을 실현할 초고고도 무인 항공기의 가능성을 보여 주었다. 이 고도에서 비행에 성공한다는 말에는 또 다른 중요한 함축이 있다. 30,480m 상공의 공기 밀도는 화성의 대기 밀도와 비슷하다. 언젠가 자신과 비슷한 비행체로 화성 탐사가 가능할 것임을, 헬리오스가 미리 증명한 것일 수도 있다.

제원 : 헬리오스

길이 : 3.66m(12피트)
날개폭 : 75.3m(247피트)
총 중량 : 최대 929kg(2,048파운드)
속도 : 저고도에서 순항할 때 31-43km/h(시속 19-27마일), 극한 고도에서 대지 속도 최고 274km/h(시속 170마일)
상승 한도 : 30,480(100,000피트)
동력 장치 : 양면 태양 전지, 예비 전원으로 리튬 배터리 팩
항속 시간 : 일광 시간 더하기 어두워진 후 배터리로 5시간까지 비행. 야간 비행을 위한 보충 전기 에너지 시스템이 장착된 경우, 며칠에서 몇 개월 비행

왼쪽 : 여기 가벼우면서도 강도를 유지하고자 하는 두 날개 사이의 섬세한 균형이 매우 분명하게 보인다. 모든 항공기 날개는 매달려 있는 무게로 인해 비행 중에 구부러지는데 헬리오스는 이것을 극단적으로 이용했다. 2003년 6월, 시험 비행에서 마주친 난기류가 구조적 실패를 초래하여 헬리오스는 태평양에 추락했다.

농업 및 야생 동식물 드론

강에서 삼각주의 확산을 감시하는 것처럼 야생 동식물이나 자연 현상을 연구하는 과학자들은 항공사진이 매우 유용하다는 사실을 알고 있다. 항공사진은 지상에서 수행하는 매우 길고 때로는 위험한 원정 없이 특정 지역의 영상을 얻는 유일한 방법일 수 있다. 더욱이 야생 동물들이 무리지어 오는 사람들을 피할 수도 있으므로 지상 탐험은 어떤 경우에도 그다지 좋은 관찰 방법이 아닐 수 있다.

위 : 프리시전 호크(Precision Hawk) 같은 무인기의 항공사진은 농부에게 가뭄 발생 지역이나 병든 농작물이 있는 곳을 신속하게 알릴 수 있다. 지상에서는 그중 상당량의 경고 신호가 보이지 않거나 너무 늦게 전송되어 상당한 손실을 막을 수 없을 것이다.

무인 항공기는 생태 과학자들이 직면한 많은 문제를 해결해준다. 대부분의 드론은 매우 조용하고 조류로 오인되기 쉽기 때문에 지상의 카메라에 비해 부끄럼을 많이 타는 야생 동물의 영상을 포착하기 쉽다. 드론을 이용하면 사람들이 주변에 없을 때 실제로 있는 동물들의 숫자, 서식지 및 행동에 대해 더욱 현실적인 사진을 확보할 수 있을 것이다.

다른 방법으로는 너무 많은 노력이 필요하거나 같은 지역을 반복적으로 촬영해야 하는 외진 지역일 경우, 사람이 들어가서 관측하는 대신 드론을 사용할 수 있다. 이것은 항공기라면 엄청난 비용을 들여야 가능하지만 드론이라면 거의 끊임없이 수행할 수 있는 일이다. 따라서 드론을 이용하는 연구자는 해당 지역 상공을 비행한 그 순간의 사진 한 장만 얻는 게 아니라 매월, 매주 또는 매일 사진을 찍어 이를 서로 비교할 수 있다.

드론은 일 년 내내 기후 조건의 영향을 관찰할 때도 유용한데, 이 일이 자금 지원을 넉넉하게 받는 과학자에게만 해당되는 것은 아니다. 농부를 포함해 지역 환경과 영향을 주고받는 다른 산업에 종사하는 사람들도 무인 항공기를 이용하여 환경을 감시할 수 있다.

무인 항공기는 송유관의 누출을 검사하거나 그것이 주변에 미치는 효과를, 비록 조사반이 가서 물리적으로 관찰할 수 있다 하더라도, 그보다 더 효율적으로 조사할 수 있다. 마찬가지로 농부는 지상에서 충분히 지역을 볼 수 있고 주변을 운전해 다닐 수 있지만 항공 카메라를 이용하면 그보다 훨씬 효율적으로 자신의 땅에서 일어나는 일에 대해 '큰 그림'을 얻을 수 있다.

초목은 건조해지면 색깔이 변하는데, 이를 이용하면 무인 항공기 영상으로 얻은 초목의 색상 변화를 통해 물 분포를 파악할 수 있다. 그러면 작물의 일부가 손실되기 전에 구제 조치를 취할 수 있다. 항공방제를 하는 사람을 고용하거나 손으로 방제를 하려고 시도하기보다 무인 헬리콥터를 사용하여 농작물에 농약을 뿌리는 것과 같은 직접적인 조치도 취할 수 있다. 향후 제초제를 자동 살포하여 길가의 식물을 억제함으로써 작업자가 잠재적으로 해로운 화학 물질에 노출되지 않게 할 수 있다. 그러나 잠재적인 오작동이 영향을 줄 수 있는 곳에 무인 항공기를 보내기 전에 엄격한 통제가 필요할 것이다. 다만 드론의 오작동이 악영향을 미칠 수 있으므로, 농약 탱크와 살포 도구를 탑재한 무인 항공기를 보내려면 엄격한 사전 통제가 필요하다.

크롭캠

크롭캠(CropCam)은 이름에서 알 수 있듯이 농부와 공중에서 환경 조건을 연구하는 사람들의 요구를 충족하도록 설계되었다. 이 드론은 디지털 카메라를 탑재하고 있으며 손으로 발사하는 작은 글라이더형 항공기 형태를 하고 있다.

크롭캠은 일단 발진하면 항속 시간이 약 1시간으로

l : 크롭캠은 재래식 무선 조종 항공기처럼 수동으로 조종하거나 운용자의 노트북 컴퓨터에서 설정한 사전 설정된 경로를 비행할 수도 있다. 이 드론은 나무와 부딪쳤을 때 살아남을 수 있는 것으로 보고되었고, 강에 착륙하는 것을 포함해서 어려운 조건에서 매우 거친 착륙 후에도 계속 기능을 발휘한다.

왼쪽 : 크롭캠과 다른 드론은 장애물을 넘어 비행할 수 있지만 착륙하려면 반드시 하강하여야 한다. 이륙 지점으로 자동 복귀할 수 있는 무인 항공기를 비행할 때 어떤 방향에서 접근하고 어떤 장애물이 있을지 고려하는 것이 중요하다. 이는 산림관리 또는 수로감시 환경에서 운용할 때 특히 중요한 문제다.

상당히 넓은 영역을 촬영할 수 있다. 무인 항공기가 비행하는 높이를 변경하면 영상의 해상도를 효과적으로 변경할 수 있으므로 넓은 영역의 사진을 찍거나 상당히 정확한 사진을 촬영할 수 있다. 촬영 지역은 비행 전에 설정할 수 있고, 내장된 GPS 유도를 사용하여 목표 지역 상공을 일정한 형태로 비행한 다음 이륙 지점으로 되돌아온다. 상공 비행 형태를 여러 번 반복하여 일정 기간에 걸쳐서 또는 해마다 특정 시간대의 상황에 대한 사진을 만들어 낼 수 있다.

때때로 인공위성 영상을 사용할 수 있지만 기존 항공기에서 가져온 영상과 마찬가지로 사진을 구한다고 해도 해당 사진이 최신 상태일 것이라는 보장은 없다. 만일 아니라면 토지 소유자는 사진 촬영을 위해 상공 비행에 꽤 많은 돈을 써야 할 것이다. 반면 드론을 사용하면 거의 모든 날에 영상을 얻을 수 있다. 날씨가 좋다면 비교적 저렴한 비용으로 훌륭한 영상을 얻을 수 있다.

크롭캠은 작물과 기타 식물이 어떤 상태에 있는지 감시하는 일반적인 작업 외에도 질병, 물 부족 또는 과도한 방목과 같은 문제를 사전 감시하는 데 사용할 수 있다. 이러한 종류의 드론은 벌목 산업에도 유용하며 수산업이나 수로 산업에도 잠재적인 응용 가능성이 있다. 물줄기가 막혔거나 물가에 식물이 지나치게 자란 경우,

제원 : 크롭캠

길이 : 1.2m (4피트)
날개폭 : 2.4m (8피트)
무게 : 2.7kg (6파운드)
동력 장치 : Axi 브러시리스 전기 모터
상승 한도 : 각 나라의 규정에 맞게 조정 가능 122-671m(400-2,200피트
항속 시간 : 55분
평균 속도 : 60km/h(시속 37.2마일)

보트를 타고 아마도 식물이 무성할 미개발지를 직접 힘겹게 지나 물가로 갈 필요 없이 지상의 나뭇잎과 작물을 살피듯 쉽게 탐지할 수 있다.

'정밀 농업'이라는 용어가 요 몇 해 사이 만들어졌는데, 날로 증가하는 저렴한 드론의 가용성이 최대 수확량을 얻고 문제를 조기에 처리하는 데 주요한 요인이 되었다. 이런 종류의 무인기 사용은 그 이득이 투입 비용을 크게 상회하기 때문에 시간이 갈수록 확대될 것이다.

마자

마자(MAJA) 무인기는 환경 감시, 야생 동식물 관찰 및 유사한 응용 분야에 적합한 소형 촬영 항공기다. 이것은 탑재장비 공간을 극대화하기 위해 동체가 땅딸막한 효율적인 디자인을 사용한다. 자체 무게가 1.5kg인데

왼쪽 : 마자와 같은 소형 무인 항공기의 설계는 내부 공간을 가능한 많이 만들고 탑재장비를 간단하게 교체하여 실용성을 최대화하려고 한다. 또한 모듈식 설계 덕분에 손상된 부품을 훨씬 쉽게 교체할 수 있다. 이것은 작업 드론에서 중요할 수 있다.

같은 무게의 하중을 탑재할 수 있다. 일반적으로 두 대의 카메라와 배터리 및 유도 시스템을 탑재한다. 이 장비들은 동체 상단을 통해 접근하며 동체는 길이를 따라 열린다.

마자는 곧고 높은 날개와 추진 프로펠러를 가지고 있으며 모두 견고한 구조다. 이 드론은 모든 종류의 위험에 직면할 수 있는 외진 곳에서 사용할 수 있도록 설계되었다. 자동으로 착륙할 수 있지만 장애물을 감지할 수 없으므로 드론이 착륙하면서 무언가 단단한 것에 부딪힐 경우 일정한 견고성이 필요하기 때문이다.

최근 몇 년 동안 자연환경을 보호하거나 연구하는 일에서 드론 사용은 꾸준히 증가해 왔다. 마자는 일부 경쟁 제품보다 다소 비싸지만 어려운 조건에서 비행하면서 카메라를 지킨다는 면에서 충분한 가치를 지닌다. 수마트라 숲에서 오랑우탄을 관찰할 때 대체용 드론을 구하기란 정말 어려운 일인데, 바로 그것이 마자가 해온 역할 중 하나이다.

드론 시장이 확대되면서 마자와 같은 모듈식 드론을 위해 부품 시장에서 업그레이드 키트가 출시되는 것은 놀라운 일이 아니다. 날개 세트, 개선된 모터, 더욱 강력한 배터리가 드론 제조업체뿐 아니라 타 제품에 대한 예비품 및 업그레이드 키트를 만드는 다양한 주변 장치 회사들에서 나오고 있다.

시간이 지나면 드론 시장은 자동차 부품이나 컴퓨터 같은 다른 분야의 시장과 점차 비슷해질 것이다. 그 결과 약간의 성능 향상을 원하거나 또는 한발 앞서 가고자 하는 사람들을 위해 다양한 범용 센서 배열, 제어 장치 그리고 추가 장치가 시장에 나올 것이다. 그런 시장이 특정한 다른 산업을 이끌어 왔다.

수중 드론

수중 환경은 위험 수위가 높은 곳이다. 얕은 물이라 해도 잠겨있는 바위나 조수, 해류 같은 위험 요소는 항상 존재한다. 지나가는 배가 잠수부를 위험에 빠뜨릴 수 있으며 야생 동식물도 문제가 될 수 있다. 상어나 오징어에 의해 습격당할 가능성은 일반적으로 상상하는 것보다 적지만, 야생 생물이 잠수부를 곤란에 빠트릴 가능성은 항상 있다. 호기심 많은 생물은 실제로 골칫거리가 될 수 있고 지나가는 물고기 떼조차 시야를 방해하거나 느닷없이 위기를 초래할 수 있다.

위 : 딥 드론 8000은 8,000피트(2,848m)의 물에서 운용할 수 있다는 사실에서 이름을 얻었다. 이 깊이에서 잠수함 또는 무인 잠수정은 대기압의 약 250배의 압력을 받는다. 이 수준의 압력으로부터 인간을 보호하기란 그 압력을 견딜 수 있는 드론을 만드는 것보다 훨씬 어렵다.

환경은 늘 일차적인 위험 요소다. 수심이 깊어지면 수압이 급격히 증가하므로 잠수하는 사람이 전문 장비와 훈련 없이 안전하게 활동할 수 있는 깊이는 엄격하게 제한된다. 전문 장비를 갖추고 훈련을 받은 경우에도 당연히 심층 잠수를 하는 동안에는 여러 위험 요소에 대비해야 하지만, 실은 그 깊이가 해양의 수심에 비하면 매우 얕다.

해양에서는 특수 제작된 잠수함이 사람들을 해저의 해구(海溝) 또는 심지어 해저 평원까지 태우고 가야한다. 이것은 엄청난 비용과 지원을 필요로 한다. 게다가 잠수함은 불가피하게 용량과 항속 시간이 모두 제한되어 있다.

수중 잠수정은 자율 무인 잠수정(Autonomous Underwater Vehicle, AUV)이든 원격 무인 잠수정(Remotely Operated Vehicle, ROV)이든 상관없이 인간 승무원을 지원할 필요가 없다. 이것은 그들이 외부 환경과 내부 환경 사이의 커다란 압력 차를 견딜 필요가 없다는 것을 의미한다. 따라서 더 가볍게 만들 수 있으며 치명적인 손상을 덜 받을 수 있다. 또한 그들은 승무원이 일할 공간이나 승무원이 살아 있도록 하는데 필요한 지원 장비가 필요하지 않기 때문에 잠수함보다 작

수 있다.

이드로 뷰

이드로 뷰(HydroView)는 자율적인 존재라는 의미
서 진정한 드론이라기보다 원격 조종 차량에 가깝
. 노트북 컴퓨터나 태블릿으로 조종할 수 있으므로
육이 필요하지 않고, 영상을 사용자의 화면으로 쉽
 받을 수 있다. 일부에게는 값비싼 완구에 불과하다
나 또는 그렇게 사용된다고 여겨질 수도 있지만, 이
형의 소형 원격 무인 잠수정(ROV)은 여러 가지 유용
 기능을 갖추고 있다.

하이드로 뷰는 중앙 장비와 전자 장치 부분으로 구성되고 추진 장치가 옆에 있다. 카메라는 동영상을 실시간으로 재생하거나 정지 영상을 촬영할 수 있으며 오락용도 이외에도 여러 가지 안전 관련 내지 비용 절감 작업을 수행할 수 있다.

수중 검사는 일반적으로 잠수부가 물에 들어가서 수동으로 작업을 수행해야하므로 숙련된 인력과 값비싼 장비가 필요로 한다. 배는 드라이 독(dry dock)에 넣을 수 있고 어떤 경우에는 한 구역의 물을 뺄 수도 있지만, 이는 오래 걸리는 작업이며 항상 실행 가능한 것은 아니다. 그러나 무인 잠수정을 사용하면 준비 시간을 줄이고 위험을 최소화하면서 검사를 수행할 수 있다.

하이드로 뷰는 잠수부가 들어갈 수 없는 작은 공간

왼쪽 : 하이드로 뷰와 같은 소형 무인 잠수정은 물고기 관찰에서부터 사용자가 지금까지 방문할 수 있을 것 같지 않았던 지역을 탐사하는 일까지 다양한 오락 분야에 응용된다. 이 무인 잠수정은 또한 잠수부가 들어가기 전에 지역을 정찰하거나 수중 검사를 수행하는 것과 같이 '진지한' 용도로도 많이 사용된다.

이나 들어가기에 안전하지 않은 복잡한 공간에 들어갈 수 있다. 이것은 수중에서 물건을 찾거나 배 밑을 검사하거나 방파제에 균열이 있는지 검사하는 데 사용할 수 있다. 매우 짧은 시간에 무인 잠수정을 전개할 수 있는 능력은 위태로울 수도, 위태롭지 않을 수도 있는 상황이 발생할 때 유용하다. 무인 잠수정은 배의 프로펠러에 무엇이 엉켜있는지 알고자 할 때나 배로 접근하기에 안전하지 않은 수면 아래 물체를 조사하고자 할 때 신속하게 투입할 수 있다.

이와 같이 작고 단순한 무인 잠수정은 시간과 비용을 절약하거나 안전성을 높일 수 있는 많은 응용 분야가 있고, 뿐만 아니라 소셜 미디어 사이트에 공유할 수 있는 흥미로운 사진을 얻을 수 있다. 잠수부의 접근을 필요로 하는 수중 케이블이나 홍수 방어시설 또는 다른 구역에 대한 일상적이고 빈번한 검사를 수행하려면 당장은 직접 조종을 해야 하지만 오래지 않아 자동화된 수중 드론이 사용될 것이다. 이것은 더 많고 저렴한 검사를 가능하게 하며 문제를 사전에 감지할 수 있고, 장기적으로 상황이 더 심각해지지 않도록 예방할 수 있다.

왼쪽 : 딥 트레커와 같은 무인 잠수정은 일반적으로 수중 케이블, 송유관 및 장애물 검사와 같이 잠수부를 필요로 하는 작업을 수행할 수 있다. 이것은 사람에 대한 위험을 줄여줄 뿐만 아니라 시간과 돈도 절약해 준다. 드론은 잠수 팀보다 짧은 시간에 물속으로 들어갔다가 물 밖으로 나올 수 있기 때문이다.

딥 트레커

딥 트레커(Deep Trekker)는 중앙 부분에는 안정된 카메라가 있으며, 양 측면은 추진 장치가 있는 양 측면으로 구성되어 있다. 충전식 배터리로 구동하고 간단한 휴대용 컨트롤러를 사용하여 운전한다. 이 무인 잠수정은 예기치 않은 사건이나 방전된 배터리로 인한 손실을 방지하기 위해 밧줄에 붙들어 매어 운용하고, 이 밧줄은 배의 측면이나 다리 같이 높은 곳에서 딥 트레커를 물속으로 내리는데 사용되기도 한다.

딥 트레커는 잠수부를 위한 예비 정찰 기기로 활동하

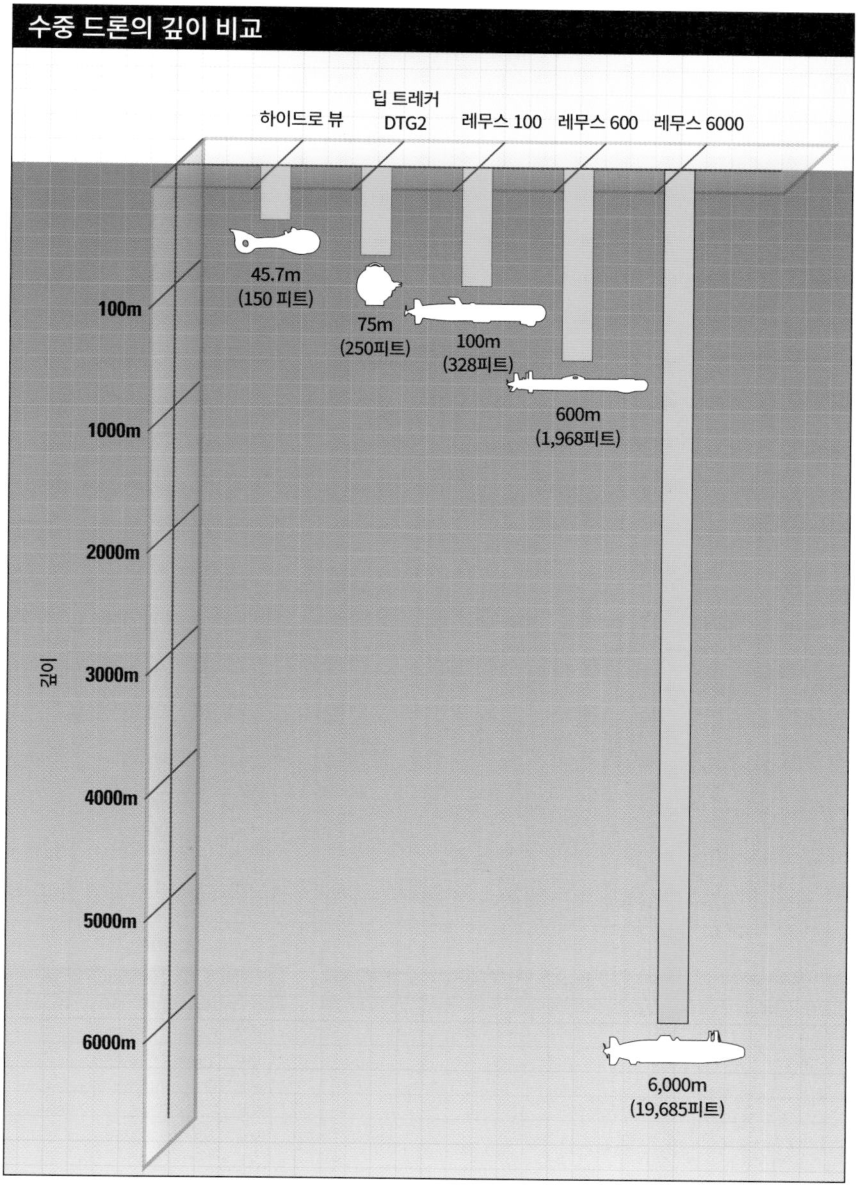

는 것을 포함하여 여러 가지 용도를 위해 개발되었다. 잠수 팀이 장비를 준비하는 동안 무인 잠수정을 사용하여 물 속으로 들어갈 지점이 안전한지 확인하거나 표적을 정찰할 수 있다. 많은 경우 잠수부들을 데려 올 필요 없이 검사를 수행할 수 있다.

이 능력은 파이프, 수조 및 수중 기반 시설을 검사할 수 있는 상업적 사용자, 또는 배가 항구에 들어 올 때와 떠날 때 무인 잠수정을 사용하여 배 밑을 점검하려고 하는 보안 운영자들의 관심을 끈다. 딥 트레커를 환경 감시와 어자원 양식에 사용하면 그물과 물고기의 상태를 모두 확인할 수 있다.

딥 트레커에 탑재된 카메라는 주 선체 안에서 추적할 수 있고 사용자가 복잡한 동작을 하지 않고도 시야각을 변경할 수 있다. 카메라의 조준점을 작은 투광 조명등으로 맞출 수 있어서 무인 잠수정이 어두운 물속에서 작업할 수 있다. 또한 수중 음파 탐지기 및 물건들을 되찾아오기 위한 집게를 포함하여 다양한 부대용품을 탑재할 수 있다.

자동 시스템은 깊이 또는 방향을 유지하도록 설정할 수 있으며 이것은 자율 작동을 위한 하나의 단계이다. 하지만 다중 센서의 지원을 받는 수동 제어는 여전히 필요하다. 일부 센서는 수온·수심과 같은 외부 조건을 보고하고 나머지는 배터리 상태, 드론의 요동 상태나 카메라 각도를 보여주는 내부 감시자 역할을 맡는다.

딥 트레커와 그 계열의 무인 잠수정들은 저렴한 민간 드론이 하늘에서 하고 있는 일을 수중 환경에서 해내고 있다. 일부는 장난감으로 사용되지만 상당수가 사람의 위험을 줄이거나, 작업 수행에 필요한 인력 투입 시간을 줄이는 등 유용한 기능을 수행한다. 무인 잠수정이 상업·보안 및 환경 응용 분야에서 점점 더 많은 역할을 수행함에 따라 그 비용은 내려가고 기능은 계속 증가할 것이다.

비디오레이

비디오레이(VideoRay)는 모형 잠수함과 디자인이 비슷하고 탑재장비가 든 중앙 기밀실(氣密室)을 갖추고 있으며 최대 300m의 깊이에서 운용할 수 있다. 비교해 보자면 스쿠버 다이빙 교육기관인 파디(PADI)는 사람을 기준으로 18~30m 깊이를 심해 잠수로 간주한다. 이것보다 훨씬 더 깊게 들어가려면 복합 혼합기체나 사람 모양을 한 잠수함이라 할 수 있는 첨단 대기압 잠수복이 필요하다. 매우 깊은 곳에 잠수부들을 보내거나 검사를 실시하는 일은 위험하며 고급 교육이 필요하다. 물론 일부 작업은 그럴 필요가 있겠지만, 무인 잠수정을 사용하면 잠수부를 자주 배치하지 않고도 잠수 영역에 대한 초기 정찰을 할 수 있다.

비디오레이는 뒤쪽에 있는 두 개의 추진 엔진으로 앞으로 나아간다. 프로펠러는 둘을 역회전시켜 뒤로 움직이거나 또는 하나만 역회전시켜 무인 잠수정을 제자리에서 돌릴 수 있다. 비디오레이는 밧줄에 매어 운용하는데 고장 시에는 이 밧줄을 이용해서 무인 잠수정을 회수한다. 이 밧줄은 또한 무인 잠수정이 들어올리거

제원 : 딥 트레커 DTG2

길이 : 27.9cm(11인치)
너비 : 32.5cm(12.8인치)
높이 : 25.8cm(10.2인치)
공기 중 무게 : 8.5kg(18.7파운드)
깊이 : 75m(250피트)-125m(410피트)

제원 : 비디오레이 프로 3

길이 : 37.5cm(14.75인치)
너비 : 28.9cm(11.4인치)
높이 : 22.3cm(8.75인치)
무게 : 6.1kg(13.5파운드) [밸러스트 세트 포함]
깊이 : 305m(1,000피트)

ㅣ: 비디오레이 4는 다양한 구성으로 제공되며 현재 사용중인 용도에 따라 맞출 수도 있다. 더 가볍고 견고한 버전의 제어 시스템도 구할 ≐ 있다. 무엇이 가장 적합한지는 사용자가 운용하려고 하는 환경이나 필요한 이동성에 따라 달라진다.

ㅔ 너무 무거운 물체를 되찾는데 사용된다. 비디오레 ㅣ 무인 잠수정에 부착된 집게를 사용하여 물체를 고 정시킨 다음 간단히 밧줄을 끌어 올리면 된다. 서로 다 른 부력 특성을 가진 다양한 밧줄을 다양한 요구에 맞 ㅔ 사용할 수 있다.

수중 작업에서 겪는 가장 큰 어려움 중 하나는 파도 ㅏ 바람 같은 수상 조건인데 이에 따라 대형 잠수정을 날진할 수도 있고 잠수부를 위험한 해류에 배치할 수도 있다. 난파선 탐사도 잠수부에게 위험할 수 있다. 작은 무인 잠수정은 필요하다면 모선에서 한쪽 편으로 던져 ㅓ 사용할 수 있고 중량 대비 추력이 좋으면 아주 강한 해류에서 운용할 수 있다.

비디오레이는 카메라 외에도 수중 음파 탐지기를 탑재할 수 있다. 이것은 특히 깊은 물에서 응용분야가 많다. 음파 탐지기는 물속에 숨겨놓은 시체와 증거물을 법 집행 기관이 수색하고, 항만 보안 기관 및 군대가 물속에 잠겨있는 위험한 병기를 찾는데 성공적으로 사용되었다.

비디오레이는 과학 분야에서 광범위하게 사용되어 왔으며 잠수부가 작업하기에 매우 위험한 환경을 지닌 남극 대륙 같은 지역에서 이것은 단연 발군이었다. 무인 잠수정은 암초의 변화를 촬영하고 지도를 제작하며, 과학 및 양식 목적으로 물고기를 관찰하는데 사용되어 왔다. 실제로 이런 종류의 무인 잠수정은 잠수부를 보조하는 일이나 무인 잠수정이 더 효율적으로 수행할 수 있는 일상적인 작업과 검사를 수행하는 일이라면, 산업과 분야를 막론하고 어디서나 유용할 수 있다.

레무스

레무스(REMUS)는 어뢰 형태의 자율 무인 잠수정(Autonomous Underwater Vehicle, AUV)으로 다양한 기기를 탑재하도록 설계되었다. 레무스는 단일한 잠수정이 아니라 직경과 내부 용적이 서로 다르면서 일부 부품을 공통으로 사용하는 '제품군'이다. 연안 해역에서 100m 깊이까지 사용하도록 설계된 비교적 작은 레무스 100부터 심해 작업이 가능한 레무스 6000에 이르기까지 다양하다.

다른 잠수정도 그렇지만 운용자에게는 이 무인 잠수정을 작업 구역으로 운반하고 전개하는 일이 문제다. 레무스 시스템에는 다양한 선박의 고물 또는 옆쪽에 설치할 수 있는 발진 및 회수 장치가 포함되어 있다. 이것은 신속하게 작동할 수 있도록 설계되었으며, 주로 배를 세내어 사용하는 과학 또는 상업용 무인 잠수정 운영자에게 유리하다.

수중 항법 또한 어려운 과제다. 레무스 제품군은 일종의 '수중 GPS'를 만드는 음향변환기 장치를 사용하

아래 : 레무스 시리즈는 원격 무인 잠수정(ROV)이 아니라 자율 무인 잠수정(AUV)이다. 레무스 100은 쉽게 운반할 수 있도록 설계되었으며 두 사람이 운반할 수 있다. 같은 제품군에 속한 다른 무인 잠수정은 더 깊은 수역에서 작업이 가능하지만 더 크고 무겁다.

ㅣ: 레무스 600은 깊은 수심에서의 작업 또는 얕은 수심에서의 장기간 임무를 위해 설계되었다. 나머지 레무스 제품군과 같은 자료 전송 ㅣ 제어 시스템을 사용하고 운영자가 선택한 다양한 수중 센서를 장착할 수 있다.

ㅕ 무인 잠수정과 각 변환기 사이의 거리를 측정한다. 음향변환기들은 모선에 고정 설치하여 상대적인 위치 를 제공하거나 운전 수역에 있으면서 작업장의 절대적 위치 참조를 제공한다.

레무스는 다양한 응용 분야에 적합한 다양한 수중 음파탐지기와 카메라를 포함한 다양한 장비들을 탑재할 수 있다. 수중 음파탐지기는 해저 지형도 작성을 위한 고도계(해저면으로부터의 높이 제공)로, 그리고 수질 상태 표시나 특정 물체 수색 또는 항해를 위해 사용된다. 합성 개구 음파 탐지기(Synthetic aperture sonar)

제원 : 레무스 100

직경 : 19cm(7.5인치)
길이 : 160cm(63인치)
공기 중 무게 : 38.5kg(85파운드)
최대 운영 깊이 : 100m(328피트)
최대 운영 시간 : 일반적인 임무 지속시간은 8-10시간이지만 속도 및 센서 구성, 운영 환경 및 임무 구성에 따라 차이가 있다.

제원 : 레무스 6000

직경 : 66cm(26인치)
길이 : 3.99m(157인치)
공기 중 무게 : 240kg(530파운드)
최대 운영 깊이 : 6,000m(19,685피트); 4,000m(11,244피트) 구성도 가능
최대 운영 시간 : 일반적인 임무 지속 시간은 16시간

위 : 레무스 계열의 무인 잠수정 해군의 기뢰탐색 작전에 효과가 있음이 증명되었다. 이 무인 잠수정은 영국 해군이 실험하고 있는 무인 함정을 포함하여 다양한 함정에서부터 전개할 수 있다. 무인 모선과 자율 무인 잠수정의 결합은 요원들에게서 대 기뢰 작전에 내재된 위험을 더 줄여 준다.

레무스의 적용 분야

적용분야	**레무스 100**	**레무스 600**	**레무스 6000**
연안 (석유와 가스)			
기준선 환경 평가	●		
지질 조사			
송유관 조사	●		
잔해/청소 조사	●		
환경 감시			
응급 상황 대응	●	●	●
수질	●	●	●
생태계 평가	●	●	●
수로			
경로 조사	●	●	
서식지 지도 작성			
심해 광업			●
도표 작성	●	●	
배타적 경제 수역(EEZ) 조사		●	●
준설 전후 조사	●	●	
수색 및 구조			
자산 위치	●	●	●
해양 고고학	●	●	●

레이더 장비와 거의 같은 방식으로 사용할 수 있으 , 무인 잠수정의 움직임을 이용하여 한 지역을 훑고 간이 지나면서 상세한 사진을 만들어 낸다.

레무스 무인 잠수정은 항공 사고 잔해 수색, 항만 보 작업과 해저 조사, 환경 감시, 수로학 연구를 포함한 양한 과학적 응용을 위한 수중 탐색 작업에 사용되 왔다. 미 해군은 기뢰탐색에 무인 잠수정을 사용하 데, 이 일은 기뢰를 폭발시킬 가능성이 적도록 특별 설계한 함정을 기뢰가 의심되는 지역으로 파견하여 색을 수행하는 전통적인 방법에 비해 훨씬 안전하다.

인간이 수세기 동안 바다를 항해했음에도 불구하고 리는 상대적으로 수중 환경, 특히 심해에 대해서는 의 알지 못한다. 새로운 종과 자연 현상이 늘 발견되 있으며, 자원 탐색이 점점 더 치열해짐에 따라 해저 험 능력이 점점 중요해질 것이다. 잠수함을 깊은 곳 로 보내는 대신 자율 무인 잠수정(AUV)을 사용하면 은 비용과 보다 작은 위험으로 해저 탐험을 수행할 있다. 향후 몇 년 동안 사용 가능한 장비의 운용 범위 종류가 급속하게 확대될 것이다.

실험용 무인 항공기

항공학은 실험을 수행하는 위험한 분야이다. 물론 지상 차량도 충돌하고 선박 역시 가라앉을 수 있지만, 고도가 높고 빠른 속도에서 시스템 고장이나 통제 상실이 일어나면 아마도 생존하기가 훨씬 어려울 것이다. 모형과 풍동(공기 흐름이 미치는 영향을 시험하기 위한 터널형 인공 장치)으로도 많은 실험을 할 수 있지만, 일단 비행 시험이 시작되면 지면 위 상당한 높이에서 충분히 빠르게 움직이는 일을 달리 피할 방법이 없다. 그러므로 실험중인 항공기에서 생기는 문제는 큰 재앙으로 이어지는 경우가 많고, 시험 조종사는 그들이 감수하는 위험 때문에 매우 존경받는다.

위 : 프로젝트 코드 명 라이헨베르크(Reichenberg)로 더 유명한 파이슬러 파이(Fieseler Fi) 103R은 V-1 비행 폭탄의 유인 버전이었다. 이론적으로는 비행기가 표적을 향해 최종 접근할 때 조종사에게 탈출할 기회가 있었지만 그의 생존 가능성은 다소 희박했다.

위 : 1947년 벨(Bell) X-1이 음속보다 빠른 최초의 항공기가 되었을 때, 유인 항공기를 사용하는 것 이외의 다른 대안은 없었다. 오늘날 무인 연구 비행기는 특히 천음속(Transonic, 음속에 가까운 속도) 특성이 정확하게 예측되지 않는 새로운 개념의 항공기를 초기 비행할 때 적절한 대안이 된다.

역사적으로 일부 무인 항공기에는 문제 해결을 위해 또는 시험 중 안전 수단으로 이용하고자 조종사가 탑승 비행하곤 했다. 예를 들어 독일의 V-1은 시험 중에 심각한 문제를 겪었고, 결국 임시변통으로 만든 관제소에서 시험 조종사가 V-1을 탑승하여 조사했다. 그렇게 해서 항공기의 작동 방식이나 제어 불능 사유에 대한 직접적인 자료를 얻은 조종사는, 문제 해결을 위한 적절한 대안을 제안할 수 있었다.

오늘날은 가능하다면 반대의 접근 방식을 사용한다. 실험 프로젝트의 비행 특성을 조사하거나 비행 관련 현상을 조사하는 데 무인 항공기를 사용하는 것이다. 이 경우 높이와 기온에 따라 속도가 달라지는 '음속 장벽' 주변에서 특히 위험성이 커진다. 소리는 공기 분자의 상호 작용으로 인해 일정한 비율로 공기를 통해 전파되는데, 이 말은 소리의 속도가 분자 운동을 지배하는 물리 법칙에 의해 결정된다는 뜻이다.

항공기가 이 자연의 최대 속도보다 빠르게 공기를 뚫고 나아가려고 하면 공기 흐름과 관련된 현상이 훨씬 더 극단적인 성격을 띤다. 공기는 항상 항공기의 날개와 동체에 의해 옮겨지지만, 음속 장벽이 가까워지면 항공기와 그 조종면 상단을 흐르는 기류가 바뀐다. 이것은 막대한 구조 응력, 진동, 심지어 조종 역전을 야기할 수 있다. 비행기의 속도가 소리의 속도 이상으로 증가하면 가열 효과 또한 중요한 요소가 된다.

초음속으로 움직이는 항공기는 진동하기 시작하면서 갑자기 대기에 대하여 덜 공기 역학적인 현상을 드러낸다. 그로 인해 조종면이나 심지어 날개와 같은 중요한 부품이 찢어질 수 있으며, 극단적인 경우 절벽 면으로 달리는 것과 비슷한 효과가 생길 수 있다. 이런 일은 아무래도 승무원이 탑승하지 않을 때 일어나는 것이 좋을 것이다. 이러한 이유로 무인 항공기는 고속 공기 역학에 대한 우리의 이해를 돕는데 점점 더 중요한 수단이 되고 있다.

X-51 웨이브 라이더(WaveRider) 무인 항공기는 초고속 비행을 연구하기 위해 고안되었다. 이것은 초고속으로 작동하도록 설계된 '공기 흡입식' 제트 엔진인 스

위 : X-51은 진정한 항공기라기보다는 기술 시연용 항공기로 B-52 폭격기 날개 아래에 탑재된다. X-51은 극초음속 비행 특성을 조사하기 위한 것이며, 그 결과 얻은 지식은 고속도 타격 무기(High Speed Strike Weapon, HSSW)와 같은 무기나 기타 극초음속 항공기 프로젝트에 통합된다.

크램제트(초음속 램제트 엔진)에 의해 구동된다. 항공기를 극초음속으로 주행시키기에 충분한 동력을 발생시키려면 엔진에 많은 양의 산소가 필요한데 이는 엔진에 공기를 통과시켜 얻는다. 스크램제트 동력 항공기의 운항 속도를 감안할 때 공기를 '밀어 넣는다'(ram, 그래서 '램제트')고 할 수 있지만 실제로는 공기가 점유한 공간으로 항공기 자신을 밀어 넣는 것이다.

흡기 경로를 좁히면 기류가 엔진 속도에 상응해서 초음속으로 유지되고, 효과적으로 공기를 압축하여 주어진 부피에 포함된 산소의 양을 늘린다. 이것이 SR-71 정찰기용으로 개발된 고출력 JP-7 제트 연료의 연소를 지원한다. JP-7이 연소하는 데는 엄청난 양의 산소가 필요한데, 이 때문에 가령 정상적인 대기조건 하에서 담뱃불이 꺼질 정도가 된다.

스크램제트 엔진은 보통 마하 4.5(소리 속도의 4.5배) 이상의 높은 속도에서만 작동한다. 웨이브 라이더 무인 항공기는 먼저 모기(母機)에서 떨어뜨려진 다음 로켓을 사용하여 이 속도에 도달한다. 이 로켓은 빨리 연소되어 폐기되고, 웨이브 라이더는 자체 스크램제트 추진 장치를 사용하여 날아간다.

대부분의 항공기는 날개 표면에서 공기 흐름의 차이를 통해 양력을 얻지만 초고속에서는 기존의 날개가 적절하지 않다. 이는 구조적 결함을 겪거나 너무 많은 항력을 발생시켜서 고속에 도달하는 것을 방해하기 때문이다. 대신 웨이브 라이더는 공중 통과를 통해 생성된 충격파를 '타고' 체공한다. 그래서 이 이름을 붙였다. 작은 조종면은 안정성과 방향성을 위해 필요하다.

웨이브 라이더는 2010년 첫 비행에서 마하 5를 달성

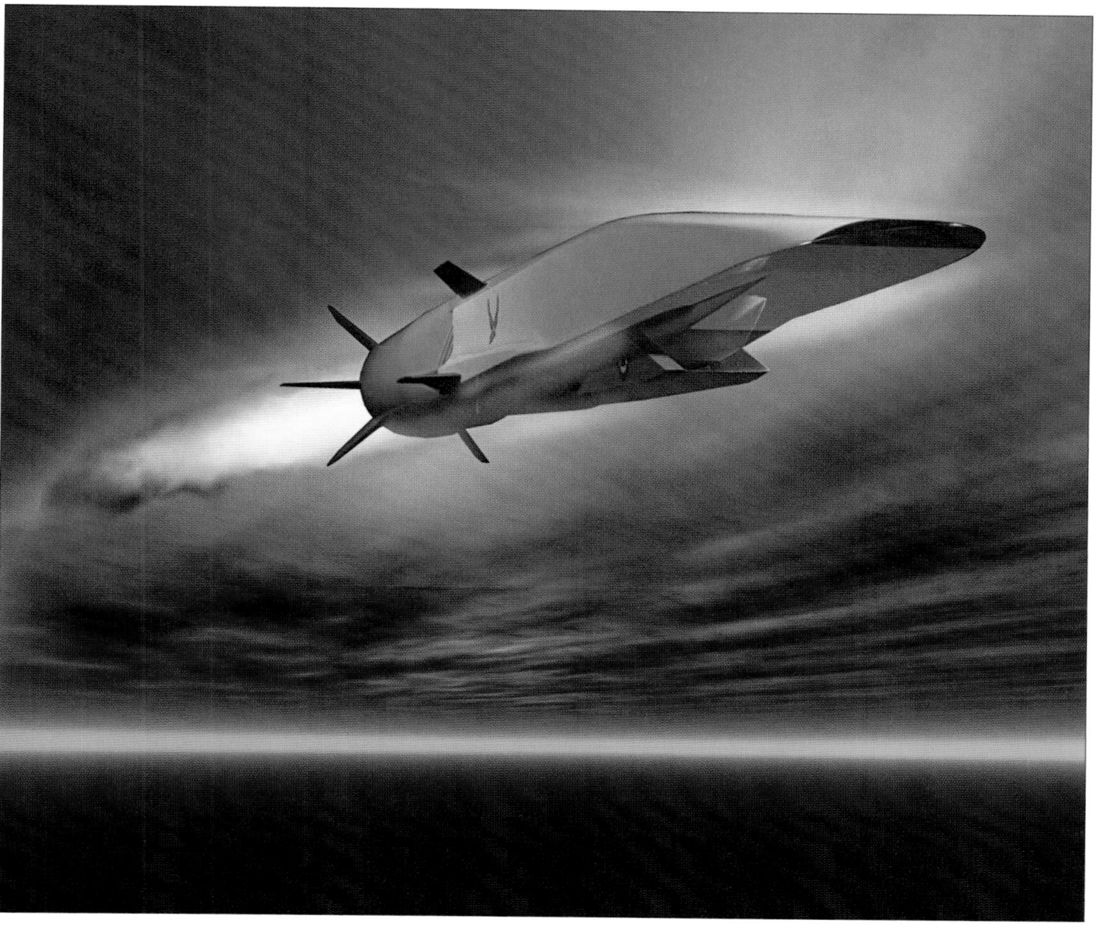

위 : 웨이브 라이더라고 알려진 X-51은 극초음속 비행을 연구하기 위해 개발되었다. 이러한 고속에서는 압축 가열로 인해 재래식 항공기 부품이 파괴될 수 있으므로 새로 개발된 재료가 필요하다. 이러한 조건에서 항공기의 작동 상태는 아음속 및 천음속 속도에서의 비행 특성과 크게 다르다.

했으며 마하 7 이상에서 비행할 수 있기를 기대하고 있다. 이것은 공기 역학의 최전선이다. 일부 우주선은 지구 대기로 진입하는 동안 더욱 가속되지만, 공기 흡입식 제트 엔진 항공기에 의한 지속적인 동력 비행의 관점에서 볼 때 실험은 단지 시작 영역에 불과하다.

극초음속 항공기를 만드는 데 필요한 기술은 모두 새로운 기술이다. 추진 시스템을 개발해야 할 뿐 아니라 극초음속 비행으로 인해 발생하는 열을 견딜 수 있는 금속과 이를 사용하기 위한 수축 기술을 개발해야 한다. 제어 기술 역시 극한의 조건에서 공기의 작용에 관한 지식을 토대로 개발되고 정제되어야 한다.

이런 지식은 위험한 실험을 통해서만 얻을 수 있다. 웨이브 라이더 무인 항공기는 이미 테스트에서 손실되어 왔다. 극한 상황에서는 어떤 오작동도 손실을 초래할 수 있다. 하지만 이렇게 얻은 지식은 많은 분야에서 응용될 수 있다. 군은 초고속도 운동성 살상 무기(hypervelocity kinetic-kill weapons), 즉 매우 빨라서 요격이 불가능하고 탄두가 아니라 자기 질량과 속도에

웨이브 라이더와 콩코드, 보잉 747의 비교

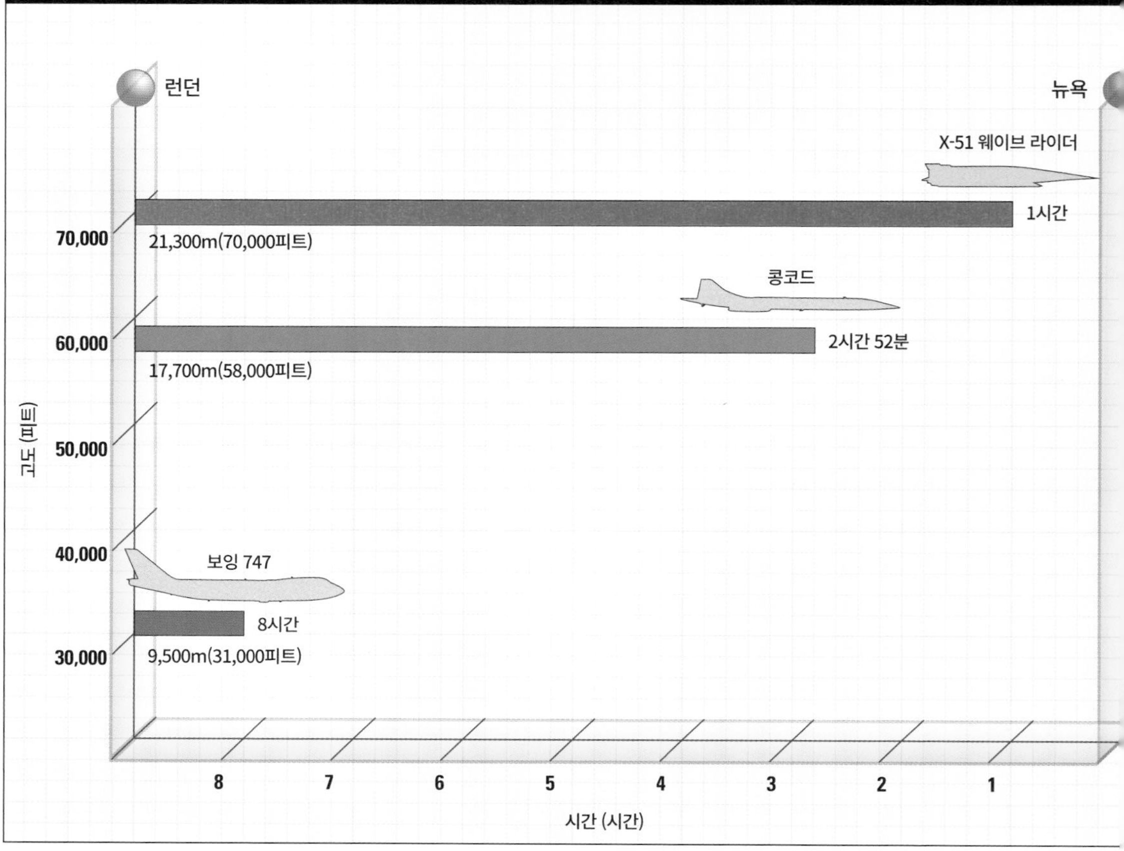

사양 : X-51 웨이브 라이더

길이 : 4.3m(14피트); (부스터 로켓 포함 길이 7.62m(25피트))
자체 중량 : 1,814kg(4,000파운드)
최대 속도 : 5,794km/h(시속 3,600마일) 이상
항속 거리 : 740km(460마일)
실용 상승 한도 : 21,300m(70,000피트)

의존하는 미사일에 관심이 있다. 마하 6이상 속도의 충격은 엄청난 양의 에너지를 표적에 전달하고 땅이나 콘크리트를 상당히 깊숙이 뚫고 들어갈 수도 있다. 이는 벙커 공략에 효과적이다.

때로는 대륙간 비행시간을 극적으로 단축할 극초음속 여객기에 대한 관심이 낮아질 때도 있었다. 상업적으로 실행되기 위해서는 특정 사용조건 하에서 기술의 안전성이 입증되어야 한다. 우리는 아직 그 단계에서 매우 멀리 떨어져 있다. 그러나 이런 초기 단계는 극초음속 기술 시연용 항공기를 통해 결국 상업적으로 실현 가능한 기술을 낳을 수 있다. 탑승하는 조종사가 없기 때문에 그 연구 과정 중에 발생할 수밖에 없는 사고로부터 생명을 구할 수 있다.

우주 드론

우주 공간은 인간이 상상할 수 있는 가장 위험한 환경이다. 우주선은 지구의 그림자를 드나들 때 번갈아 강렬한 태양의 열에 노출되거나 진공의 추위에 노출된다. 실제로 우주선이 직사광선에 노출될 경우 우주선의 양쪽에는 엄청난 온도 차이가 발생할 수 있다. 태양 복사는 감압을 초래할 구멍을 발생시킬 가능성과 함께 또 다른 심각한 위험 요소이다. 어떤 작업이든 원격으로 수행할 수 있다면, 특히 우주에 사람들을 전혀 보내지 않고 수행할 수 있다면 우주비행사들은 위험에 덜 노출될 것이다.

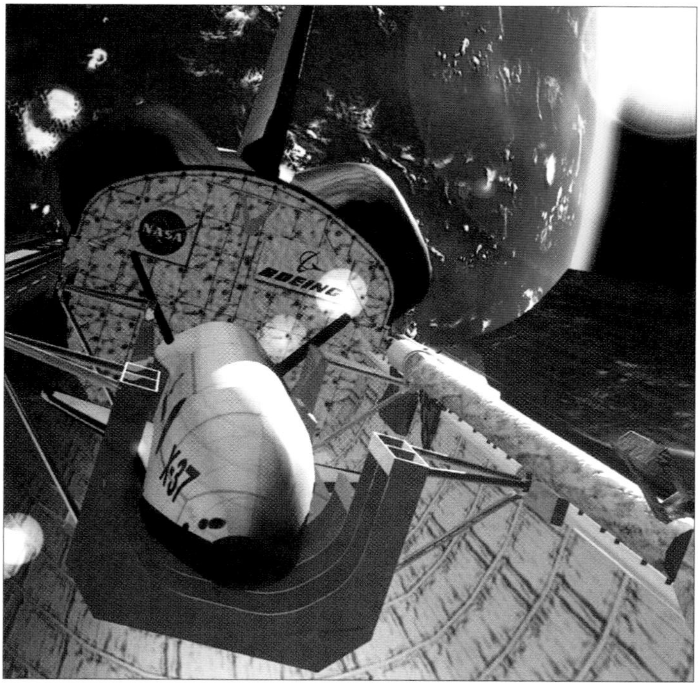

왼쪽 : X-37B는 기술 시연용 항공기로 차세대 우주선에 사용될 기술을 시험하고 개발하기 위해 개발되었다. 이것은 로켓으로 발사되도록 설계되었지만 임무가 완료된 후에는 자율 조종해 지구로 귀환한다.

무중력에 가까운 극미 중력 환경에서 장기간에 걸친 생활은 인간에게 좋지 않고, 짧은 우주 임무에서조차 심각한 생리적 영향이 나타난다. 어떤 우주 비행사는 중력이 없으므로 '우주 멀미'가 심각하게 나타나기도 한다. 우주를 탐험하지 않고서는 누가 심각하게 영향을 받을지 알 수 없다. 무엇보다도 심각한 것은 재진입의 위험인데, 이는 우주선의 추진 시스템이 우주선과 승선한 모든 사람들을 폭발시켜 파괴할 가능성을 말한다.

이런 이유에서 무인 우주선은 가능한 한 많이 사용되는 것이 합리적이다. 모든 유인 발사는 인간의 생명을 위협한다. 사고를 당하는 무인 우주선도 엄청나게 비싸긴 하지만 적어도 인명사고로 이어지는 비극은 아니다. 또한 인간은 공기, 음식, 물, 난방 및 냉각 장치 및 움직일 수 있는 공간을 필요로 하지만 무인 우주선은 더 작고 가벼워지질 수 있으며 같은 이송 용량으로 더 많이 탑재할 수 있다는 이점이 있다.

따라서 실험을 수행하기 위해 영웅을 우주선에 태워 보내거나 우주 정거장의 승무원이 되는 것은 흥미로운 일이지만 가능한 한 무인 우주선을 사용하는 것이 타당하다. 물론 어떤 작업은 인간만이 수행할 수 있겠지만 적어도 보급 로켓에 승무원을 탑승시켜야만 할 필요는 없다.

X-37B

대부분의 우주 발사는 1회용 로켓 장치를 사용한다. 로켓 각 부분의 연료가 다 타면 그 부분은 분리되어 나와서 남아있는 엔진이 들어올려야 하는 무게를 줄인다. 전체 발사 시스템 중 작은 부분만 궤도에 도달하고 그것은 일반적으로 재사용할 수 없다. 따라서 무언가가 궤도에 올려질 때마다 들어올려지는 전체 시스템의 비용이 지불되어야 한다.

재사용할 수 있는 우주선은 반복 발사가 가능하므로 비용이 절감된다. 하지만 개발 비용이 너무 크면 그것으로 절감되는 비용을 상쇄하므로, 이를 종합하자면 재사용할 수 있는 시스템은 같은 예산으로 더 많은 임무를 수행할 수 있어야 한다. 우주 왕복선은 재사용 가능한 우주선으로 최초의 성공작이었고, 이것이 도입된 이래 비용 대비 효율적인 우주 발사 시스템을 만들기 위한 프로젝트가 더욱 활기를 띠게 되었다.

그중 X-37 궤도시험기는 기존의 로켓처럼 수직으로 발사되도록 설계되었지만 지구로 복귀하기 위해서는 공기 역학 비행을 이용할 수 있게 설계되었다. 이것은 1999년에 개발을 시작하여 2006년에 처음으로 비행

아래 : X-37B는 아틀라스 5호와 같은 소모성 로켓 시스템으로 발사한다. 종국적으로 재사용 가능한 자율 우주선을 만들어 사람들과 그들이 우주에서 생존하는데 필요한 물품을 함께 이송할 필요 없이 탑재 화물을 값싸고 안전하게 궤도에 올리려고 한다.

첫 번째 우주 비행기 비교

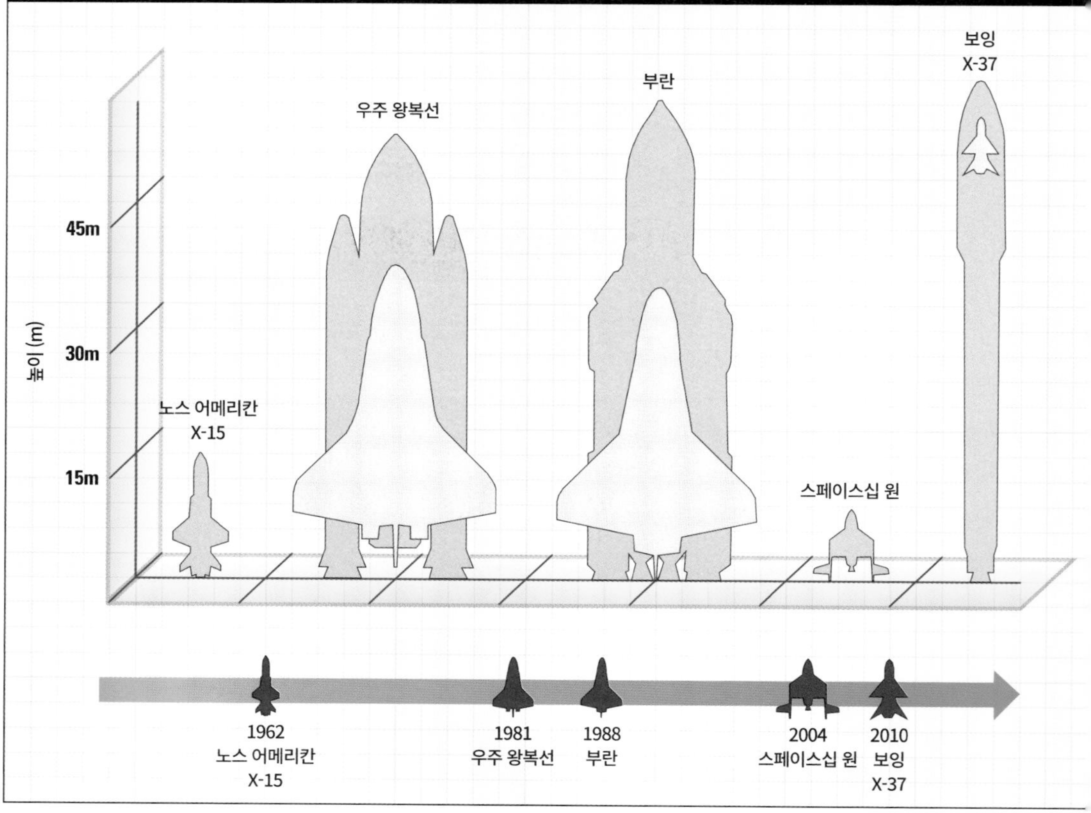

한 완전히 자동화된 '우주 비행기'다. 이 비행은 우주 임무를 띤 것은 아니었고, 시험기의 비행 특성을 조사하고 자동화 시스템을 연구하기 위해 실시되었다.

이런 시험에 사고가 없을 수는 없었다. 기상 조건과 하드웨어 문제로 인해 첫 번째 자유 비행이 지연되었고, 성공적인 비행이 이루어진 경우에도 착륙시 항공기가 손상되었다. 그러나 X-37은 결국 2010년에 최초의 우주 임무를 수행했고 안전한 착륙을 실현했다. 이 임무는 현재까지 3기에 걸쳐 1,360일이 넘는 긴 기간 동안 이루어졌으며, 만일 우주 비행사가 궤도에 진입하는 경우라면 극단적으로 긴 시간이었을 것이다. 궤도시험기가 우주에서 그렇게 오랜 시간 동안 정확히 무엇을 하고 있었는지는 여전히 기밀이지만, 그 이름값에 어울리는 일로 센서 및 기타 장비의 시험대 역할을 하고 있었을 가능성이 크다. 자동화된 우주선은 매우 새로운 기술이며 명백히 배워야 할 점이 많다.

원래 X-37은 우주 왕복선의 화물칸에 장착해 발사하기에 적합하도록 설계된 것이었다. 재래식 로켓을 사용하여 발사하는 것이 더 비용 효율적임이 증명되었음에도 그랬다. X-37A 버전은 낙하 시험에 사용되었고, 이 모델로부터 우주에서 운용할 수 있는 비행체로 X-37B가 개발되었다.

지금은 X-37C로 명명된 X-37의 확장 버전이 개발 중이다. 이 우주선은 임무 칸에 우주 비행사 팀이 탑승할 수 있지만 추정컨대 여전히 자율적으로 운항할 것이다. 이 우주선은 과학자 팀을 비행 승무원의 도움 없이 궤도에 진입시킬 것이다. 당연히 같은 비행 중량으로 더 많은 기기 및 장비, 또는 더 많은 과학 전문 기술을 탑재할 수 있게 된다.

이 우주선은 간첩 행위 또는 무기용 비행체로 사용되었을 것이라고 추정되어 왔다. 물론 그 가능성은 존재하지만 같은 말이 어떤 우주 발사 시스템에도 적용될 수 있다. X-37 시스템에게 더욱 기대할 수 있는 일은 저가의 궤도 발사 시스템이 실제로 가능함을 증명함으로써 우주에서 상업적 운영의 길을 열어젖히는 것이다.

우주 정거장 보급 우주선

국제 우주 정거장(International Space Station, ISS)

ISS : 국제 우주 정거장에 대한 보급 운영을 자동화한다는 것은 어떤 보급 임무도 더 많이 수행할 수 있고, 우주로 나가는 화물선 운용자를 훈련할 필요가 없다는 것을 의미한다. 이는 다시 일상적인 보급 운영에 쓰는 우주 예산은 줄어들고, 주된 임무에 대한 지출이 많아진다는 것을 의미한다.

위 : X-37 우주선은 장시간 우주 임무와 상대적으로 작은 착륙 구역을 향한 극초음속 항공기 조종의 어려움에 대처할 수 있다는 것을 보여 주었다. 매우 높은 고도에서 떨어질 수도 있는 물체를 다룰 때는 안전이 가장 중요하다.

의 운영비용은 그 건설에 투입된 막대한 투자액을 이미 넘어서고 있다. 우주 정거장은 일정 간격으로 보급을 받아야 하는데 궤도 진입은 모두 돈이 많이 든다. 우주 왕복선의 임무는 재래식 로켓보다 다소 저렴하게 우주 정거장에 보급품을 전달하는 것이었지만 왕복선 계획이 축소된 뒤로는 이 임무가 옵션에서 배제되었다.

자동화된 보급 드론은 우주 비행사와 그가 여행하는데 필요한 공기, 물 및 기타 필요한 모든 보급품과 드론의 무게를 들어 올릴 연료를 궤도에 올릴 필요가 없기 때문에 비용 절감을 위한 하나의 대안이 된다. 하지만 그러한 드론을 제작하는데 따르는 어려움은 사소하지 않다. 티끌만한 실수조차도 우주 정거장과의 충돌로 이어질 수 있고 정거장을 파괴하지 않는다고 해도 큰 재앙을 초래할 수 있다. 우주 정거장을 가볍게 밀쳐서 정렬을 흩뜨리기만 해도 태양의 힘을 빼앗길 수 있고 또는 그 궤도를 쉽게 수정하기 어려울 정도로 바꿀 수 있다.

몇몇 자동 우주선이 우주 정거장에 보급품을 운반하는 데 사용되었다. 러시아의 프로그레스(Progress) 우주선은 유인 우주 정거장을 지원하기 위해 특별히 개발되었으며 국제 우주 정거장과 함께 광범위하게 사용되어 왔다. 비행 중에는 승무원이 없지만 우주 정거장 승무원이 앞쪽의 기밀실로 들어갈 수 있기 때문에 유인 우주선으로 간주되기도 한다.

제원 : X-37B

길이 : 8.9m (29피트 3인치)
날개폭 : 4.5m (14피트 11인치)
높이 : 2.9m (9피트 6인치)
적재 중량 : 4990kg (11,000파운드)
동력 장치 : 1×에어로제트 AR2-3 로켓 엔진 (히드라진), 6600파운드 (29.3kN)
궤도 속도 : 28,044km/h (시속 17,426마일)
궤도 시간 : 270 일

프로그레스 우주선은 더 이상 사용되지 않고 있으며, 이는 다른 자동화된 '우주 화물선'으로 교체되었다. 그중 하나로 유럽 우주기구의 무인 화물 우주선(Automated Transfer Vehicle, ATV)이 있다. 이것은 프로그레스의 도킹 시스템을 사용하면서 그보다 3배의 화물을 운반한다. 이것은 기압을 유지하는 화물 구역이 있어 우주 정거장 승무원이 우주복을 입어야 하는

: 국제 우주 정거장으로 가는 무인 우주 화물선의 첫 번째 임무에는 공상 과학 작가인 쥘 베른(Jules Verne)의 이름을 딴 캡슐을 사용했며, 그의 소설 두 권의 희귀한 초고를 실었다. 이처럼 역사적인 문서를 실은 이유는 얼마 전까지도 공상과학으로 치부되었던 그 개념에 한 경외감을 보여주기 위함이었다.

다란 부담 없이 캡슐을 내릴 수 있다는 점에서 비슷다. 무인 화물 우주선은 2차적인 능력으로, 필요한 경 우주 정거장이 더 높은 궤도로 움직일 수 있도록 추을 제공할 수 있다.

무인 화물 우주선은 항성 추적 장치뿐만 아니라 GPS 도를 사용하여 우주정거장을 찾아가고 자동으로 도한다. 비상사태 시 승무원은 무인 화물 우주선에게 근을 중단하고 충돌 방지 규약을 시작하도록 명령할 있다. 안전하게 도킹된 캡슐은 가끔 궤도 추진 로켓으로 사용되고 폐기물 저장소 역할도 한다. 폐기물이 꽉 차면 그것은 분리되고 궤도를 벗어나서 대기 중에서 태워진다.

일본의 H-II 무인 화물 우주선과 민간 계약자가 만든 드래곤과 시그너스(Dragon and Cygnus) 우주선은 약간 다른 도킹 절차를 사용한다. 우주선은 일련의 경유 지점을 거쳐 자동 및 자율적으로 나아가지만 우주 정거장의 승무원으로부터 다음 경유 지점으로 갈 수 있다는 허가를 받아야한다.

위 : H-II 우주 화물선 또는 코우노토리(Kounotori)는 유럽의 무인 우주 화물선에 해당하는 일본 우주선이다. 무인 우주 트럭의 개념이 충분히 잘 증명되어 다양한 모델이 나타나기 시작하고 있고, 아마도 무인 우주 작업의 새로운 시대가 도래하고 있음을 보여 준다.

이 '우주 화물선'은 몇 년 동안 사용되어 왔으며, 자동 우주선이 일상적이고 아주 흔하게 사용되기까지는 다소 시간이 걸릴 수 있지만 개념상으로는 그 가능성을 증명한 셈이다. 우주의 상업적 개발이 늘어남에 따라 더 많은 수의 '우주 드론'이 선을 보일 것이다. 그렇게 되면 짐작컨대 새로운 약어가 필요하게 될 것인데 무인 우주선(Unmanned Space Vehicle, USV) 또는 무인 궤도선(Unmanned Orbital Vehicle, UOV)이 거론될 만하다. 한편 무인 항공기(UAV)라는 용어는 대기권 내에서의 운용을 의미하므로 대기권 밖에서 운용하는 드론에는 적절하지 않을 것이다.

미래

드론은 얼마 전까지만 해도 광범위한 규모로 활용되지 않았지만 지금은 저렴한 비용으로 관련 기술을 사용할 수 있다. 이제 남은 한 가지 질문은 관련 산업을 성공적으로 창출하기에 충분할 만큼 드론의 유용성을 입증할 수 있느냐 하는 것이다. 이런 일이 일어나기 위해서는 충분한 사용자들이 충분히 다양한 분야에서 이런저런 드론을 일상적으로 사용하여야 하고, 이를 대규모로 추진해도 수익성 있는 사업이 되고 향후 그렇게 유지될 수 있어야만 한다. 그럴 가능성이 있을까?

위 : 1970년 이래로 드론과 미사일로 인한 유인 전투기의 종말이 예측되었지만 당분간은 유인 전투기가 여전히 드론을 능가할 것이다. 이는 F-22 랩터와 같은 첨단 유인 전투기와 아마도 차세대 전투기의 생존을 보장한다.

그 질문에 대한 대답은 '예'다. 드론은 군대부터 과학 및 오락에 이르기까지 광범위한 요구 사항을 충족시킬 수 있다. 우리는 상대적으로 변변치 않은 데서 시작한 드론이 오늘날 일부 응용 분야에서 유인 항공기를 대체할 정도로 놀라운 능력을 얻는 과정을 보아왔다.

40여 년 전에 유인 전투기는 미래가 없다는 말이 있었다. 유도 미사일과 무인 항공기가 조종사를 쓸모없게 만든다는 것이다. 이렇게 할 수 있는 기술이 당시 존재하지 않았지만 지금은 존재한다. 그러나 자율 전투기가 작전상으로 또는 윤리적으로 좋은 생각인지에 대한 의문은 여전히 남는다. 어떤 하드웨어나 소프트웨어도 한두 가지 오류가 없는 것은 없었으므로 무장한 로봇 항공기의 투입을 회의하게 만든다. 게다가 전투 작전의 모든 측면에서 기계가 정말로 인간보다 더 나은 결과를 낼 수 있는지 여부는 여전히 두고 볼 일이다.

상업용 항공 교통

상업용 항공 교통의 영역에서는 상황이 다소 다를 수 있다. 변화는 어떤 종류의 변화든지 보통 의심을 가지고 보게 마련이다. 그래서 사람들이 완전히 자동화된 항공기의 안전을 기꺼이 신뢰하기까지는 약간 시간이 걸릴 수 있다. 드론이 어떤 사람보다 더 능력 있는 조종사인 것처럼 보인다고 할지라도 그럴 것이다. 인간 운전사에 대한 이미지는 특정 도시의 자동화된 대중교통 수단을 이용하는 사람들을 더 기분 좋게 만드는 것으로 나타났다. 아마도 이것은 인간 심리에 대해서 많은 것을 암시하고 있으리라.

그렇긴 해도 일단 부분적으로나마 수용이 되기 시작하면 처음에는 낯선 개념들이 많이 보편화될 수 있다. 자동화된 여객기의 광범위한 수용은 이왕 시작한다면 작은 단계로, 아마도 로봇 소포 배달 시스템으로 시작하고 이어서 상업 화물 운송 또는 외딴 지역에 대한 자동 보급 등으로 진행될 것이다. 바다 위의 석유 굴착용 비행체나 북극 또는 남극 지역의 과학 기지 같은 곳 역

아래 : 큐리오시티 로버(Curiosity Rover)와 같은 탐사차의 화성착륙은 드론 기술의 정점을 찍은 최신 성과다. 화성까지 탐사차를 보낸 것은 엄청난 업적이었고 목표 지점의 2.5km 내에 착륙한 일은 거의 믿을 수 없을 정도였다. 탐사차는 이후 새로운 환경에 대한 풍부한 자료를 보냈다.

시 자동 배달 드론을 이용하면 비용과 위험을 줄일 수 있는 곳이다.

적대적인 환경

자동화된 차량은 극도로 멀고 적대적인 환경도 탐사할 수 있다. 그중 꽤 기본 버전이 달과 화성에 대한 실험과 제한된 탐사를 수행하는 데 사용되었다. 그처럼 장시간 임무에서 주요 문제는 회로의 복잡성보다는 전력 공급과 관련이 있긴 하지만 최첨단 드론은 위험과 좌절을 어느 정도 더 잘 처리할 수 있을 것이다.

아주 가까운 장래에 궤도에서 떨어져 화성의 대기권으로 들어가거나 지상에 착륙한 비행체에서 발사된 '화성 비행' 드론을 볼 수 있을 것이다. 나사(NASA)의 고고도 드론 실험은 화성의 대기권과 같은 매우 옅은 기체 속에서 비행하는 것이 가능함을 보여주었다. 낮은 중력과 비슷한 대기 밀도를 감안할 때, 탐사 비행체는 충분히 그럴듯해 보인다.

열 분출구, 심해 수중 동굴, 화산, 총빙(叢氷) 밑과 같은 해저 또는 위험한 환경의 원격 탐사도 모두 가능하다. 원격 제어 차량은 일부 지역에서 제어 신호를 수신하지 못할 수 있으며 이 지역에서는 정보를 재전송하지도 못할 것이다. 이런 경우에도 데이터 드론이 탐사 드론을 따라가면서 연속적으로 보내오는 자료를 수신하는 버디(buddy) 시스템을 사용할 수 있다. 만일 탐사 드론의 신호가 중지되면 위험으로 인해 불구가 되었거나 파괴되었기 때문에 데이터 드론은 회항하여 결과를 운영자에게 가져온다.

드론 기술의 최종 한계는 우리가 기꺼이 허용하고자 하는 범위일 수 있다. 이미 무장 드론을 둘러싸고 그 제어를 전적으로 기계에 맡길 수 있는지 여부에 대한 윤리적 문제가 제기되었다. 첨단 기술은 우리를 또다른 문제들에 직면하게 만든다.

안전 문제

오락 용품으로 저가의 드론을 사용하면서 안전 작동에 대한 의문이 제기되어 왔다. 어떤 사람들은 믿기 힘들 정도로 상식이 부족하다는 것을 보여 주고, 안전 운전 교육이 없다면 (또는 그것과 무관하게) 완전히 부적절한 장소에서 드론을 날릴 것으로 보인다. 고속 비행 물체는 통제를 상실하거나 책임성이 방기된 채 비행하여

위 : 2014년 10월, 베오그라드의 파르티잔 스타디움에서 세르비아와 알바니아의 축구 경기가 펼쳐질 때 알바니아 국기가 드론에 매달린 채 경기장을 넘어 날아 왔다. 홈 수비수인 스테판 미트로비치(Stefan Mitrovic)가 드론에 매달린 깃발을 끌어 내리자 경기는 중단되고 운동장과 객석은 혼란에 휩싸였다.

인근의 사람들에게 위험을 초래할 수 있으며, 운용자나 위험한 위치에서 일하는 사람들은 드론으로 인해 집중력을 잃거나 고의적인 괴롭힘을 당할 수 있다.

달리는 열차 앞 또는 비행이 제한된 공역으로 드론이 날아갈 가능성도 있다. 후자는 항공기에 심각한 위험을 초래할 수 있으며 공항 운영을 방해할 수 있다. 드론의 오용에 대한 법적 처벌은 부분적인 억지력으로 작동할 수 있지만, 어떤 운용자는 단순히 이 문제에 관해 고민하지 않을 것이고, 어떤 사람들은 드론이 자기 주장을 ~하는 방법이나 남을 괴롭히는 수단이라 여길 수도 있다. 개인이 싫어하는 어떤 것에 대한 비교적 유순한 항의의 표시이든 테러 행위의 일환이든 어쨌든 드론을 오용할 가능성은 실재한다.

감시 우려

드론에는 대개 카메라가 있는데 이것이 사생활과 보안 관련 문제를 야기한다. 한 장의 사진으로 경력을 망칠 수 있으므로, 드론을 이용해 불법 활동을 하는 사람들은 거의 동정심을 받을 자격이 없다. 게다가 집이나 한적한 휴가지에서 사생활 보호를 기대하는 건 불합리한 일이 아니다. 카메라가 장착된 드론은 사생활을 보호받는다고 생각하는 사람들의 '적나라한' 사진을 부도덕한 사진가들이 획득할 기회를 만들어 준다. 그러한 사진의 시장성을 감안할 때 오용은 거의 피할 수 없다.

드론은 또한 국내에서나 이웃 국가와의 분쟁에서 공격과 첩보 활동에 사용되거나 범죄를 위한 정보 획득에 사용될 수도 있다. 드론 사용에는 면허가 필요 없고 구입에도 별 제한이 없기 때문에 이러한 사용에 대한 억

: 책임감 있는 사용은 거의 무해한 반면 무모하거나 몰지각한 드론 운용자는 심각한 위험을 초래할 수 있다. 도로의 차량들 속으로 또는 열차 앞쪽으로 날아간 드론은 많은 피해를 입히고, 충돌 사고가 발생하면 다축 헬리콥터형의 회전하는 날개가 부상을 입힐 수 있다

위 : 드론 오용은 현실적인 문제를 일으킬 수 있다. 거리 또는 '공공 공역'의 일부 구역에서 제자리 비행하는 무인 항공기는 카메라를 창이나 울타리 너머로 향하게 하여 부적절한 영상을 얻을 수 있다. 이를 방지하기 위한 법률 제정은 가능하더라도 복잡할 수 있다.

제책은 거의 없고 법적으로 방지할 수 있는 방법도 별로 없다.

드론 오용은 향후 몇 년 내에 "당신 뜰 위의 공역은 누가 소유하고 있는가" 따위의 문제를 다룰 법정 소송 사건을 초래할 것이다. 여객기나 이따금씩 지나가는 경찰 헬리콥터가 걱정거리일 수는 없겠지만, 위층 창문 높이에서 제자리 비행하고 있는 드론의 경우는 어떨까? 얼굴 앞에 떠있으면서 고의적으로 당신을 화나게 만드는 드론을 세게 휘둘러 치는 것은 합법적일까?

드론의 효용이 증가하고 이전보다 널리 사용되면서 필연적으로 법적 문제가 제기될 것이다. 이들 중 일부는 예측 가능하고 적어도 일반적인 대안을 미리 고려할 수 있다. 어떤 것들은 전혀 예상하지 못한 것일 수 있다. 이것이 혁신적인 기술과 새로운 능력의 본질이다. 우리가 확실히 말할 수 있는 유일한 사실은 드론이 유용성을 입증해 왔으며 필요한 기술을 가동할 준비가 되어 있다는 점이다. 다른 분야에서 그러한 일이 발생하면 예상치 못한 방향으로 빨리 그리고 자주 성장과 진보가 일어났음을, 우리는 알고 있다.

용어 해설

ATV Automated Transfer Vehicle 유럽 우주기구(ESA)가 개발한 무인 화물 우주선

AUV Autonomous Underwater Vehicle 자율 무인 잠수정

Avionics 항공 전자 공학. 선박, 항공기, 우주선에 장착하는 전자 장비의 설계, 생산, 설치, 활용과 서비스 업무를 다루는 기술 분야. 통상 조종석에 해당되며 드론에서는 기체 앞부분에 집중된다.

CALCM Conventional Air-Launched Cruise Missile 재래식 공중 발사 순항 미사일

COMINT Communications Intelligence 통신 도청에 의한 정보 수집 또는 그 활동을 가리키는 군사용어

COTS Commercial-Off-The-Shelf 상용제품을 가리키는 군사용어

EOD Explosive Ordnance Disposal 폭발물 처리

Fixed-wing 고정 날개를 가리키는 군사용어. 종래의 비행기는 양력 생성을 위해 고정된 날개를 부착하는데, 수평면으로 회전하는 날개를 구동하여 양력을 발생시키는 회전 날개가 이와 대비된다.

FLIR Forward-Looking Infrared. 전방 관측 적외선 장비

FPV First Person View 1인칭 시점

Gimbal 짐벌. 나침반·크로노미터를 수평으로 유지하는 장치로 드론에서는 특히 카메라 같은 장비를 수평으로 유지하는 데 쓰인다.

GPS Global Positioning System 위성 위치 확인 장치

Gyroscope 자이로스코프. 드론이 공중을 비행할 때 균형 유지해주는 장치로 쓰인다.

HALE High-Altitude, Long-Endurance 고고도, 장시 체공. 미 공군이 개발한 글로벌 호크 무인 항공기는 대표적인 고도, 장시간 체공 완전 자동 무인 항공기다.

HAPS programme High Altitude Pseudo-Satel programme 고고도 유사위성 프로그램. 막대한 비용이 드 궤도위성에 대한 대안으로 드론을 지구 궤도 위로 쏘아 올려 종의 유사위성으로 운영하는 것을 가리킨다.

HARM Homing Anti-Radiation Missile 공대지(空對 고속 대 레이더 미사일

HMMMV High Mobility Multipurpose Military Vehi 고기동성 다목적 군용 차량. 특별하게는 허머 H1 차량의 군 버전을 가리킨다.

IDF Israeli Defence Force 이스라엘 방위군

IED Improvised Explosive Device 급조 폭발물

ISTAR Intelligence, Surveillance, Target Acquisitio Reconnaissance 정보, 감시, 표적 획득, 정찰. 수색 임무 별히 무인 항공기의 기본 임무를 이니셜화한 군사 용어.

Laser rangefinder 레이저 거리측정기. 표적을 향해 레 저를 발사한 뒤 반사되어 되돌아오는 레이저를 검출하여 정 한 거리를 측정하는 장비. 드론에서는 특히 고도 측정에 사 된다.

LIDAR Laser Imaging Radar 레이저 화상 레이더. 레이

을 레이더 빔과 유사하게 사용하여 고품질의 이미지를 생성 는 기술 또는 그 장비.

PI Low-probability-of-intercept radar equipment 저 탐지 레이더 장비. 주로 저출력 방사를 통해 군용 비행체 특히 론이 표적 추적에 관여하는 동안 자신의 위치를 적 레이더 탐 장비에 포착되지 않도록 해준다.

ALE Medium Altitude Long-Endurance 중고도 장 간 체공. 프레데터가 이 분야를 대표하는 군용 드론으로 분 된다.

aximum Takeoff Weight 최대 이륙 중량. 항공기 이 시 설계상 또는 운영 제한 규정상 적재 가능하도록 허용된 대 중량

OUT Military Operations in Urban Terrain 도시 지 군사 작전

P-RTIP Multi-platform radar technology insertion ogramme 다중 플랫폼 레이더 체계. 차세대 공중 공대공 이더 및 공대지 레이더 시스템 개발을 위한 미 공군 프로젝 를 가리키나, 현재는 RQ-4B 글로벌 호크 무인항공기에 국 된 용어다.

UM-T Manned-Unmanned Teaming 유인 항공기와 인 항공기의 팀, 또는 그렇게 구성해 전개하는 작전. 미 육군 2014년부터 AH-64E 아파치 헬리콥터에서 무인항공기인 그 이 이글을 병행 운용하면서 시작한 것으로 알려졌다.

o Fly Zone 비행금지구역. 각국 정부가 역내 드론 비행을 지한 곳으로 드론이 유인 항공기의 비행을 방해하거나 법적 사적으로 민감한 정보를 수집할 가능성이 있는 장소 대부분 이에 해당한다.

ARM Persistent Anti-Radiation Missile '끈질긴' 대 레 더 미사일. HARM에 대비되는 개념으로 아군 미사일이 적 레 더가 방사되기를 기다리며 체공 상태를 유지하다 레이더가 사를 감지하는 즉시 타격하는 것. 확장된 순찰 기간(loiter me)이 시스템의 핵심 기능으로 미 공군의 AGM-136 태시트 인보우 개발 프로젝트 당시 처음 등장했다.

ayload 실제 탑승한 승객, 화물, 우편물 등의 탑재 중량

UADCOPTER 쿼드콥터. 4개의 회전날개를 갖추어 2개는 계 방향으로, 나머지 2개는 반시계 방향으로 회전시켜 얻은 력과 추진력으로 날아가는 비행체 특히 드론.

RAPTOR Responsive Aircraft Program for Theater Operations 전구 작전용 즉응기체 개발 사업 또는 그 약자를 딴 드론의 명칭. 고고도 장시간 체공 드론을 이용, 적진 상공에서 은밀하게 머무르다 적 미사일 배기열을 감지하는 즉시 탑재 미사일로 요격하는 시스템.

RATO Rocket Assisted takeoff (booster) 로켓 보조 이륙(추진체). 자체 추진장치로 이륙하기 비행체의 경우 이륙부터 안정적인 비행 시점까지 추력(推力)을 제공하는 보조 로켓기관.

Reconnaissance 정찰. 군사학에서 추후 분석 또는 보급이나 공격을 위해 아군 점유지를 벗어나 목표 지역의 자연적인 특징과 적의 존재에 관한 중요한 정보를 획득하는 탐색 활동을 총칭하는 용어.

ROV Remotely Operated Vehicle 원격 무인 잠수정

SAM Surface-to-air missile 지대공 미사일

SAR Synthetic Aperture Radar 합성 개구(開口) 레이더. 비행체나 인공위성으로 관측한 정보를 수학적으로 재구성해서 영상화 하는 기술 또는 그러한 기능을 담당하는 레이더.

SATCOM 위성통신 또는 이를 이용한 통신 방식

SCUD Missiles 스커드 미사일. 냉전 기간에 소련이 개발하여 광범위하게 보급한 전술 탄도 미사일 또는 그러한 미사일 시리즈. 나토 보고서에서 유래된 명칭으로 초기 소련 모델명은 R-11이었는데 후에 중동과 북한 등에서 그 설계를 바탕으로 다양한 변종 모델을 생산해오고 있다.

SEAD Suppression of Enemy Air Defences 적 방공망 제압 또는 그러한 기능을 수행하는 작전명. 적의 지대공 방공망 체계와 그 일부인 조기 경보기 레이더의 지휘 및 명령 시스템 등을 무력화하기 위한 군사적 전략을 총칭한다.

Service Ceiling 위험 고도. 항공기나 유도탄이 정상적인 기능을 수행할 수 있는 최대 고도. 실용상승한도 또는 임계 고도라고도 한다.

SIGINT Signals Intelligence 시진트. 통신 등에 의한 비밀 정보 수집, 또는 그에 따른 신호 정보. 사람(스파이)이 주체가 되는 휴민트(HUMINT: human intelligence)와 대비되는 용어로 시진트에는 다시 레이더 능력 및 특성을 파악하는 전자정보 수집(ELINT: Electronic Intelligence)과 통신 내용을 파악하는 통신정보 수집(COMINT: Communication Intelligence)이 있다.

SOCOM Special Operations Command 미군 특수 작전 사령부. 미국 국방부의 비정규전 지휘부이자 미국 국군의 모든 특수부대를 총괄하는 통합 사령부다. 2011년 5월 1일 파키스탄에서 오사마 빈라덴을 사살했다.

SONAR SOund Navigation And Ranging 소나. 음파를 사용하여 물체를 탐색, 통신 또는 감지하는 기술로, 통상 잠수함을 이용하여 수면 위 또는 아래 선박을 탐지하는 데 사용한다.

Stealth Technology 스텔스 기술. 레이더, 적외선 탐지기, 음향 탐지기 및 육안에 의한 탐지를 포함한 모든 탐지 기능에 대항하는 은폐 기술로, 군사학에서는 주로 적 레이더의 탐지 기능을 약화시키고자 항공기 또는 전투 차량에 적용되는 다양한 기술군을 망라한다.

Tank Plinking 정밀 유도탄을 사용하여 적의 대포, 장갑차, 탱크 및 기타 표적을 파괴하는 타격 방식. 1990년 걸프전에 도입되어 악명을 떨쳤는데 이후 압도적인 정찰력과 유도무기로 적 목표물을 모조리 파괴하는 공격 형태를 일컫는 말이 되었다.

TERCOM Terrain Contour Matching 지형대조 유도. 관성 유도에 대비되는 용어로, 순항 미사일에 비행할 지역의 등고선 지도를 저장해 이를 기반으로 관성 항법 장치의 오차를 보정하여 미사일의 정확도를 높이는 항법 시스템.

Thermal Imaging 열 화상 또는 그런 기능을 갖춘 장비. 비행체에서 이 장비는 크게 전장의 물체가 방출하는 적외선 에너지를 수집하고 초점을 맞추는 망원경, 열 감지 센서를 통과하는 장면을 스캔하는 메커니즘, 그리고 이러한 장치로부터 신호를 '열 화상'으로 변환하여 TV 스크린에 비춰주는 프로세스 등으로 구성된다.

UAV Unmanned Aerial Vehicle 무인항공기. 일반적으로 항공기 규모의 드론을 통칭하며 군사학에서는 적외선 감지기, 비디오 카메라, 기상레이더 등을 갖추고 적진을 정찰하거나 더 나아가 미사일을 장착하는 등 공격 능력을 갖춘 무인항공기 개념으로 확장해 사용하고 있다.

UCLASS Unmanned Carrier-Launched Airborne Surveillance and Strike 항모발진 무인항공 감시 타격. 정보 수집과 요격 능력을 갖추고 함대에서 발진하여 자율 운항하며 공중에서 적을 타격하도록 개발된 전투 드론 부대 또는 그 운용 프로그램. 미국 해군 프로그램으로 개발되었으며 이후 유인 전투기의 전투력 제고를 위한 '항모 발진 무인 공중급유 시스템(CBARS, Carrier-Based Aerial-Refueling System)'으로 발전하기에 이른다.

Ultrasonic Sensor 초음파 센서. 사람의 귀로 들을 수 는 높은 주파수(약 20 KHz 이상)의 소리 특성을 이용하여 물를 감지하는 장치.

VHF Very High Frequency 초단파라 부르며 주파수 범 30MHz~300MHz, 파장 10m~1m인 무선 전파. 단파와 달리 지구 둘러싼 전리층에서 반사되지 않고 대체로 직진하는 성격이어 일직선 범위내로 한정된 대상물과 교신하는 데 쓰인다. 군적 용도로는 해군에서 많이 쓰인다.

VTOL Vertical Takeoff and Landing 수직이착륙. 수이착륙기라는 의미로도 사용된다. 이착륙시 활주하지 않고 직으로 이륙·상승·하강하며 공중선회가 가능한 특수한 추진 식인데, 쉽게 헬리콥터를 연상시키지만 오늘날은 그 밖의 비체를 더 많이 지칭한다. 추진력을 얻는 방식에 따라 다양한 식이 있다.

Waypoint 지상점 또는 중간지점. 선박의 항로나 비행기 이동 경로를 규정하기 위해 사용하는 지상의 특정한 위치. 항나 비행 중 참조하는 지구상의 지리적 실체로 육지의 특정 지을 가리키는 랜드마크가 이에 해당한다. 비행경로에서 중간 점은 일련의 추상적인 GPS 좌표로 구성되며 이는 다시 인공인 항로를 생성하는데 사용된다.

색인

: 한글 표기 순서로 배열하되 한글과 병기된 영문명은 기종을 의미하며, 괄호 안의 영문명은 약자를 의미한다.